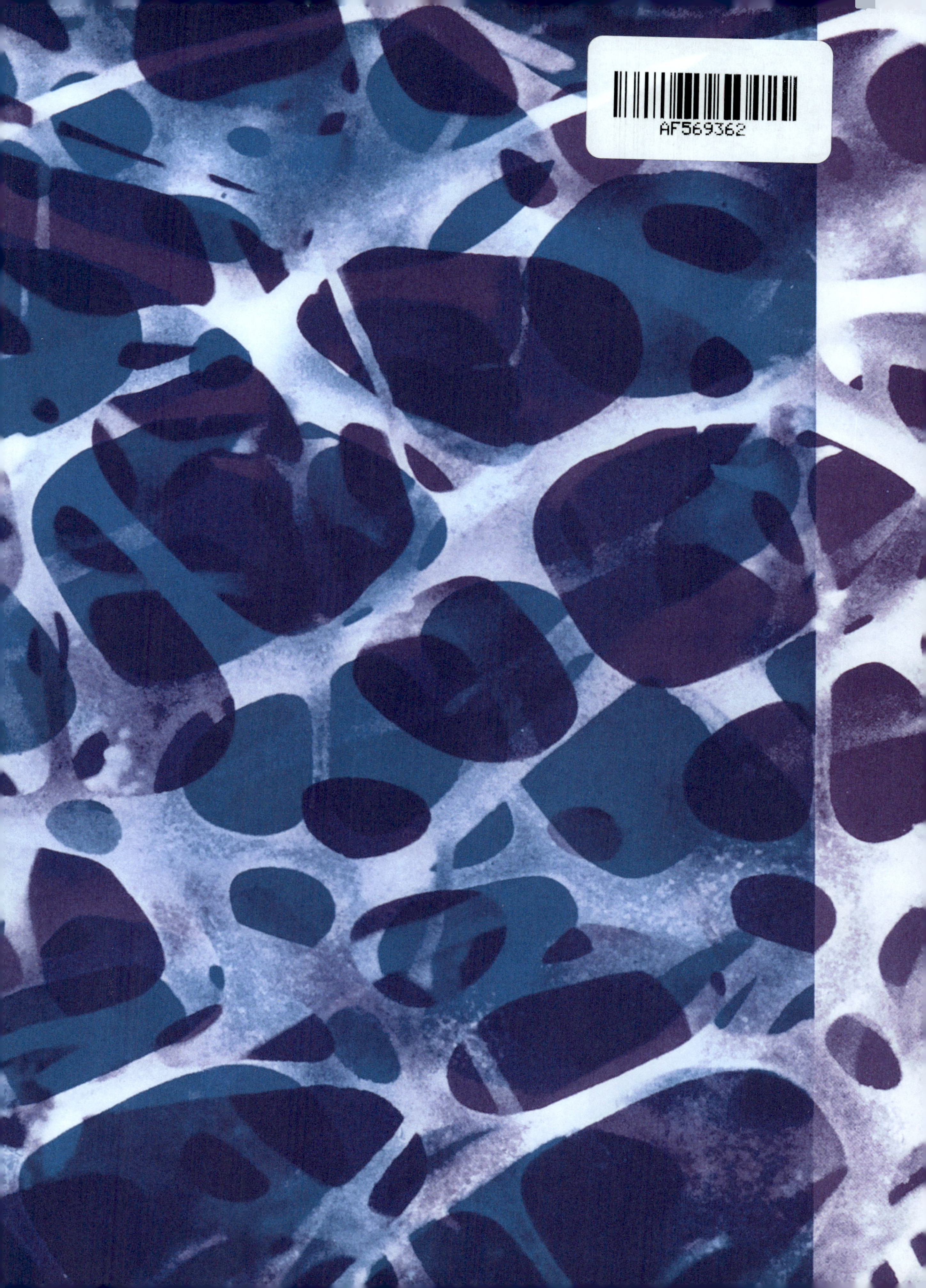

Herausgeber
Museum für Gestaltung Zürich
Andres Janser, Barbara Junod

Lars Müller Publishers

Corporate Diversity

Schweizer Grafik und Werbung für Geigy

1940–1970

Inhalt

Vorwort

Andres Janser/Barbara Junod

Mit dieser Monografie über Grafik und Werbung der J. R. Geigy A. G. stellt das Museum für Gestaltung Zürich einen bedeutenden Schweizer Beitrag zur internationalen Designgeschichte der 1950er und 1960er Jahre in seiner Eigenständigkeit erstmals umfassend dar.

Nicht zufällig wurde und wird der Name Geigy im Kontext der Unternehmenskommunikation in einem Atemzug mit jenem von Olivetti, Braun, Container Corporation of America oder IBM genannt. Es entspricht jener Blütezeit der grossen firmeninternen Werbeabteilungen, dass René Rudin, Leiter der sogenannten Propaganda-Abteilung von Geigy, ab 1955 als einer der Vizedirektoren des Konzerns fungierte. Die unter ihm verfolgten Strategien sind ebenso bemerkenswert wie der hohe Stellenwert, der dabei den einzelnen Gestalterpersönlichkeiten zukam, etwa Max Schmid, Karl Gerstner, Gottfried Honegger, Nelly Rudin oder George Giusti. Im Sinne einer gestalterischen Corporate Diversity entstand so ein variantenreiches Erscheinungsbild, das in den eigenständigen Ateliers der Tochterfirmen in den USA und in Grossbritannien, die die dortige Entwicklung mitprägten, auch länderspezifische Gegebenheiten berücksichtigte. Umgekehrt entstanden dort Tendenzen in Werbung und Kommunikation, die auf die Praxis in der Schweiz zurückwirkten.

«Geigy forscht für morgen» ⊠361–364 – dieser zukunftsorientierten Devise lebte das Unternehmen auch in der Werbung nach und verband Bildgestaltung und Textbotschaft in ebenso erfrischender wie anspruchsvoller Weise. Neben inhaltlichen wie personellen Verbindungen zum Verband schweizerischer Grafiker VSG bestanden denn auch solche zum Schweizerischen Reklame-Verband. Mit seinen Arbeiten hinterliess Geigy deutliche Spuren in der Schweizer Werbung, deren umfassende Geschichte noch geschrieben werden muss. Anderseits erwies sich das Atelier am Firmenhauptsitz, vor allem aufgrund der guten Kontakte zur Allgemeinen Gewerbeschule Basel unter Armin Hofmann und Emil Ruder, als eigentliche Talentschmiede der Schweizer Grafik, die wesentlich zu deren weltweiter Verbreitung beitrug.

Ausstellung und Publikation basieren auf einem Forschungsprojekt, das durch den Schweizerischen Nationalfonds finanziert wurde. Ihm sind wir ebenso zu Dank verpflichtet wie der Novartis AG, die bereitwillig den Zugang zu ihrem Firmenarchiv ermöglichte. Geigy als deren ältester Kern hatte 1970 mit CIBA zu CIBA-Geigy fusioniert und diese 1996 wiederum mit Sandoz zu Novartis. Unschätzbar waren die Kontakte zu den vielen ehemaligen Kreativen und Leitungspersonen von Geigy, die in grosser Zahl das Projekt mit Informationen, Leihgaben und Schenkungen unterstützten. Für die Sammlungen des Museum für Gestaltung Zürich mit ihrem Auftrag der Grundlagenforschung war das Projekt auch der willkommene Anlass, den gesamten Bestand an Design für Geigy aufzuarbeiten.

Gestalt durch Formgebung – Grafik und Werbung aus Basel

Andres Janser

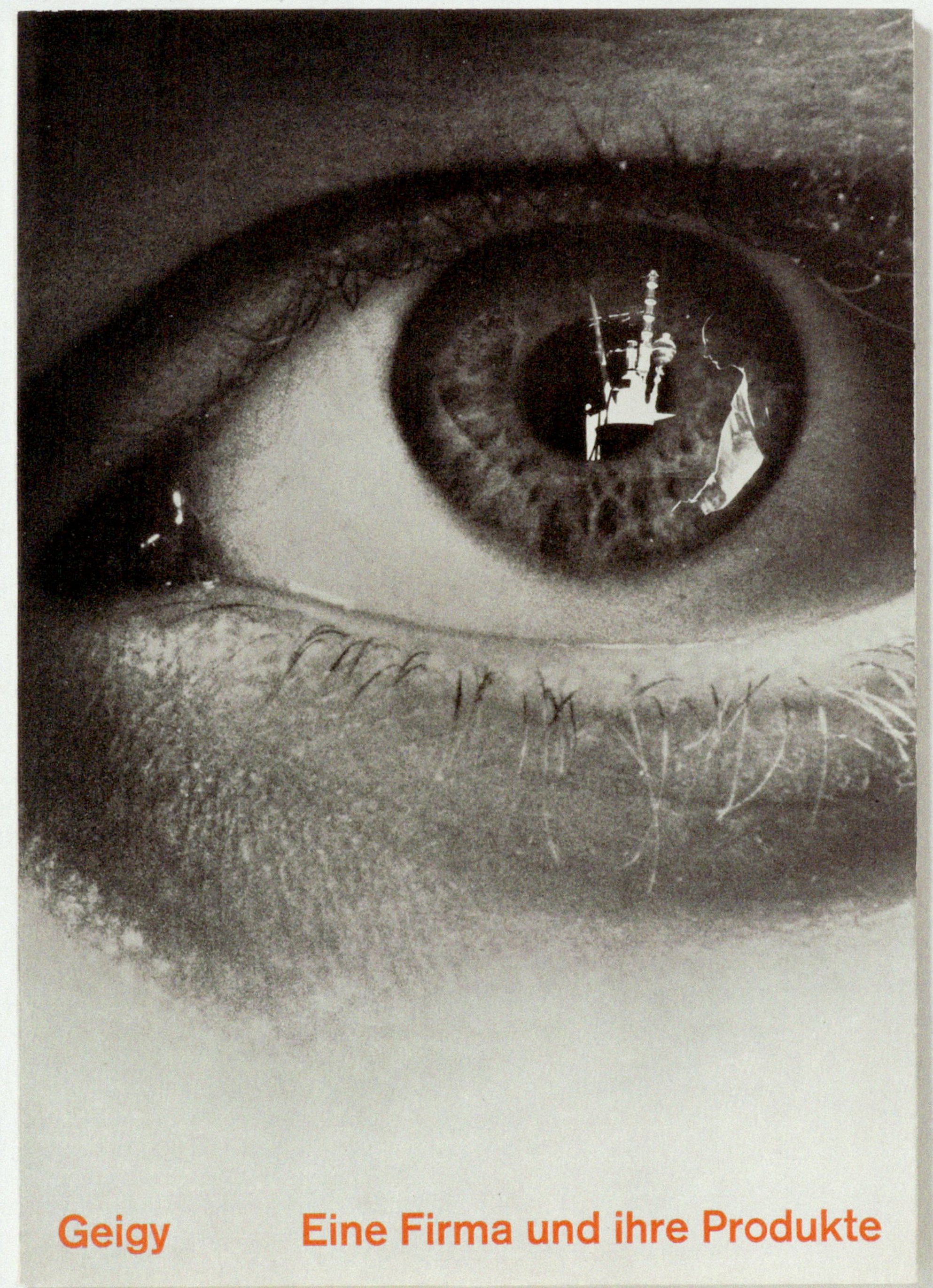

1

2

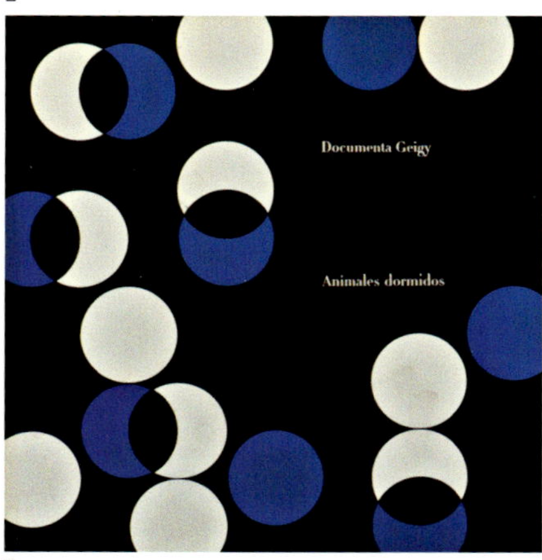

3

← ⊠1
Max Schmid
Peter Heman (Foto)
Geigy – Eine Firma und ihre Produkte
CH/CH, 1955, Buch, Umschlag
Buchdruck, 23.5 × 16.5 cm

⊠2
Toshihiro Katayama
Geigy/Ein brillantes grünstichiges Direktgelb
CH/DE, 1963–64, Inserat, Einlageblatt
Buchdruck, 31.2 × 21 cm

⊠3
Gottfried Honegger
Documenta Geigy. Animales dormidos
[Tiere im Schlaf]
CH/Südamerika, 1955, Mappe
Offset, 22.5 × 22.5 cm

Die J.R. Geigy A.G. schrieb ein markantes Kapitel der Geschichte der modernen Schweizer Grafik und Werbung nach dem Zweiten Weltkrieg. Die dynamisch agierende Propaganda-Abteilung[1] des Basler Chemiekonzerns brachte in den 1950er und 1960er Jahren Arbeiten von hohem gestalterischem Niveau hervor, die nicht sich selber genügen, sondern erklärtermassen dem Image – und damit dem Geschäftserfolg – der Firma zugute kommen sollten. Das so entstehende Erscheinungsbild – um eine wesentliche Erkenntnis vorwegzunehmen – zeichnet sich durch eine grosse visuelle Vielfalt aus. Die Corporate Identity von Geigy, zu der das Erscheinungsbild einen wesentlichen Beitrag leistete, lässt sich deshalb treffender als Corporate Diversity umschreiben.

Die Entwicklung und Qualitätssicherung der Grafik und Werbung beruhte in erster Linie auf einer geschickten Personalpolitik – und nicht etwa auf festgeschriebenen Richtlinien. In den drei Jahrzehnten von 1941 bis 1970 arbeiteten über fünfzig Gestalter und Gestalterinnen für den Basler Hauptsitz von Geigy – sei es als angestellte Mitarbeiter, sei es als freischaffende Grafiker, die einzelne Aufträge erhielten. Als langjähriger Atelierleiter der Propaganda-Abteilung engagierte der Grafiker Max Schmid bevorzugt talentierte Absolventen und Absolventinnen der Allgemeinen Gewerbeschule Basel, wo mit Armin Hofmann und Emil Ruder zwei bedeutende Lehrer unterrichteten. Gut zwei Dutzend weitere Gestalter waren vor allem in den 1960er Jahren für die Ateliers der Tochterfirmen in den USA[2] und in Grossbritannien[3] tätig, sowie in Spanien, Italien, Kanada und Australien, wo allerdings nur kleine Werbevertretungen unterhalten wurden.[4]

Das international orientierte Unternehmen unterhielt nach Ende des Zweiten Weltkriegs Fabriken und Vertriebsgesellschaften in Dutzenden von Ländern[5] ⊠5 und auch die Mehrzahl der in der Schweiz produzierten Waren ging in den Export. Die damit einhergehende Weltoffenheit hatte Geigy mit den anderen Basler Chemiefirmen gemeinsam: Ein um die Mitte der 1950er Jahre in der *Washington Post* erschienenes Prestigeinserat spricht den amerikanischen Frontier-Spirit an und hebt selbstbewusst den Beitrag der schweizerischen Chemieindustrie für das Wohlergehen aller Konsumenten hervor.[6] ⊠4

«Lösungen, die das Abstrakte erfassbar und verständlich machen»

Angesichts des modernen Anspruchs auf ästhetischen Einklang von Industrie und Grafik ergab sich für die Gestalter das entwerferische Problem, dass die chemischen Produkte von Geigy – Flüssigkeiten, Crèmes, Pulver, Tabletten, Dragées und Suppositorien – selber keine bildhafte, unterscheidbare äussere Form aufweisen. Als Verbrauchsgüter waren sie zudem meist nicht auf Dauer angelegt. Und wo die Wirkung des Produkts dauerhaft war, wie beim weltweit verkauften Mottenschutzmittel Mitin, hatte dieses selber unsichtbar zu sein. Anders als bei der Werbung für Haushaltsgegenstände oder Autos kam der Gestaltfindung durch Formgebung somit ein entscheidender Stellenwert bei der Chemiewerbung zu; dasselbe galt natürlich auch bei der Verpackung der Produkte. Gefragt waren mit den Worten von Hans Neuburg «Lösungen, die das Abstrakte erfassbar und verständlich machen».[7] Da Geigy nur wenige Konsumgüter produzierte, richteten sich diese «Lösungen» vor allem an ein Fachpublikum, das im Falle der Ärzte zudem ein hohes Bildungsniveau aufwies. Dem wurde mit betont informativer Werbung Rechnung getragen, in der oft auch die Herkunft der Produkte aus der naturwissenschaftlichen Forschung nachklang.

Dem spezifischen gestalterischen Potenzial dieser Ausgangslage begegneten die meisten Geigy-Grafiker der 1950er und frühen 1960er Jahre mit einer modernistischen Formensprache, ohne dabei einer formelhaften Erscheinung verpflichtet zu sein. Es entstand eine von Gestalterpersönlichkeiten wie Max Schmid ⊠1,⊠6–7, Karl Gerstner ⊠35, Gottfried Honegger ⊠3, Nelly Rudin ⊠8, Roland Aeschlimann ⊠9 oder Toshihiro Katayama ⊠2 getragene «Einheit in der Vielfalt»,[8] in der für bildhafte Symbolik und prägnante

⊠ 4
Karl Gerstner
Chemistry knows no frontiers/CIBA/Geigy/Hoffmann-La Roche/Sandoz
US/US, ca. 1955, Sammelinserat, Umdruck
Offset, 21.8 × 28.6 cm

⊠ 5
Anonym
Die Mitin-Etikette/ein Qualitätszeichen von Weltruf/Jeder Punkt entspricht einer Tochtergesellschaft oder Vertretung der Firma Geigy
CH/CH, frühe 1960er Jahre, Broschüre, Doppelseite
Buchdruck, 14.8 × 42 cm

⊠ 6
Max Schmid
Arbeitsbereiche der J.R. Geigy A.G. in schematischer Darstellung: von der Forschung (a) über Entwicklung (d) bis Produktion (l); die Propaganda-Abteilung (r) ist dem Verkauf (n) zugeordnet [in: Spindler/Buxtorf, 1952]
CH/CH, 1952, Buch, Doppelseite
Buchdruck, 33.4 × 49.4 cm

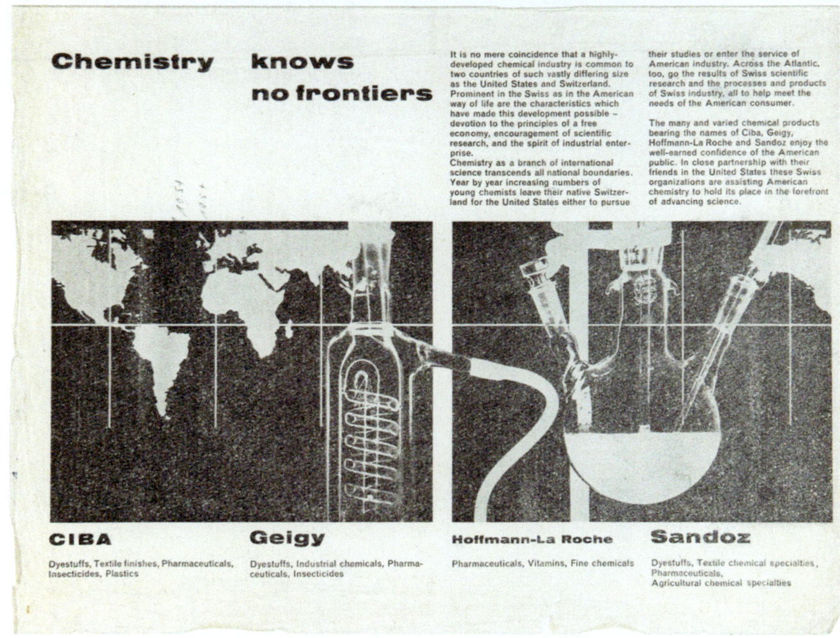

4

5

6

☒ 7
Max Schmid
Nisorex in de dermatologie
[Nisorex in der Dermatologie]/Geigy
CH/BE, 1959
Werbeprospekt, aufgefaltet
Prägedruck, 47.9 × 33 cm

☒ 8
Atelier Josef Müller-Brockmann/Nelly Rudin
Tofranil 10 mg/Geigy
CH/CH, ca. 1959, Inserat
Offset, 26 × 18.6 cm

☒ 9
Roland Aeschlimann
Delta-Butazolidin Geigy
CH/ZA, nach 1963, Werbekarte
Offset, 21 × 14.8 cm

☒ 10
Igildo Biesele
Irgapyrine en ophtalmologie/Geigy
CH/FR, 1953–56, Broschüre, Umschlag
Offset, 21 × 15 cm

☒ 11
Therese Moll
Micoren/bei akutem und chronischem
Sauerstoffmangel
CH/CH, 1958, Inserat
Buchdruck, 29.4 × 42 cm

7

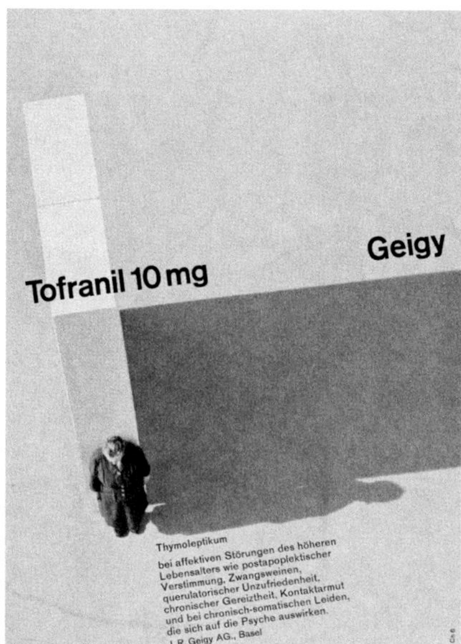

8

Delta-Butazolidin®
Geigy
In long-term treatment of all forms
of rheumatic disease—a better way
to prescribe a steroid

9

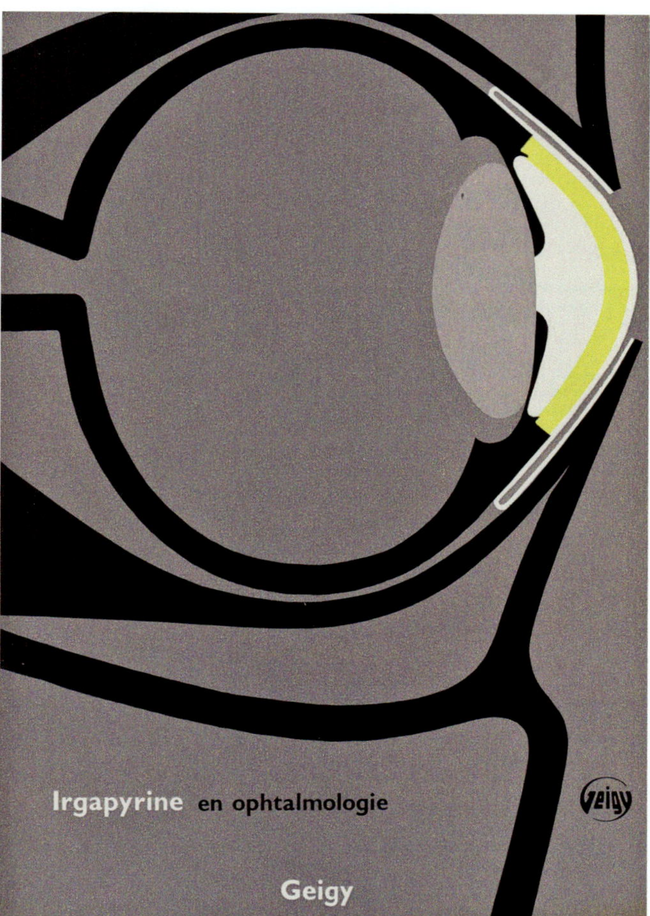
Irgapyrine en ophtalmologie
Geigy
Geigy

10

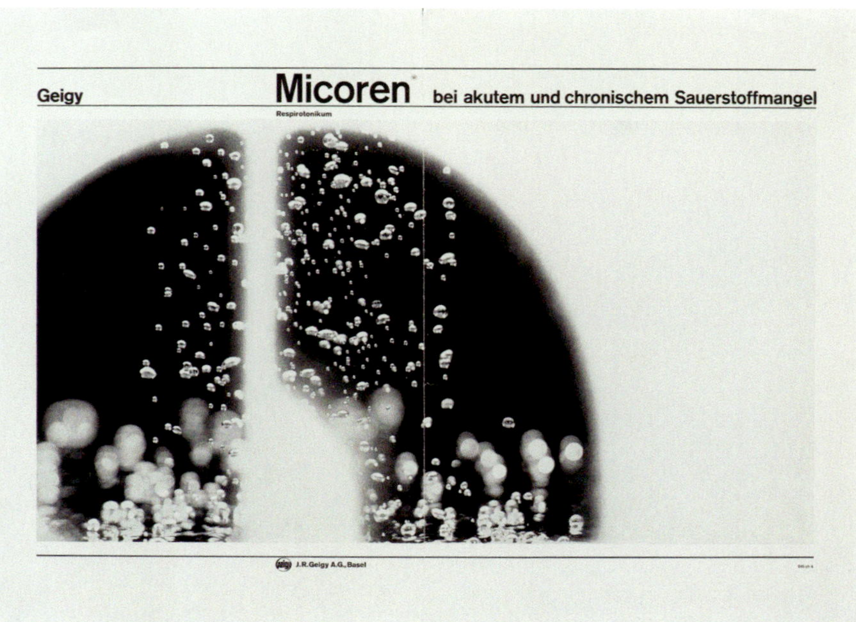
Geigy
Micoren®
bei akutem und chronischem Sauerstoffmangel
Respirotonikum
J.R.Geigy A.G., Basel

11

12
Niklaus Stoecklin
Mitin behandelte Wolle: dauernd mottenecht!
CH/CH, 1946, Plakat
Lithografie, 127 × 90 cm

13
Willi Trapp
Mitin schützt vor Motten
CH/CH, 1941, Plakat
Lithografie, 128.5 × 91 cm

14
Victor Vasarely
Mitin/Mitin-behandelt: mottenecht
CH/CH, ca. 1947, Plakat
Lithografie, 128 × 90.5 cm

12

13

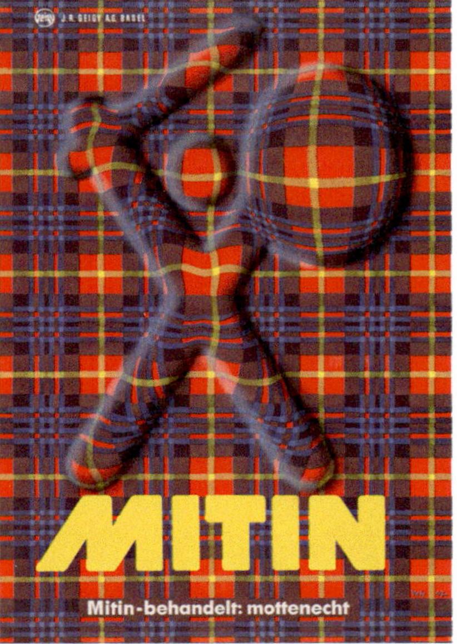

14

15

⊠15
August Maurer
Mitin protegge contra la polilla
[Mitin schützt gegen die Motte]
CH/CH, o. J., Werbeblatt, Andruck
Buchdruck, 27 × 22 cm

Typografie ebenso Platz war wie für das Lernen von der ungegenständlichen Kunst. Die bald als «Haus-Stil», «Geigy-Firmenstil» oder einfach «Geigy-Stil»[9] umschriebenen grafischen Produkte zeichnen sich aus durch Reduktion auf wenige Elemente, grosszügigen Weissraum, gleichwertigen Einsatz von grafischem und fotografischem Bild, kräftige Linien in meist konstanter Stärke, starke Helldunkel- oder Farbkontraste, geometrische Konstruktionsprinzipien bzw. Proportionen, bisweilen überraschende Materialien und Verarbeitungen (Papiere, Prägungen, Stanzungen) und praktisch ausschliessliche Verwendung von serifenlosen Schriften – vorab die Berthold Akzidenz Grotesk, in den 1960er Jahren vereinzelt auch Univers und Helvetica. Es ging mithin um den Einsatz «zeitgemässer graphischer und typographischer Mittel [...], wobei der Qualität des Formalen als Wertmesser für die Güte des Angebots eine entscheidende Rolle zukommt»,[10] wie es René Rudin formulierte, der Leiter der Propaganda-Abteilung von 1941 bis 1970: die grafische Formgebung ‹made in Switzerland› sollte den Absatz der Produkte ‹made in Switzerland› erhöhen.

Karl Gerstner und Markus Kutter konstatierten 1959, dass bei Geigy «verschiedene Graphiker im selben Geist» tätig seien. «Aus der kollegialen Kooperation und Kritik entsteht der gemeinsame Stil, gefördert von der Propaganda-Leitung. Dieser Stil filtert aus der Varietät der Ausdrucksmittel bereits bevorzugte Richtungen heraus. Jede neu an die Hand genommene Arbeit kann sich somit auf die Basis einer ästhetischen Doktrin stützen und bereichert ihrerseits den gemeinsamen Vorrat an Formen und Ideen.»[11] In ihrem programmatischen Buch *Die neue Graphik* zeigten sie Geigy als einen der Belege dafür, dass die Zukunft der grafischen Gestaltung schon begonnen habe.

Die ein Jahr zuvor erschienene Jubiläumsschrift *Geigy heute* war von Kutter verfasst und von Gerstner gestaltet worden ⊠21–23, ⊠141, ⊠381–385. Die beiden verfügten also fraglos über vertiefte Kenntnisse.[12] Umso bemerkenswerter ist das Ausblenden der bei Geigy kontinuierlich gepflegten Praxis, freischaffende Grafiker zu berücksichtigen. Dies war vor allem beim Plakat der Fall, das nur bei Publikumskampagnen sinnvoll eingesetzt werden konnte. Arbeiten der 1950er Jahre etwa von Willi Günthart für Schädlingsbekämpfungsmittel ⊠247–248 oder von Herbert Leupin für Trix ⊠34, ⊠78 machen deutlich, dass sich die individuelle Handschrift von Grafikern, die nicht ins Atelier eingebunden waren, wiederholt gegen einen angestrebten, aber letztlich undogmatischen «Geigy-Stil» durchsetzen konnte.[13] Insofern scheint es keinen grundsätzlichen Bruch zu jenen Plakaten gegeben zu haben, bei denen noch vor Schmids Eintritt in die Propaganda-Abteilung das Mitin-Signet aus Ritterfigur und Produktname auf jeweils eigenständige Weise variiert wurde: Willi Trapp inszeniert die Figur monumental im Kampf gegen die Motten, ⊠13 während Victor Vasarely auf gewollt paradoxe Weise mit dem Mittel der Raumillusion eine harte Signetprägung in weichem Stoff zeigt; ⊠14 Niklaus Stoecklin wiederum konzentriert seinen Naturalismus auf den zu bekämpfenden Schädling selber. ⊠12 Solche renommierten Plakatgestalter wurden möglicherweise auch deshalb engagiert, weil man innerhalb des Ateliers über (zu) wenig Erfahrung mit diesem Medium zu verfügen glaubte.

Aber auch im kleinen Format wurden parallel zum Firmenstil Traditionen weitergeführt, etwa jene der (humoristischen) Illustration durch den Zürcher Josef Müller-Brockmann, der sich bald darauf der konstruktiven Gestaltung zuwenden sollte, ⊠18 oder den Basler Ferdi Afflerbach ⊠19–20. Solche Abweichungen, wie sie sich auch in Numa Ricks Farbstoffinseraten von 1954 zeigen ⊠215–218, verstärkten sich ab dem Ende der 1950er Jahre noch und zeigten sich etwa in den Aufträgen für Illustrationen, die an Michael Pinschewer und den französischen Karikaturisten Jean Effel für weitere Farbstoffinserate oder an George Giusti ⊠136, ⊠163, ⊠281, ⊠299–300, Warja Lavater Honegger ⊠286, und Alain Le Foll ⊠67–68, ⊠287–289 für Medikamente gingen.

16

17

⊠16
Sämi Buser
Gesarol Spritzmittel
CH/CH, 1942, Dose
Lithografie, 19.9 × 10.7 (Ø) cm

⊠17
Max Schmid
Gesarex
CH/CH, ca. 1959, Sprühdose
Offset, 22.5 × 6.9 (Ø) cm

Ein «moderner Werbebetrieb»

Im 19. und frühen 20. Jahrhundert praktisch ausschliesslich mit Farbstoffen beschäftigt, weitete Geigy in den 1930er Jahren ihre Tätigkeitsfelder aus: Es kamen in kurzer Folge Chemikalien und Textilveredelungsmittel wie das Mottenschutzmittel Mitin hinzu sowie pharmazeutische Produkte und als letztes Schädlingsbekämpfungsmittel, vor allem auf der Basis von DDT.[14] Das Familienunternehmen war zu einem Grossunternehmen geworden, das nun vor allem aufgrund der Pharmasparte wuchs, sodass der Anteil der Farbstoffe, die 1938 noch über 90% des Jahresumsatzes ausmachten, 1952 dauerhaft unter die Hälfte fiel.[15] ⊠23 Einerseits gelang es der Pharma besonders gut, Forschungsanstrengungen in marktfähige Medikamente umzusetzen; anderseits wurden ihre Produkte auch deutlich aufwendiger beworben als jene der anderen Sparten:[16] konstant über zwei Drittel des Aufwandes der Propaganda-Abteilung entfielen in den 1950er Jahren auf die Pharmasparte[17] – dort sah der Konzern offenbar das grösste Marktpotenzial und stand zugleich unter hohem Konkurrenzdruck. Tatsächlich war die Gründung der konzernübergreifenden Propaganda-Abteilung im Jahr 1941 eine Reaktion auf diese dynamische Entwicklung bei Geigy, aber wohl auch bereits eine Vorbereitung für die Zeit nach dem Krieg.

Die forcierte Diversifizierung – auch eine Reaktion auf die internationalen Auswirkungen der Krise von 1929[18] – führte insgesamt zu einem markanten Wachstum: zwischen Kriegsende und 1956 verfünffachten sich die Umsätze sowohl des Basler Stammhauses als auch des dreimal grösseren Gesamtkonzerns.[19] Mit dieser für die Nachkriegszeit in der Schweiz durchaus typischen Industrieentwicklung ging ein Wachstum des Werbeaufwands einher.[20] Entsprechend veränderte sich der Personalbestand der Propaganda-Abteilung: in den ersten zwei Jahren arbeitete Rudin nur mit externen Gestaltern, zwanzig Jahre nach der Gründung verfügte er über 148 Angestellte.[21] Besonders markant verlief die Entwicklung Anfang der 1950er Jahre, als die Zahl der Mitarbeitenden von 36 auf etwa 100[22] anstieg und den Bezug eines eigenen Gebäudes notwendig machte. Trotz – oder vielleicht gerade wegen – der regen Bautätigkeit auf dem Stammareal im Rosental zwischen Badischem Bahnhof und Mustermesse ⊠21 fand sich nicht genug Platz für die Propaganda-Abteilung: sie musste 1954 auf das Dreispitz-Areal am Stadtrand von Basel ausweichen.[23] Das 1957/58 entstandene Verwaltungshochhaus der Geigy-Hausarchitekten Burckhardt & Burckhardt konnte die Raumnot der Firma ebenfalls nur vorübergehend lindern. Das Basler Büro entwarf auch den Neubau, den die Werbeabteilung – wie sie nun neu hiess – schliesslich 1966 ebenfalls auf dem Dreispitz-Areal beziehen konnte.

Rudin machte die Propaganda-Abteilung zu einer umfangreichen Organisation, die aus Sicht der Firma «bei den [...] Besuchern den Eindruck eines genau durchdachten, modernen Werbebetriebes, dank dessen Arbeit Geigy auch reklametechnisch zu einem Begriff geworden ist», hinterlasse.[24] ⊠24 Tatsächlich war sie ab den 1950er Jahren nicht nur für Redaktion, Übersetzung, Gestaltung und Produktion von mehreren hundert Werbemassnahmen pro Jahr zuständig[25], sondern auch für deren Verpackung, Versand und Finanzkontrolle. Dem «voll ausgebauten Werbedienst» – oder «agency service»[26] – einer Grossagentur jener Zeit vergleichbar, kümmerte sich die Propaganda-Abteilung auch um Messestände und liess Werbe- und Industriefilme[27] realisieren. Für Versuche und Kleinserien stand zudem eine Hausdruckerei zur Verfügung. Einzig die Fotoaufträge – sowohl für Produktwerbung als auch für Firmenwerbung wie die Wandkalender – und die Marktforschung wurden ausschliesslich extern vergeben.

Max Schmid, den Rudin 1947 engagiert hatte, unterstanden 1953 bereits fünf Gestalter[28], ⊠25,⊠28 1959 waren es zehn, darunter drei Lithografen.[29] Dieser Zuwachs ermöglichte es, die Projekte zunehmend im Hause zu entwickeln und zu realisieren, was um 1954 bereits in über drei Vierteln der Fälle geschah.[30] Zuvor hatten zahlreiche Aufträge noch extern vergeben werden müssen, etwa an das Berner Atelier Briel für die Verpackung und die Einführungskampagne von Trix ⊠77,⊠79 oder an Sämi Buser für die

⊠ 18
Josef Müller-Brockmann
Eurax hilft wo kratzen schadet
CH/CH, ca. 1951–53, Aus einer Serie
von 4 Werbekarten
Offset, 14.7 × 21 cm

⊠ 19–20
Ferdi Afflerbach
Siogen/Das Mund- und Rachendesinfiziens
in der handlichen Schiebeschachtel
CH/DE, 1958, Aus einer Serie
von 6 Ärztemustern
Offset, 14.1 × 7.2 × 0.2 cm, 17.1 × 7.2 × 0.2 cm

18

19

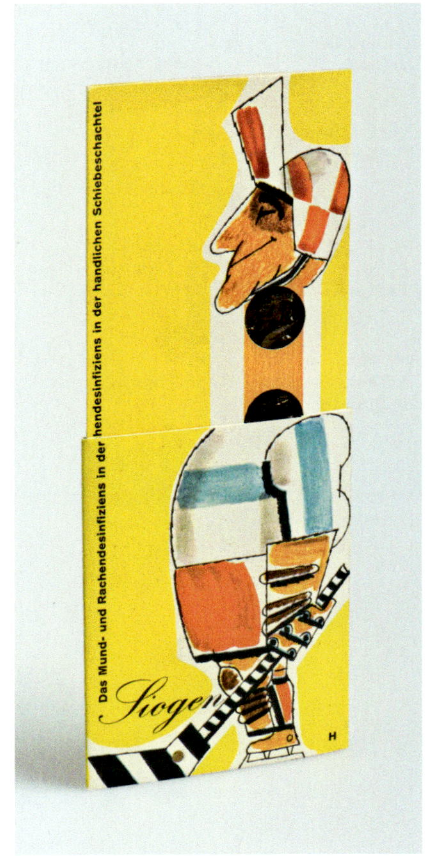

20

⊠ 21
Karl Gerstner
Heliswiss (Foto)
Das Werk Rosental der J.R. Geigy A.G. in Basel
[in: *Geigy heute*]
CH/CH, 1958, Buch, Doppelseite
Buchdruck, 25.4 × 47 cm

⊠ 22
Karl Gerstner
Werkaufnahme (Foto links),
René Groebli (Foto rechts)
Färberei (links) und Apparate im Versuchslokal (rechts) [in: *Geigy heute*]
CH/CH, 1958, Buch, Doppelseite
Buchdruck, 25.4 × 47 cm

⊠ 23
Karl Gerstner
Anteil der Farbstoffe (weiss) und der anderen Produkte (schwarz) am Jahresumsatz
[in: *Geigy heute*]
CH/CH, 1958, Infografik
Buchdruck, 25.4 × 22.7 cm

⊠ 24
Max Schmid
Dienststellen und Arbeitsfunktionen der Propaganda-Abteilung in schematischer Darstellung
[in: *A. L.*, 1954]
CH/CH, 1954, Organigramm
Buchdruck, 14.5 × 14.4 cm

⊠ 25
Max Mathys
Das Grafikatelier der Propaganda-Abteilung auf dem Dreispitz-Areal/von rechts nach links: Andreas His, Max Schmid, Igildo Biesele, Enzo Roesli, Elisabeth Dietschi, Kurt Küng
CH/CH, 1954, Fotografie

⊠ 26
Anonym
Organigramm der Propaganda-Abteilung
CH/CH, ca. 1964, Archiv-Reproduktion
Lithografie

⊠ 27
Anonym
Das Dekorationsatelier der Propaganda-Abteilung
CH, 1957, Fotografie

⊠ 28
Anonym
Der Grafiker Jörg Hamburger bei der Arbeit in der Propaganda-Abteilung
CH, 1957, Fotografie

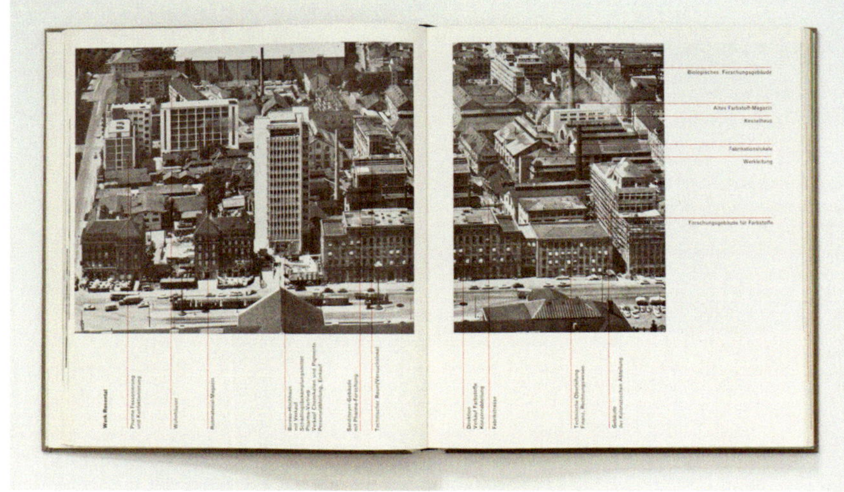

21

22

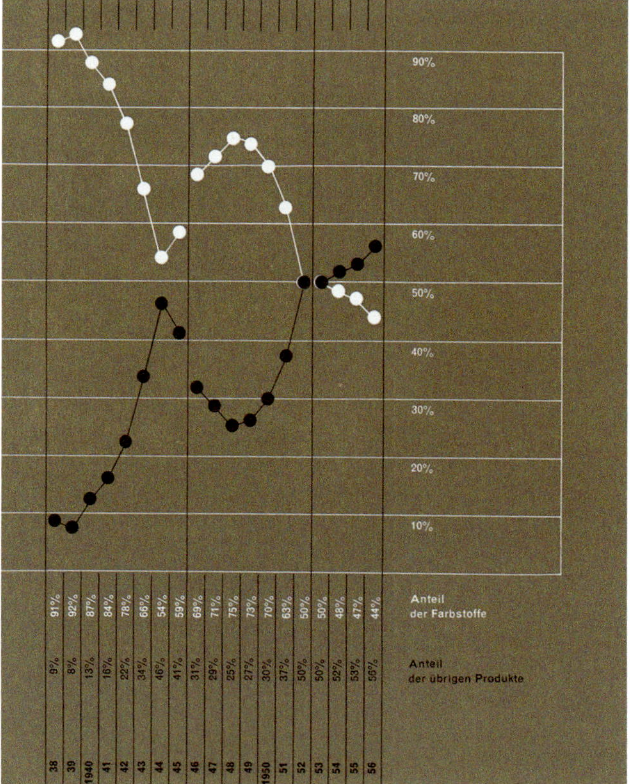

23

25

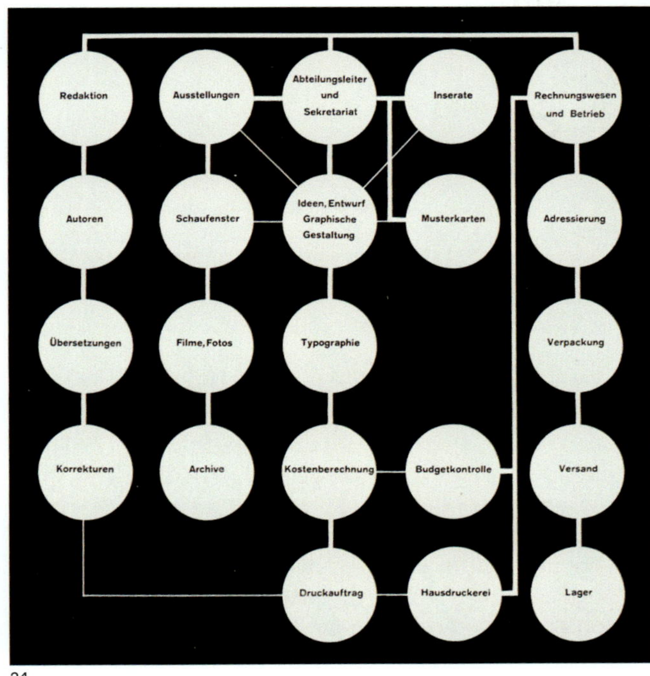
Redaktion
Ausstellungen
Abteilungsleiter und Sekretariat
Inserate
Rechnungswesen und Betrieb
Autoren
Schaufenster
Ideen, Entwurf Graphische Gestaltung
Musterkarten
Adressierung
Übersetzungen
Filme, Fotos
Typographie
Verpackung
Korrekturen
Archive
Kostenberechnung
Budgetkontrolle
Versand
Druckauftrag
Hausdruckerei
Lager

24

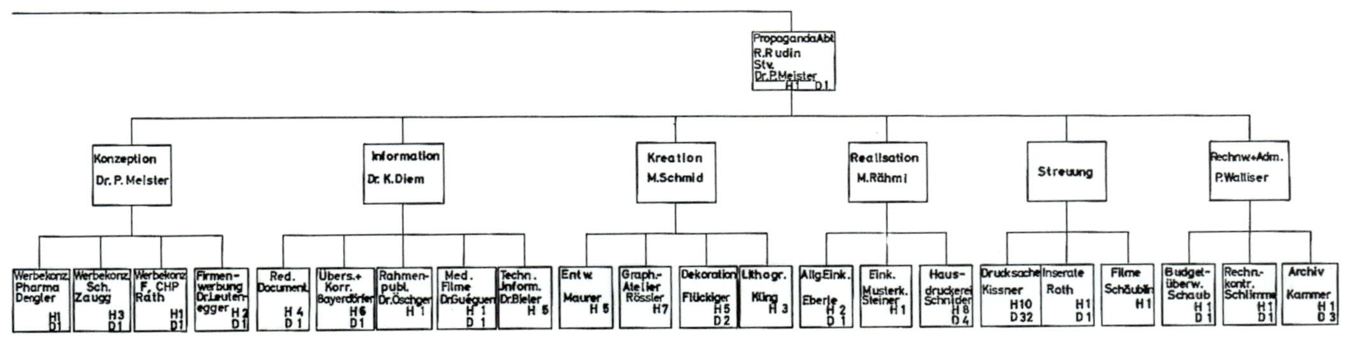
PropagandaAbt. R.Rudin Stv. Dr.P.Meister H1 D1
Konzeption Dr. P. Meister
Information Dr. K. Diem
Kreation M.Schmid
Realisation M.Rähmi
Streuung
Rechnw.+Adm. P.Walliser
Werbekonz. Pharma Dengler H1 D1
Werbekonz. Sch. Zaugg H3 D1
Werbekonz. F. CHP Räth H1 D1
Firmenwerbung Dr.Leutenegger H 2 D1
Red. Document. H 4 D 1
Übers.+ Korr. Bayerdörfer H6 D1
Rahmen-publ. Dr.Öschger H 1
Med. Filme Dr.Guéguen H 1 D 1
Techn. Inform. Dr.Bieler H 5
Entw. Maurer H 5
Graph.-Atelier Rössler H7
Dekoration Flückiger H5 D2
Lithogr. Küng H 3
Allg.Eink. Eberle H 2 D 1
Eink. Musterk. Steiner H 1
Haus-druckerei Schnider H 8 D 4
Drucksache Kissner H10 D32
Inserate Roth H1 D1
Filme Schäublin H1
Budget-überw. Schaub H 1 D 1
Rechn.-kontr. Schlimme H1 D1
Archiv Kammer H 1 D 3

26

27

28

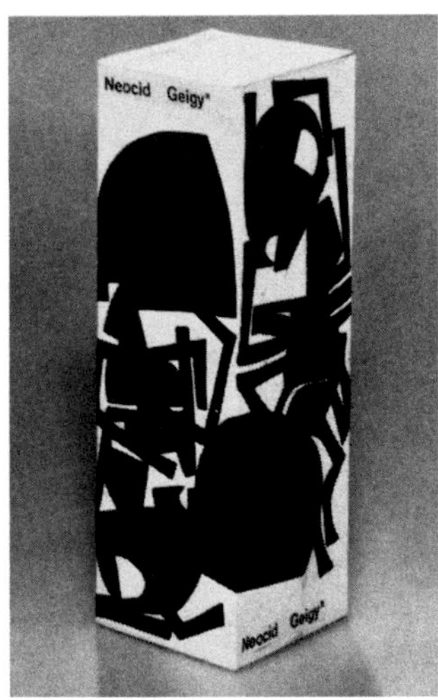

29

⊠[29]
Anonym
Neocid Geigy [Schülerarbeit aus dem Unterricht von Armin Hofmann an der AGS Basel, in: *Hofmann*, 1965]
CH, vor 1965, Verpackung

ersten Verpackungen des DDT-Produktes Gesarol ⊠[16]. Und schon 1939 hatte der für die Basler Firma Cliché Schwitter tätige Künstler und Grafiker Ferdinand Schott das ‹Geigy-Ei› genannte Firmensignet entworfen, ⊠[49] das zwar wiederholt in Frage gestellt werden,[31] aber schliesslich bis zur Fusion mit CIBA in Gebrauch bleiben sollte.

Allgemeine Gewerbeschule Basel

Die bei Geigy angestellten Grafikerinnen und Grafiker waren zwar einem ähnlichen Geist, aber nicht einer Unité de doctrine verpflichtet. Beides hat augenfällig auch damit zu tun, dass viele von ihnen von der Allgemeinen Gewerbeschule Basel AGS kamen, an der eine systematische und zugleich individuelle Haltung vermittelt wurde. Tatsächlich brachte es der fachliche wie freundschaftliche Kontakt zwischen Max Schmid und Armin Hofmann, der auf deren gemeinsame Zeit im Atelier von Fritz Bühler zurückging, mit sich, dass wiederholt Absolventen und Absolventinnen der AGS nach Abschluss – und teilweise auch schon während – der Ausbildung bei Geigy arbeiteten.[32]

Umgekehrt entnahm Hofmann realitätsbezogene Aufgaben gerne der Welt der in Basel ja wörtlich nahe liegenden Chemie und insbesonders jener von Geigy. So galt es etwa Verpackungen für Insektenschutz- oder Schädlingsbekämpfungsmittel wie Kik oder Neocid so zu gestalten, dass der Weissraum minimal oder maximal und die resultierende Übereckwirkung frappant sei.[33] ⊠[29] Was Neuburg «Lösungen, die das Abstrakte erfassbar und verständlich machen» nannte, bot für Hofmann ein grosses didaktisches Potenzial, wie er im Rückblick auf seine Lehrtätigkeit festhielt: «Themen der Chemie hatten einen hohen Abstraktionsgrad, der sich für Schulaufgaben in und mit den Werkstätten eignete.»[34]

Auf ähnlich grundsätzliche Art floss die Beschäftigung mit gestalterischen Grundformen wie Dreieck, Viereck und Kreis, die Teil von Hofmanns grafischer Tätigkeit war, als Problemstellung in den Unterricht ein. So entstanden die Buchstaben auf dem Umschlag des amerikanischen Ausstellungskataloges *Swiss Graphic Designers*, die für die Initialen der darin präsentierten Gestalter stehen, 1957 genauso durch «Herauslösen und Kombinieren von einzelnen Teilen aus der Grundform», wie er es im folgenden Jahr zu einer der Lehrübungen schrieb.[35] ⊠[33] Der Vergleich seines Plakates für das Stadttheater Basel ⊠[32] mit dem von Schmid gestalteten Umschlag der Broschüre *Geigy – Eine Firma und ihre Produkte* ⊠[1] zeigt, dass Themen der Zeit wie die Fragmentierung und Monumentalisierung von fotografisch erfassten Sinnesorganen bei gänzlich verschiedenen Inhalten zu grosser Suggestivkraft verdichtet werden konnten.

Hofmann selber realisierte nur wenige Aufträge für Geigy. ⊠[257],⊠[311] Sein Entwurf für ein neues Firmensignet, der auf schlüssige Weise auch Varianten für die einzelnen Sparten zuliess, wurde zwar firmenintern sehr positiv bewertet,[36] schliesslich jedoch nicht ausgeführt.

Bei ihrer Arbeit für Geigy konnten die Absolventen der AGS aber auch auf das bei Emil Ruder, dem Lehrer für Typografie, Gelernte bauen. So gestaltete Harri Boller Musterpackung und Inserat für Insidon rein typografisch, indem er den Produktnamen zunehmend fetter setzte und so die anfänglich breite Laufweite wie das zu bekämpfende medizinische Symptom weitgehend zum Verschwinden brachte. ⊠[319–320] Fridolin Müller wiederum erzeugte auf einer Werbekarte durch mehrfaches und teilweise seitenverkehrtes Überdrucken des immer gleichen Wortes in Rot eine spielerische Verdichtung, die auf beinahe erzählerische Weise das Motiv des Juckreizes aufnahm, gegen den das beworbene Medikament Eurax Abhilfe versprach. ⊠[30] Ruder selber benutzte das gleiche gestalterische Mittel, um in einer ebenfalls rein typografischen Lösung das Motiv des Knüpfens zu visualisieren.[37] ⊠[31]

Das Atelier der Propaganda-Abteilung stand aber auch Gestaltern anderer Provenienz offen, die der vorhandenen Diversität eigene Akzente hinzufügten:

⊠ 30
Fridolin Müller
Eurax-Hydrocortisone/Effective against the four major disease-factors in dermatology: itching inflammation allergy infection
CH/UK, frühe 1960er Jahre,
Aus einer Serie von vier Werbekarten
Offset, 14.8 × 21 cm

⊠ 31
Emil Ruder
Moderne französische Knüpfteppiche
[Gewerbemuseum Basel]
CH/CH, 1964, Ausstellungskatalog, Umschlag
Buchdruck, 21.2 × 14.9 cm

⊠ 32
Armin Hofmann
Stadt Theater Basel
CH/CH, 1962, Plakat
Offset, 128 × 90 cm

⊠ 33
Armin Hofmann
Swiss Graphic Designers/M H V L N R S F G O
US/US, 1957, Ausstellungskatalog, Umschlag
Offset, 27.8 × 21.6 cm

30

moderne
französische
knüpfteppiche

31

32

33

34

35

☒34
Anonym
Das Firmengesicht: Ausstellung internationaler Werbegraphik im Marshall-Haus Berlin
DE, 1954, Fotografie
29.8 × 21 cm

☒35
Karl Gerstner
Neocid/eine Schranke dem Hausungeziefer!
CH/DE, ca. 1953, Werbeblatt
Offset, 21 × 14.9 cm

Gottfried Honegger hatte die Kunstgewerbeschule Zürich besucht, Roland Aeschlimann jene in Biel und mit George Giusti aus New York, Philip Smythe aus London oder Toshihiro Katayama aus Osaka wurden auch Fachkräfte mit deutlich abweichendem kulturellen Hintergrund aufgenommen; dazu zählte die Britin Maureen Fitzsimmons, die zusammen mit Nelly Rudin, Therese Moll, Elisabeth Dietschi und Renate Biesele den bemerkenswert grossen Anteil an Frauen bildete.

Die grosse Offenheit von Geigy liess ihr Atelier zu einem der raren Orte werden, an denen die Verbindung von Ausbildung und Praxis so unmittelbar möglich war. Und der Transfer funktionierte auch in die andere Richtung, unterrichteten doch mehrere Schüler von Hofmann und Ruder während oder nach ihrer Zeit bei Geigy selber an der AGS Basel, darunter Enzo Roesli und Andreas His – aber auch Max Schmid.

Internationale Rezeption

Die Entwürfe des Geigy-Ateliers stiessen schon bald auf reges Interesse der internationalen Gestaltungsfachwelt. Eine frühe Arbeit von Schmid erschien 1950 im sechsten Band der jahrbuchartigen Reihe *Publicité et arts graphiques/Werbung und graphische Kunst*,[38] die Geigy in der Folge ebenso regelmässig berücksichtigte wie das 1952 lancierte dreisprachige *Graphis Annual*. Zwei kurz nacheinander in Deutschland publizierte Zeitschriftenbeiträge dürften für die fortan anhaltende Aufmerksamkeit wichtig gewesen sein. Eberhard Hölschers zweisprachiger Beitrag zur Geigy-Pharmawerbung in der von ihm herausgegebenen *Gebrauchsgraphik/International advertising art* betonte 1953 den «ganz bewusste[n] Stilwille[n]», der in den Arbeiten «seinen graphischen Ausdruck findet. [...] Überdies aber hat diese bekannte Firma auch den Mut zum Experiment und scheut sich nicht, oftmals Wege zu gehen, die nicht allgemeine Zustimmung finden, sondern eine moderne graphische Formgebung bevorzugen.»[39] Gerade weil Geigy das Bestreben nach formaler Kohärenz mit experimenteller Neugier verbinde, rage sie deutlich über das generell hohe Qualitätsniveau der Pharma-Grafik heraus, die auf meist kleinem Format ein ebenso gebildetes wie hart umworbenes Fachpublikum erreichen müsse.

Im folgenden Jahr bezeichnete Franz Hermann Wills in *Graphik – Werbung und Formgebung* die Arbeiten für Geigy schon im Titel als «ein Beispiel konsequenter Chemie-Werbung».[40] Sein Beitrag entstand wohl im Zusammenhang mit *Das Firmengesicht*, der von ihm ebenfalls 1954 kuratierten *Ausstellung internationaler Werbegraphik* im Westberliner George C. Marshall-Haus.[41] ☒34 In dieser Leistungsschau ausschliesslich westlicher Firmen hing Leupins erwähnte individualistische Arbeit mit dem Wollhandschuh wie selbstverständlich neben solchen von Schmid, Gerstner ☒35 und Roesli, denn sein «eigenwilliges, treffsicheres Plakat für ‹Trix› liegt etwas abseits in der Konzeption und der Durchführung. Aber Format, Placierung und Nachbarschaft verlangen nach einer besonderen Ausdrucksform.»[42] Für Wills lag die «Konsequenz» von Geigy demnach sowohl in einer durchaus angestrebten stilistischen Einheitlichkeit als auch im jeweils adäquaten Einsatz der Mittel. Zur gleichen Zeit wurde auch im Bereich der Architektur mit Blick auf die Schweiz wiederholt eine Kontinuität der Moderne konstatiert, die sich oftmals mit pragmatischen Aspekten mische. Und ähnlich wie bei damaligen internationalen Kommentatoren der Architektur galt Wills' Interesse an der Grafik aus der Schweiz letztlich auch der Situation im eigenen Land: «Es ist wohltuend, dergleichen zu sehen, aber es ist in Deutschland schwer, Gleichwertiges über Versuche hinausgehend zu finden. Hat unsere Exportwerbung soviel Zeit?»[43]

1957 figurierte Schmid dann als einziger Angestellter einer firmeninternen Werbeabteilung unter den zwölf ‹konstruktiven› Gestaltern der erwähnten Ausstellung *Swiss Graphic Designers*, ☒33 die durch acht US-amerikanische Städte reiste[44] und zum «Export der Schweizer Grafik»[45] ebenso beitrug wie die Zeitschrift *Neue Grafik*, die vier der Beteiligten im folgenden Jahr

36

37

⊠36
Willem Sandberg
AGI/print around the clock//design for industry/ container corporation of america/geigy/ steendrukkereij de jong & co
NL/NL, 1962, Plakat
Lithografie, 100 × 70 cm

⊠37
Gottfried Honegger
Grafiker/Kunstgewerbemuseum Zürich
CH/CH, 1955, Plakat
Linoldruck, 127 × 90 cm

gründeten und die ebenfalls wiederholt über Geigy berichten sollte. An der ersten Ausstellung der Alliance Graphique Internationale AGI 1955 in Paris war die chemische Industrie Basels zwar noch ausschliesslich durch CIBA vertreten;[46] Ende 1962 präsentierte Willem Sandberg als scheidender Direktor des Amsterdamer Stedelijk Museum[47] in einer Doppelausstellung dann aber einerseits Arbeiten der AGI und anderseits Geigy als einen von drei herausragenden Vertretern der internationalen Industriegrafik.[48] ⊠36

Berufsbild Grafiker

Der Verband schweizerischer Grafiker VSG veranstaltete 1955 im Kunstgewerbemuseum Zürich die Ausstellung *Grafiker – Ein Berufsbild.* ⊠37 Sie berücksichtigte verschiedene Arbeiten für Geigy und wurde in der Folge auch in den Niederlanden und in Deutschland[49] gezeigt. Die Ausstellung postulierte eine möglichst grosse Autonomie des Grafikers, bei der Werbeberater oder -agenturen als Schnittstellen zwischen Grafiker und Auftraggeber eine entsprechend geringe Rolle spielen sollten. Der 1938 gegründete VSG, der die Ausstellung initiiert hatte und dem sämtliche hundertfünfzehn ausstellenden Gestalter angehörten, vertrat zudem die Auffassung, dass sich der Grafiker mit einem möglichst grossen Spektrum an Aufgaben beschäftigen und also nicht eine Spezialisierung anstreben sollte.[50] Verbandsmitglieder waren denn auch vor allem kleine Ateliers, die bisweilen nur aus ein oder zwei Personen bestanden.

Das Atelier der Propaganda-Abteilung von Geigy, das mit «Graphischer Gestaltung» und «Typographie» deren Zentrum bildete ⊠24, entsprach dieser Vorstellung des autonomen Generalisten weitgehend: Die einzelnen Gestalter beschränkten sich weder auf eine Sparte oder gar ein Produkt noch auf ein bestimmtes Medium. Dabei konnten sie ihre Entwürfe allerdings meist nicht direkt mit den Fachvertretern der jeweiligen Sparten besprechen; dies blieb zunächst René Rudin, seinem 1955 engagierten Stellvertreter Paul Meister und Max Schmid vorbehalten. Mit der Reorganisation der Propaganda-Abteilung 1963 übernahmen teilweise die Spartenbetreuer des Bereiches «Konzeption» ⊠26 diese Funktion, die neu wie «Account Executives»[51] einer Werbeagentur an der Produkt- und Werbekonzeption mitwirkten. Jedenfalls gelang es durchaus nicht immer, die Entwürfe gegenüber den auftraggebenden Verkaufsabteilungen ⊠6 unverändert durchzusetzen.[52] «Der Chemiker ist nicht mehr wie im Farbengebiet die allein massgebende und wichtigste Persönlichkeit, dies ist und bleibt der Chef der Propaganda.»[53] Diese 1938 formulierte Erwartung war anderen Abläufen und Prioritäten gewichen.

Honegger, der wesentliche Teile von *Grafiker – ein Berufsbild* kuratierte, leitete zur gleichen Zeit interimistisch das Atelier der Propaganda-Abteilung. Damit gehörte er zu jenem guten Dutzend der Ausstellenden, die regelmässig oder gelegentlich bei oder für Geigy arbeiteten. Letzteres traf 1960 sogar auf achtzehn von insgesamt gut zweihundert VSG-Mitgliedern zu. Typischerweise waren über drei Dutzend der regelmässig oder gelegentlich für Geigy Arbeitenden auch Mitglied im Schweizerischen Werkbund SWB.[54] Angesichts solcher Parallelität der Interessen überrascht es wenig, dass der VSG 1964 seine Auszeichnung für vorbildliche grafische Gestaltung der Geigy-Propaganda-Abteilung verlieh, die «in Übereinstimmung mit den Zielen unseres Berufsstandes, dessen Ansehen gemehrt» habe.[55]

Aus der Sicht der Werbung bezeichnete Adolf Wirz hingegen das Betreiben einer voll ausgebauten firmeninternen Werbeabteilung 1959 als grundsätzlich veraltet, weil sie der Gefahr der Betriebsblindheit unterliege und nicht von der Erfahrung einer den Marktkräften ausgesetzten grossen Agentur profitieren könne, in der der Grafiker ein Spezialist unter mehreren sei. Allerdings räumte er ein, dass es in der Schweiz nur etwa zehn entsprechende Agenturen gebe.[56] Solche Äusserungen dürften dazu beigetragen haben, dass der profilierte Werbeberater Wirz 1963 zu einem Vortrag an der Entwicklungsstelle für visuelle Kommunikation von Geigy eingeladen wurde.[57]

☒ 38
Igildo Biesele
Sterosan/zur verbandlosen Behandlung der infizierten Haut
CH/DE, ca. 1953–54, Inserat
Buchdruck, 33.2 × 24.9 cm

☒ 39
Igildo Biesele
Ircodina
CH/IT, o. J., Inserat
Buchdruck, 21 × 14.8 cm

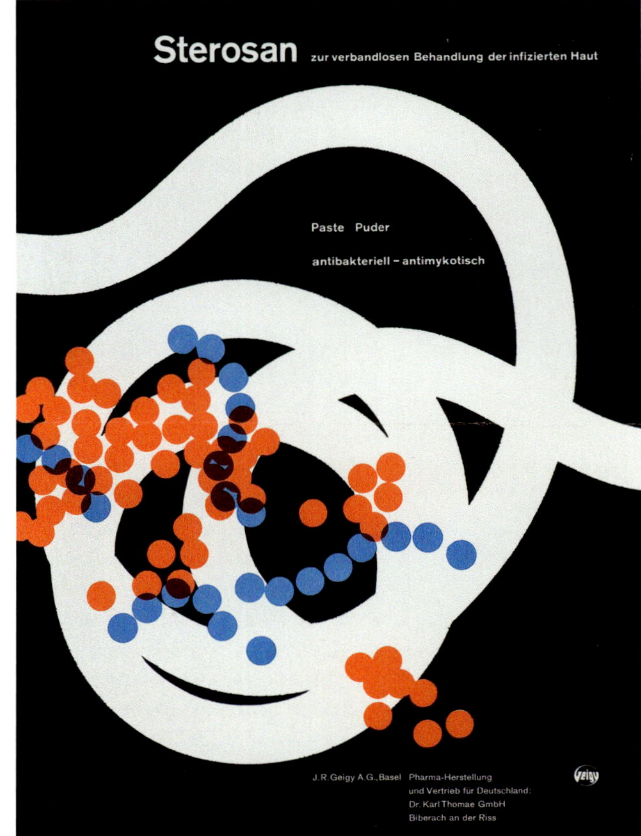

38

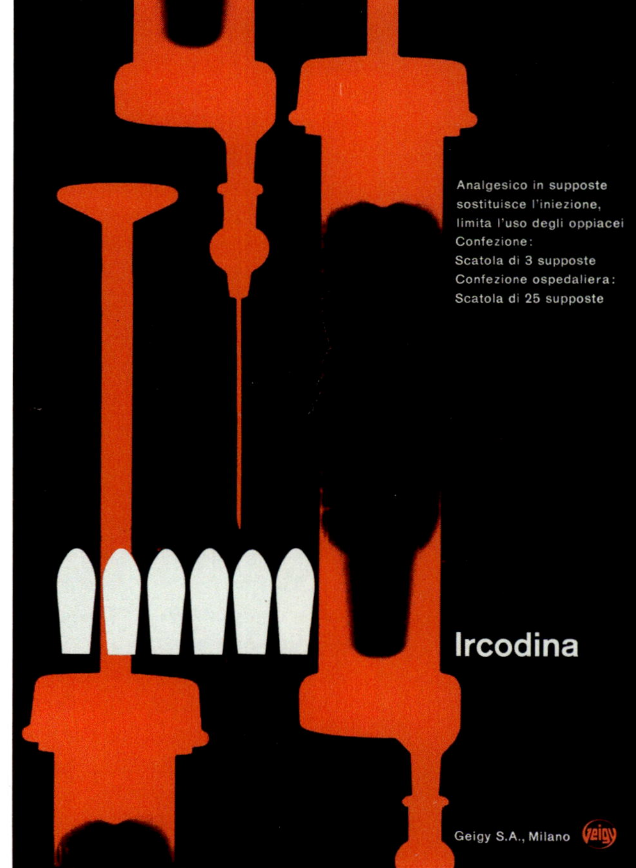

39

40

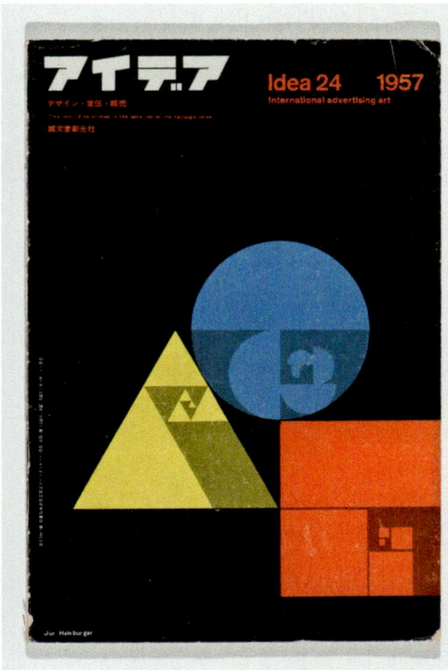

41

⊠40
Jörg Hamburger
Propaganda Geigy
CH/CH, ca. 1957, Dokumentenmappe
Siebdruck, 31 × 24.5 cm

⊠41
Jörg Hamburger (Umschlagmotiv)
Idea 24/1957/International advertising art
CH/JP, 1957, Zeitschrift, Umschlag
Offset, 30 × 20.8 cm

Wenn das Verhältnis zwischen Grafik und Werbung in den 1950er Jahren also nicht spannungsfrei war, so gab es auch zwischen der Grafik und anderen Berufsbildern Abgrenzungsprobleme. Dies machen Emil Ruders Worte deutlich, mit denen er seinen Beitrag über die Tätigkeit der Geigy-Propaganda in den *Typografischen Monatsblättern* einleitend rechtfertigen zu müssen glaubte: «Zu diesem Vorhaben wurden wir ermuntert, weil wir glauben, feststellen zu können, dass sich das Verhältnis Setzer/Graphiker weiterhin gebessert und geklärt hat.»[58] Bei Geigy selber waren solche Grenzen im Sinne des Allrounders bemerkenswert durchlässig: so wurde etwa Harri Boller seiner Ausbildung entsprechend zunächst als Typograf engagiert, später aber zum Grafiker ‹befördert› ⊠96–97, ⊠319–320; einen vergleichbaren Weg gingen die als Lithografen ausgebildeten Roland Aeschlimann ⊠9, ⊠43, Friedrich Schrag ⊠271–273 und Mario Grasso.

Die Grafiker kamen in der Regel in jungen Jahren zu Geigy und blieben einige Zeit, um sich dann nach Anderem umzusehen. Die ‹Talentschmiede› Propaganda-Abteilung erwies sich dabei meist als gut federndes Sprungbrett, das die einen in renommierten Büros landen liess – wie Stephan Geissbühler als Steff Geissbuhler bei Chermayeff & Geismar in New York – oder direkt in der Selbstständigkeit – wie Karl Gerstner, der zusammen mit Markus Kutter und Paul Gredinger die Agentur GGK gründete. Auch wenn in Basel, im Unterschied zu Manchester,[59] die künstlerische Praxis der Gestalter durch die Firma nicht explizit gefördert wurde, gingen manche weg von der Grafik, um als Bühnenbildner tätig zu sein – wie Aeschlimann – oder sich ganz der Kunst zu widmen – wie Honegger, Rudin, His, Meyer oder Katayama.

Gebrauchsgrafik und Kunst

Die Einsicht, dass die Schweizer Grafik der Nachkriegszeit – wie schon jene der 1930er Jahre – der bildenden Kunst, und vor allem der Malerei, Entscheidendes verdanke, war in der Zeit selber weitgehend etabliert. So konnte Noel Martin 1957 im Vorwort von *Swiss Graphic Designers* ⊠33 schreiben: «Die vielen modernen Kunstbewegungen des 20. Jahrhunderts sind dem Schweizer Grafiker entgegengekommen. Der Einfluss von de Stijl, des Bauhauses und des Konstruktivismus sind seit nun fast dreissig Jahren offenkundig [...]. Der Gestalter hat die Prinzipien der modernen Kunst vollständig verinnerlicht und akzeptiert.»[60] Darüber, wie das Verhältnis der beiden Gattungen – jenseits eines gegenseitigen Verständnisses – aktuell beschaffen sei, gingen die Ansichten aber durchaus auseinander, gerade auch angesichts der bei Geigy realisierten Grafik. Für Ruder erfüllte diese zunächst einfach, «was ihr vor Jahren als Ziel gesteckt wurde: künstlerische Durchdringung des Alltags. Die Formensprache [...] schöpft offensichtlich aus dem von der modernen Kunst geschaffenen Formenarsenal.»[61] Jörg Hamburgers in geometrischen Grundformen und abgetönten Grundfarben gehaltene Umschlaggestaltung für eine Mappe der Propaganda-Abteilung, ⊠40 die kurz darauf auch zum Umschlagmotiv eines Heftes der japanischen Zeitschrift *Idea* wurde,[62] ⊠41 belegt diese Beobachtung.

Für Lawrence Alloway, der als Kunstkritiker ein wichtiges Mitglied der Londoner Independent Group war, stellte sich die Situation um 1956 entscheidend komplexer dar. Aus der anbrechenden Popkultur Grossbritanniens nach Westeuropa blickend, erkannte er den begrenzten Stellenwert von künstlerischen Erfahrungen. In seinem Kurzessay zu Geigy betonte er vielmehr die Autonomie der Disziplin des Grafikers: «Heute, da die Gestaltung eindrücklicher, lebendiger und verständlicher Symbole von darstellenden Künstlern allgemein vernachlässigt wird, hat der Graphiker je länger, desto mehr die Aufgabe, diese Lücke auszufüllen.»[63] Wenn der Grafiker weder ein verkappter Künstler noch ein verkappter Chemiker sein konnte, so boten sich ihm zeichnerische oder fotografische Visualisierungen an. Und gerade in deren variantenreicher Konzeption und Umsetzung lag für Alloway die Bedeutung von Geigy: «Diese Vielfalt in der Darstellung wird nicht durch absolute Normen, wie etwa formal-harmonische Regeln über ‹gutes Zeichnen›

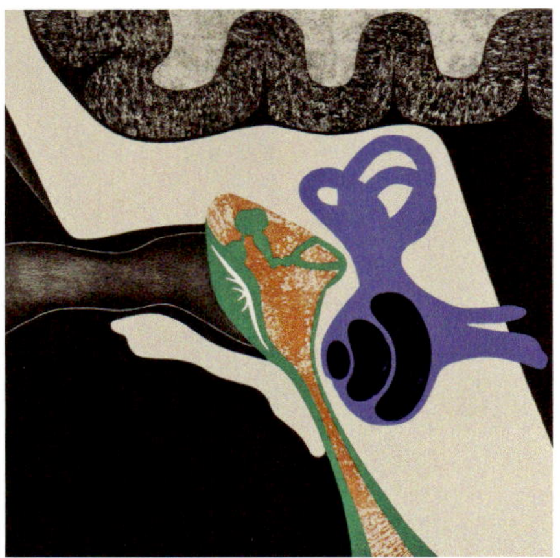

42

43

⊠ 42
Gottfried Honegger
Schematischer Querschnitt durch das Innenohr
[Dosulfin]
CH/CH, ca. 1957, Werbekarte, Andruck
Lithografie, 30 × 30 cm

⊠ 43
Roland Aeschlimann
Rudolf Lichtsteiner (Foto)
Es gibt kaum eine befriedigendere Situation für einen Arzt ... [Eisenmangel im Wachstumsalter/Resoferon]
CH/CH, 1968–69, Broschüre
Offset, 29.7 × 21 cm

(good design), auf einen einheitlichen Nenner gebracht, sondern vielmehr durch die Frische und Klarheit des Ausdrucks. So ist die auffallende Einheit der Illustrationen nur die Folge einer klaren Wiedergabe von Botschaften, welche sowohl allgemeine Aussagen einer ‹world of science› als auch spezifische Informationen über einzelne Produkte umfassen.» Und nur so könne der moderne Grafiker jene «allgemeingültigen Symbole vermitteln, nach welchen unsere industrialisierte Zeit verlangt».[64] Der Umschlag von *Graphis*, in dem Alloways Text erschien, zeigte eine Arbeit von Gottfried Honegger, der zu jener Zeit bezeichnenderweise «visuelle wissenschaftliche Information»[65] als grafischen Arbeitsschwerpunkt angab. Im folgenden Jahr hätte Alloway auch die Umschläge einer Prospektserie zu Dosulfin auswählen können, für die Honegger schematische Querschnitte durch Teile des menschlichen Körpers realisierte. ⊠42 In *Der Künstler im Dienst der Wissenschaft* zählte Walter Herdeg Honeggers Darstellung des Innenohres noch 1973 zu jenen «visuell faszinierenden und künstlerisch hochstehenden» Arbeiten aus der pharmazeutischen Werbung, «die katalytisch auf das ganze Gebiet der wissenschaftlichen Illustration wirken».[66]

Der Gestalter hatte sich in Alloways Augen nicht nur gezwungenermassen auf Distanz zur Kunst zu halten – angesichts des Zustandes, in dem sich diese befinde –, auch aus der Geschichte des eigenen Metiers könne er wenig lernen. Es genüge nämlich nicht mehr, die «gute Form» (good design) als «universellen Code» (universal code) zu propagieren, wie es für die Pioniere der Grafik möglich gewesen sei. Ein deutlicher Vorbehalt gegenüber dem damals gerade in der Schweiz aktuellen Werkbund-Konzept der «Guten Form» – ein Vorbehalt, der allerdings in der in *Graphis* gewählten deutschen Übersetzung von «good design» als «gutes Zeichnen» nicht mehr zum Tragen kam.[67]

Gerstner gehörte wie die älteren Max Bill oder Richard Paul Lohse zu jenen, die einer direkten Verwertung eines vorhandenen künstlerischen Repertoires ebenfalls skeptisch gegenüber standen. In seinem unter anderem auf Geigy bezogenen Beitrag in der Zeitschrift *Werk* anlässlich der Ausstellung *Grafiker – ein Berufsbild* hielt er fest: «Malerei und Werbegrafik sind zwei völlig verschiedene Aufgaben mit spezifischen Voraussetzungen und Ausdrucksmitteln. Das echte Gemeinsame vollzieht sich lediglich auf der Ebene des Geistigen. Es besteht darin, dass Funktionen in zwei verschiedenen Kategorien zu Form und Gestalt werden.» Nicht um «formale Ähnlichkeit»[68] könne es mithin gehen, sondern im Idealfall um Parallelität, Analogie oder Entsprechung im Umgang mit der Funktion, die in der Kunst und in der Grafik jeweils unterschiedlich angelegt sei.

Werbung und Corporate Diversity

Ende der 1960 Jahre war die Zeit reif für umfassende Rückblicke auf das bei Geigy Geleistete. Die Princeton University zeigte 1967 *Geigy Graphics* und lancierte damit eine ganze Ausstellungsreihe über «moderne Grafik», die durch mehrere Universitäten reisen sollte.[69] ⊠44–47 Zwanzig Jahre nach dem Eintritt von Max Schmid in die Firma präsentierte die Ausstellung vorwiegend Werke von Geigy USA unter Fred Troller. Es war aber auch eine indirekte Anerkennung der Leistungen am Schweizer Hauptsitz, von denen die Grafiker der amerikanischen Zweigstelle bei ihrer Arbeit wesentlich profitieren konnten.

Während damit ausgerechnet in den USA, dem Land der Werbung, der Akzent – wieder? – auf die Grafik gelegt wurde, stellte ihr Hans Neuburg in der Schweiz zur gleichen Zeit neu die Werbung voran. Die ersten Bände einer 1963 lancierten Reihe zur Schweizer Grafik jener Jahre trugen die Titel *Grafik einer Schweizer Stadt*[70] und *Offizielle Schweizer Grafik*[71]; den dritten Band nannte Neuburg selber noch lapidar *Schweizer Industrie-Grafik*[72], während der ebenfalls von ihm herausgegebene vierte Band zur chemischen Industrie 1967 den Titel *Chemie, Werbung und Grafik* erhielt.[73]

⊠ 44–47
Emilio Ambasz
Geigy Graphics on exhibition April 1967/
Princeton University/School of Architecture
US/US, 1967, Kleinplakate
Offset, 39.4 × 38.1 cm

44

45

46

47

Tatsächlich hatte sich die Situation seit den Anfängen der Geigy-Propaganda-Abteilung auch in der Schweiz grundlegend verändert, vor allem angesichts der erstarkten Werbung, die weniger informieren als verführen wollte – und dies auch bei Aufträgen von industriellen Kunden. Im Laufe der 1960er Jahre ergab sich so mit den Worten von Willy Rotzler eine «Schweizer Grafik in der Krise», in der die modernistische «Anonymität» einer unpersönlichen grafischen Sprache aus Typografie, Fotografie und Formelementen der konstruktiven Kunst zunehmend zur Schwäche geworden sei.[74] In Rotzlers Plädoyer für das nach-moderne Ernstnehmen etwa der Pop-Art, publiziert als Rückblick auf die ersten dreissig Jahre des VSG, scheint Alloways Einwurf von 1956 jedenfalls immer noch nachzuklingen. In ähnlichem Sinne betonte Neuburg in *Chemie, Werbung und Grafik* den werberischen Wert, gerade auch bei den an ein Fachpublikum gerichteten Gestaltungen; und er zeigte dazu überwiegend Arbeiten für Geigy, die «seit Jahrzehnten eine zielbewusste Werbung und Grafik»[75] pflege.

In den 1960er Jahren entwickelte sich Geigy markant und vervierfachte den Umsatz, vor allem aufgrund der Pharma und der Agrochemie.[76] Dieses auch gegenüber den Basler Konkurrenten markante Wachstum war ein wesentlicher Faktor, der 1970 zur Fusion mit CIBA zu CIBA-Geigy führte. Damit sollte auch für die Werbung der Firma manches anders werden. Den Veränderungen der 1960er Jahre hatte man sich bei Geigy aber längst schon gestellt und sowohl die werbeorientierte Verknüpfung von Slogan und Visualisierung als auch die Vielfalt der grafischen Ausdrucksformen gepflegt. ⊠[43], ⊠[65–68], ⊠[76], ⊠[81], ⊠[180–192], ⊠[269–297] So entstand ein Erscheinungsbild, das sich weniger durch Typisierung und Standardisierung als vielmehr durch Offenheit und Flexibilität auszeichnete – eine eigentliche Corporate Diversity, die der aufgeschlossenen Unternehmenskultur der J. R. Geigy A. G. in hohem Masse entsprach.

1 Der Begriff «Propaganda» wurde 1966 durch «Werbung» ersetzt, die «Propaganda-Abteilung» in «Werbeabteilung» umbenannt. Vgl. «Hausräuke», 1967, S. 40.
2 Vgl. K. Gimmi in diesem Band, S. 58–77.
3 Vgl. A. Janser in diesem Band, S. 78–89.
4 Typischerweise arbeiteten Yves Zimmermann und Walter Lienert in Spanien mit einer örtlichen Agentur zusammen; vgl. Rotzler, 1966, S. 385.
5 Vgl. Zeller, 2001, S. 148–150.
6 Zu solchen gemeinsamen Auftritten kam es vor allem ausserhalb der Schweiz. Einer bis ins 19. Jahrhundert zurückreichenden Tradition gemäss besassen die Basler Unternehmen in verschiedenen Ländern gemeinsame Produktionsstätten oder Vertriebsfirmen.
7 Neuburg, 1967, S. 11.
8 A.C., 1954, S. 271.
9 Rudin, 1944b, S. 8; A.C., 1954, S. 272; Alloway, 1956, redaktionelle Vorbemerkung, S. 194; Neuburg, 1967, S. 11, 14.
10 Rudin, 1957b, S. 238.
11 Gerstner/Kutter, 1959, S. 217.
12 Der Historiker Kutter war zudem von Ende 1952 bis 1957 Redaktor der *Werkzeitung Geigy* gewesen; vgl. Fankhauser, 1968, S. 11.
13 Dabei wurde auch die Kundenansprache nicht aus den Augen verloren; vgl. B. Junod in diesem Band, S. 36–43.
14 Vgl. Rosenbusch, 1997.
15 Geigy, 1958a, S. 17.
16 Um die Mitte der 1950er Jahre lagen die gesamten Werbekosten jeweils bei etwa 7% des gesamten Umsatzes ab Basel; dabei betrugen die Kosten für die Pharmawerbung 12 bis 13% des Spartenumsatzes, während für die Schädlingsbekämpfungsmittel nur etwa 1% des Spartenumsatzes aufgewendet wurde; vgl. *Jb*, 1957, Beilage, S. 1–2.
17 *Jb*, 1957–65.
18 Vgl. Simon, 1997a, S. 41.
19 Geigy, 1958a, S. 16.
20 Gestiegene Kosten in diesem Bereich wurden in den jährlichen Geschäftsberichten zuhanden der Aktionäre der J.R. Geigy A.G. regelmässig vermeldet; vgl. *BüdG*, 1946–69.
21 Ein Ausbau um weitere fünfzig Personen bis zum Ende des Jahrzehnts wurde damals ins Auge gefasst; vgl. Rudin, 1961b, S. 5; «Hausräuke», 1967, S. 40.
22 A.C., 1954, S. 269.
23 A.C., 1954, S. 266.
24 Geigy, 1958a, S. 141.
25 *Jb*, 1957–65. 1966 belief sich die Gesamtauflage der Postaussendungen auf 10 Millionen; vgl. *Geigy-Werbeabteilung*, 1968, o. S.
26 Wirz, 1959, S. 282.
27 Vgl. Y. Zimmermann in diesem Band, S. 48–57.
28 Wills, 1954a, S. 314.
29 *Jb*, 1959.
30 A.C., 1954, S. 266.
31 EfvK, 1965, S. 75.
32 Hofmann, 1958, S. 514–517; im Anschluss an Hofmanns Aufsatz zeigte die Redaktion Arbeiten von vierzehn seiner ehemaligen Schüler, die bis auf drei alle für Geigy gearbeitet hatten, arbeiteten oder bald darauf arbeiten sollten: Karl Gerstner, Fridolin Müller, Gérard Ifert, Jörg Hamburger, Therese Moll, August Maurer, Fritz Schrag, Andreas His, Jürg Schaub, Nelly Rudin und Hermann Meyer.
33 Hofmann, 1965, S. 139, 147, 150–51.
34 Hofmann, 2007.
35 Hofmann, 1958, S. 506.
36 EfvK, 1965, S. 79; abgebildet in: Wichmann, 1989, S. 147.
37 Vgl. Ruder, 1967, S. 59, 205. 1963 wurde Ruder als Referent zu einem Seminar der EfvK eingeladen; vgl. EfvK, 1963, S. 20–22.
38 Es handelt sich um ein mit einer narrativen Illustration versehenes s/w-Inserat für Farbstoffe; *Publicité*, 1950, S. 48.
39 Hölscher, 1953, S. 12–13; *Gebrauchsgraphik* war die Zeitschrift des Bundes Deutscher Gebrauchsgraphiker, den Hölscher präsidierte.
40 Wills, 1954a, S. 308.
41 Wills, 1954b; das 1950 für Informationsveranstaltungen der USA errichtete Gebäude ist nach dem Initianten des Marshall-Planes benannt; unter den 27 ausgewählten Firmen stellte die Schweiz mit sechs den zweitgrössten ausländischen Beitrag neben den USA mit sieben; die Niederlande, Grossbritannien, Frankreich und Italien waren ebenfalls vertreten.
42 Wills, 1954a, S. 316.
43 Wills, 1954a, S. 316.
44 *Swiss Graphic Designers*, 1957; Müller-Brockmann, 1957, S. 17–40; die anderen Grafiker waren Adolf Flückiger, Karl Gerstner, Armin Hofmann, Gottfried Honegger, Richard Paul Lohse, Josef Müller-Brockmann, Hans Neuburg, Siegfried Odermatt, Emil Ruder, Nelly Rudin und Carlo Vivarelli; die Ausstellung war in Boston, Manchester, New York, Akron, Cincinnati, Milwaukee, La Jolla und San Francisco zu sehen.
45 Hollis, 2006, S. 252; vgl. R. Remington in diesem Band, S. 90–97.
46 Henrion, 1989, S. 28–29; die Briten Le Witt/Him zeigten allerdings eine Arbeit für Geigy UK; vgl. A. Janser in diesem Band, S. 81.
47 Petersen, 2004, S. 186.
48 Unmittelbar danach, im Januar 1963, hielt Sandberg einen Vortrag am jährlichen Seminar der Entwicklungsstelle für visuelle Kommunikation; vgl. EfvK, 1963, S. 24–25.
49 Die Wanderausstellung war 1955–57 in s-Hertogenbosch, Amsterdam, München, Augsburg, Stuttgart, Regensburg und Luzern zu sehen; vgl. Schriftverkehr, 1955–57.
50 Fischli, 1955; Rotzler, 1969, S. 21.
51 Rudin, 1961b, S. 4.
52 Vgl. Gespräche mit zahlreichen ehemaligen Mitarbeitern von Geigy.
53 «Ergänzungsbericht», 1938, S. 13.
54 Vgl. Bignens, 2008, S. 90.
55 «Eine Auszeichnung», 1964.
56 Wirz, 1959, S. 281.
57 Wirz sprach über «Visuelle Darstellung in der Konsumgüter-Werbung»; dies mithin im selben Jahr, als auch Ruder und Sandberg dort auftraten; vgl. EfvK, 1963.
58 Ruder, 1955, S. 18.
59 Vgl. A. Janser in diesem Band, S. 84.
60 Martin, 1957, o. S.
61 Ruder, 1955, S. 18.
62 Vgl. «Pharmaceutical Advertising Design», 1957.
63 Alloway, 1956, S. 200.
64 Alloway, 1956, S. 271.
65 Verband Schweizerischer Grafiker, 1960, S. 102.
66 Herdeg, redaktionelle Vorbemerkung zu: Reber, 1973.
67 Alloway, 1956, S. 200.
68 Gerstner, 1955a, S. 337.
69 Die Ausstellung sollte auch in Harvard, Yale, Columbia und Pennsylvania gezeigt werden; vgl. «Ausstellung ...», 1967.
70 Tschanen/Bangerter, 1963; gemeint war die Stadt Zürich.
71 Bangerter/Tschanen, 1964; im Jahr der Expo wurden Arbeiten für die Eidgenossenschaft gezeigt.
72 Neuburg, 1965.
73 Neuburg, 1967.
74 Rotzler, 1969, S. 27.
75 Neuburg, 1967, S. 11.
76 Erni, 1979, S. 82.

Von der Produkt-zur Kunden-orientierung – Basler Werbepolitik und Werbepraxis

Barbara Junod

1758 1958

Jub 5

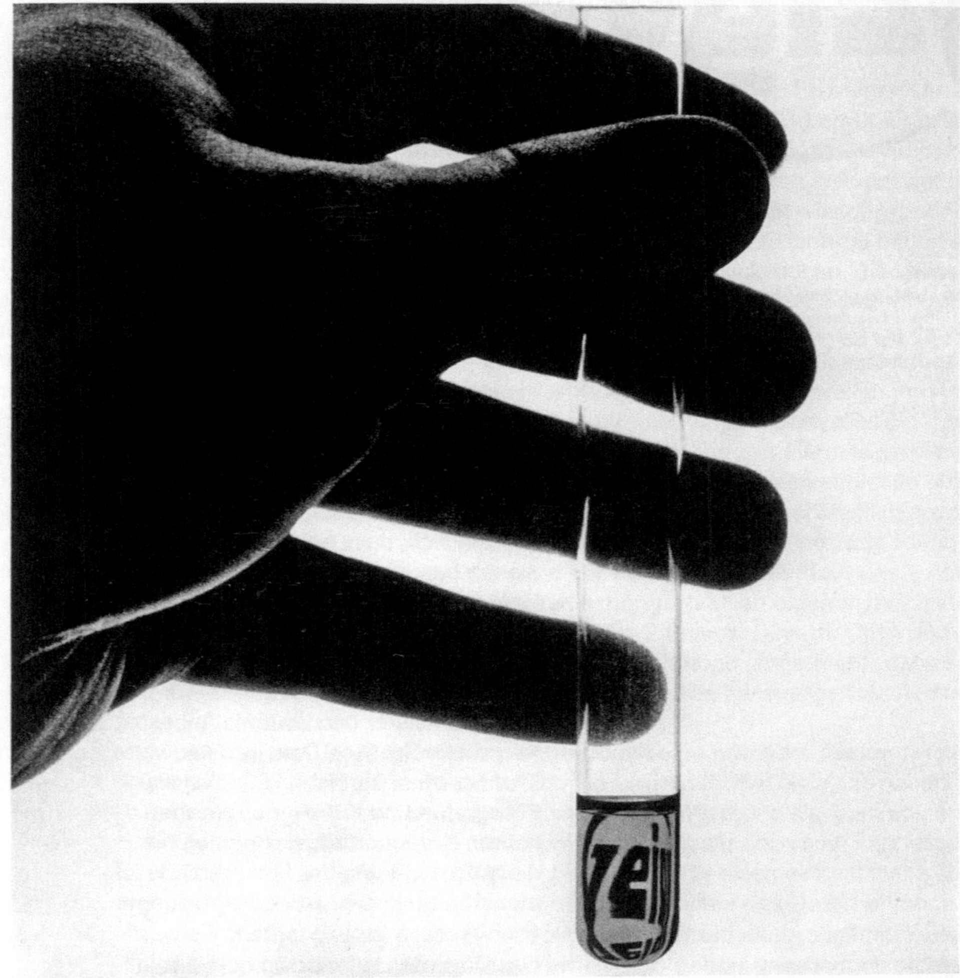

Geigy, oggi

Fondata 200 anni or sono, la Casa Geigy occupa oggi un posto di avanguardia tra le industrie chimiche svizzere.
Operando sempre sulla base di fondamenti scientifici, Geigy contribuisce attivamente all'imponente processo di sviluppo che, grazie alla scienza moderna, caratterizza il mondo di oggi, e che sarebbe impossibile senza il contributo della chimica.
La Casa Madre di Basilea esporta circa i nove decimi della sua produzione totale. Una considerevole parte del ricavo di tale esportazione torna però a rifluire nell'economia svizzera: contribuisce così a procurare lavoro e mezzi di dignitosa sussistenza a numerose persone, fornisce lavoro ad altre industrie e sostiene lo Stato nella realizzazione dei suoi compiti.

Non è possibile per una industria avere raggiunto 200 anni di tradizione commerciale senza avere rinnovata di anno in anno la gamma dei propri prodotti e presentato continuamente nuovi ritrovati. La vitalità della sua tradizione Geigy l'ha ben dimostrata negli ultimi anni con numerose novità: il prodotto antitarma Mitin, i numerosi prodotti con il marchio DDT, gli antireumatici, i coloranti Irgalan, i prodotti ausiliari per l'industria delle materie plastiche, della carta e dei detergenti, gli antiparassitari, ecc.
Celebrando il suo bicentenario, Geigy rivolge un vivo ringraziamento ai numerosi clienti di ieri e di oggi, ai collaboratori ed agli amici in patria ed all'estero. Sorretta dalla loro fedeltà, Geigy inizia con piena fiducia il suo terzo secolo di vita.

J. R. Geigy S.A., Basilea
e le Società Geigy nel mondo intero

⊠ 52
Andreas His
Eurax/Geigy [in: *documenta rheumatologica* 3]
CH/ES, 1957, Buch, Doppelseite mit eingebundenem Inserat
Buchdruck, 23.5 × 33 cm

⊠ 53
Andreas His
Eurax Geigy/antipruritic in pruritic eczema
CH/UK, ca. 1958, Aus einer Serie von 3 Broschüren, Umschlag
Buchdruck, 23.5 × 16.5 cm

⊠ 54
Igildo Biesele
Eurax/giova dove il grattarsi nuoce
[hilft, wo Kratzen schadet]
CH/IT, 1954–58, Werbeblatt
Offset, 20.8 × 14.8 cm

⊠ 55
Andreas His
Eurax Geigy/Eurax soulage les démangeaisons
[Eurax lindert den Juckreiz]
CH/FR, ca. 1955, Werbeblatt, gefaltet
Buchdruck, 21.2 × 14.7 cm

⊠ 56
Andreas His
Eurax/Relieves most types of pruritus within minutes/Effective for 6–8 hours/Non-irritating
CH/UK, ca. 1955, Löschkarton
Buchdruck, 15 × 21.1 cm

⊠ 57
Andreas His
Eurax/Antipruritic in neurodermatitis
CH/UK, ca. 1956, Werbekarte
Buchdruck, 16.5 × 16.5 cm

⊠ 58
Andreas His
Eurax/Antipruriginosum bei Pruritus vulvae
CH/CH, ca. 1956, Werbekarte
Buchdruck, 16.5 × 16.5 cm

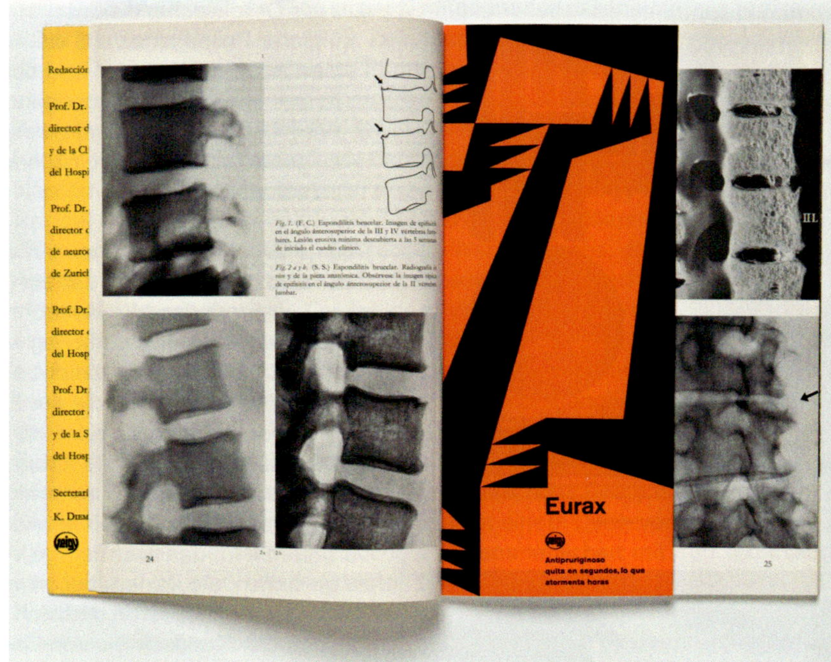

52

54
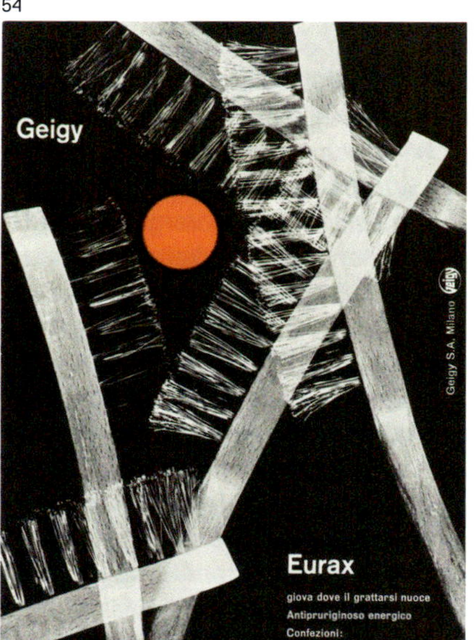

53

Eurax
Geigy
Eurax soulage
les démangeaisons
55

Eurax®
Relieves most types
of pruritus
within minutes
Effective for 6-8 hours
Non-irritating
Geigy
J. R. Geigy S.A., Basle
(Switzerland)
56

Geigy
Eurax®
Antipruritic
in neurodermatitis
57

Geigy
Eurax®
Antipruriginosum
bei Pruritus vulvae
58

59

60

⊠59
Anonym
documenta rheumatologica geigy/Nr. 1
CH/CH/DE, 1953, Buch, Umschlag
Buchdruck, 23.5 × 16.5 cm

⊠60
Anonym
Documenta Geigy/Emotionelle Faktoren in der Allgemeinpraxis/Kurzbericht vom 3. Weltkongress für Psychiatrie in Montréal
[Bildmotiv: «Soleil de la peur» von Louis Soutter]
CH/DE, 1961, Zeitung, Umschlag
Offset, 48.9 × 34.6 cm

und Firmenwerbung zeigte er ein Inserat für Farbstoffe und optische Aufheller ⊠51 und ein Firmeninserat ⊠50. Beide zeichnen sich durch eine klare, strenge Bildsprache aus, erwähnen den Namen Geigy in einer sachlich-nüchternen Groteskschrift und integrieren das Geigy-Signet ⊠49 geschickt in die Komposition. Trotz des veraltet wirkenden Signets, ergibt sich ein einprägsames, für die damalige Zeit ungewöhnlich frisches Erscheinungsbild der Firma Geigy.[23] Damit war die Forderung eines sachlichen und modernen Firmenstils, der dem Kunden Vertrauen in das Unternehmen geben sollte, aufs beste erfüllt.

Spätestens ab 1963 ist in den Texten von Rudin und seinen Beratern nicht mehr vom «Firmenstil» die Rede, sondern vom «Firmengesicht» als «Summe aller Äusserungen einer Firma»[24] oder von «firmengebundener Werbung», bei der die «Persönlichkeit des Produkts und der Firma» geschlossen zum Ausdruck kommen sollen.[25] Diese Begriffe stammen aus der deutschen Werbepsychologie, die sich am amerikanischen Behaviorismus orientierte.[26] Eine entsprechende Broschüre mit einer Definition des Firmengesichts – doch ohne gestalterische Richtlinien[27] – wurde zwar geplant, aber nicht realisiert.

… im Spiegel der Werbepraxis

Ob und inwiefern die Grundsätze von Geigys Werbepolitik in der Praxis befolgt wurden, zeigen Beispiele der 1950er und 1960er Jahre aus den zwei bezüglich Kundenansprache unterschiedlichsten Sparten von Geigy – den Pharmazeutika und der Schädlingsbekämpfung.

Pharmazeutika

Hauptadressat des Pharmageschäfts und von Geigy meist umworbener Kunde war der Arzt. Mit ihm baute die Firma ein Verhältnis auf, nicht mit dem Patienten. Denn Konsumentenwerbung war für rezeptpflichtige Pharmazeutika, um die es sich bei Geigy hauptsächlich handelte, schon damals nicht erlaubt.[28] Weil Pharmazeutika «nicht verkauft, sondern propagiert und gekauft werden» sollten, setzte sich Pharmaberater Boehringer vehement für Rudins Politik ein, die Nachfrage beim Arzt durch gezielte firmengebundene Werbung anzukurbeln.[29] Die Ärzte wurden mit folgenden Medien angesprochen: Schriftliche Direktwerbung, Inserate in Fachzeitschriften, Musterpackungen, Werbegeschenke, Gesprächshilfen, klinische Arbeiten und Referate, Kongresse (Beratung, Stände, Berichte) und medizinische Filme. Auch die Ärztebesucher gehörten zum koordinierten Medienmix, unterstanden jedoch nicht der Propaganda-Abteilung.[30]

Beispiele der Werbung für die Anti-Juckreiz-Salbe Eurax[31] zeigen, was in den 1950er Jahren ein Direktversand an die Ärzte enthalten konnte ⊠52–53, ⊠55–58: Werbekarten, Löschkarton, wissenschaftliche Publikation mit eingestreuter Werbung, Informationsbroschüre sowie Ärztebrief, Musterbestellkarte und Ärztemuster. Diese vielfältigen Werbemittel wurden jeweils gestaffelt ausgesandt, um den Arzt schrittweise zu informieren und bei Laune zu halten. Mit dem abstrakten und einprägsamen Symbol der Kratzhand, das sich leicht variiert wie ein «roter Faden» durch sämtliche Drucksachen hindurch zieht, sollte die Aufmerksamkeit des Arztes gewonnen und die Wiedererkennung der Produktmarke visuell unterstützt werden. In der einheitlichen, aber nicht uniformen symbolisch-abstrakten Gestaltung dieser Werbe- und Informationsmittel kommt Geigys Firmenstil klar zum Ausdruck. Dennoch war bei Geigy der gestalterische Spielraum gross: Dasselbe Medikament durfte innerhalb derselben Kampagne mit verschiedenen Farben und in verschiedenen Kampagnen mit abweichenden Symbolen beworben werden. Bei Eurax gab es neben der grafisch-abstrakten Kratzhand etwa auch eine fotografische Lösung mit Kratzbürste und rotem Juckpunkt ⊠54. Hauptsache, die Suggestion der Abhilfe: Kratzen! funktionierte. Diese

61
Igildo Biesele
Siosteran Geigy [in: *documenta rheumatologica geigy* 1]
CH/ES, 1953, Buch, Doppelseite mit eingebundenem Inserat
Buchdruck, 23.5 × 16.5 cm

62
Anonym
Micorène Geigy [in: *Wissenschaftliche Tabellen*]
CH/CH, 1960, Buch, Doppelseite mit eingebundenem Inserat
Buchdruck, 24.6 × 17.2 cm

63
Anonym
Entéro-Vioforme [in: *Symposium CIBA*, Nr. 4]
CH/CH, 1955, Buch, Doppelseite mit Inserat
Text: Buchdruck; Bild: Offset, 23.3 × 36.3 cm

61

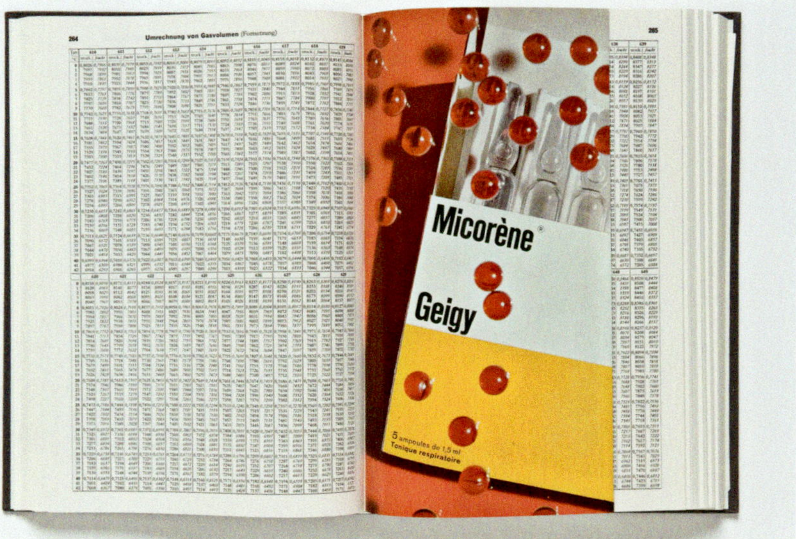

62

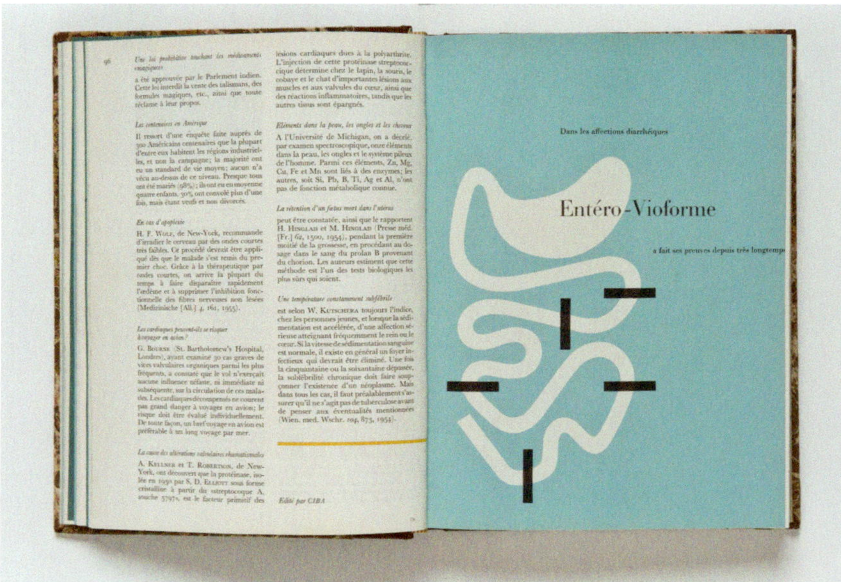

63

⊠ 64
Johann Küpfer
Der grosse Bumberton Sabath [in: Sandoz (Hg.), *Psychopathologie und Bildnerischer Ausdruck*]
CH/CH, 1964, Tafel mit Zeichnung aus Mappenwerk
Offset, 23.5 × 31.4 cm

⊠ 65
Roland Aeschlimann, Nelly Rudin (Motiv)
Insidón Geigy
CH/ES, 1961–63, Ärztemuster
Offset, 7.5 × 10.9 × 2.7 cm

⊠ 66
Nelly Rudin, Max Schmid
für Ihren Problem-Patienten …
[Insidon Geigy, in: *Ärzteblatt*, Nr. 17, 1962]
CH/CH, 1962, Zeitschrift, Doppelseite mit zweiseitigem Inserat
Text: Buchdruck, Bild: Offset, 29.4 × 41.2 cm

64

65

66

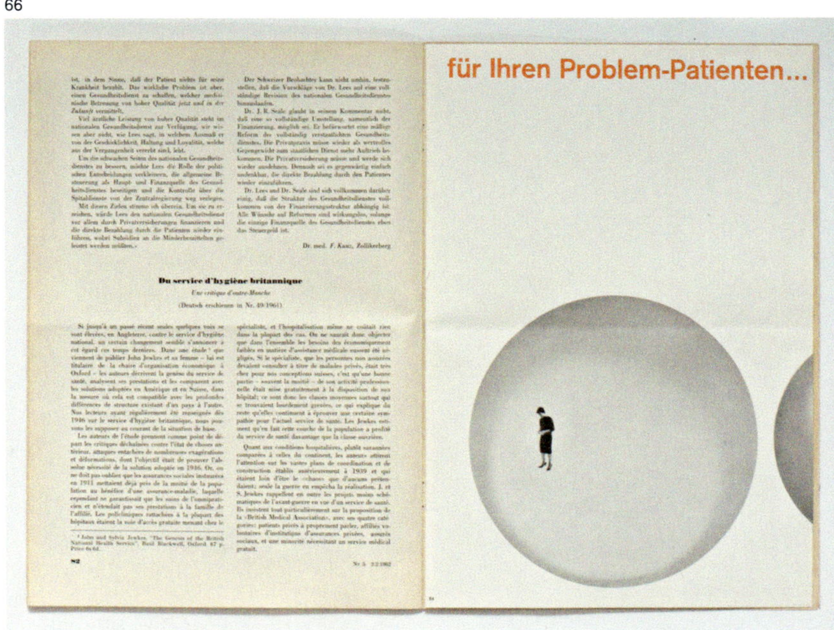
Du service d'hygiène britannique

für Ihren Problem-Patienten...

67

68

⊠67
Alain Le Foll
Hausfrau geboren 1890. Lebte lange in Amerika und kam jetzt für dauernd zurück. [Insidon Geigy]
FR/CH, 1963, Aus einer Serie von 12 Broschüren, Umschlag vorne
Offset, 16 × 16 cm

⊠68
Alain Le Foll
Für Ihren «Problem-Patienten» .../Insidon Geigy
FR/CH, 1963, Aus einer Serie von 12 Broschüren, Umschlag hinten
Offset, 16 × 16 cm

gestalterische Liberalität war indessen, um auch eine nachträgliche Kritik Markus Kutters aufzunehmen, nicht der richtige Nährboden für eine konsequente Markenbildung,[32] deren Vorteil in der raschen Wiedererkennung des Markenprodukts liegt. Allerdings hätte gerade im spezifischen Fall der Pharmawerbung eine Wiederholung immergleicher Produktfarben und Symbole schnell zur Erlahmung der Aufmerksamkeit der Ärzte geführt.[33]

Ein bewährtes, international eingesetztes Mittel der Kundenbindung waren die unter dem Sammelbegriff *Documenta Geigy* in mehreren Sprachen herausgegebenen wissenschaftlichen Tabellen, Publikationsreihen und Filme. Die Tabellen wurden 1949 aus dem Anhang der Ärzteagenda entwickelt, danach mehrmals aktualisiert ⊠62 und dienten dem Naturwissenschaftler und angehenden Arzt als unverzichtbares Nachschlagewerk.[34] Die erste monografische Publikationsreihe lancierte Geigy 1953 mit den *Documenta rheumatologica* ⊠59, ⊠61. In ihnen kamen vorwiegend von der Firma unabhängige, namhafte Autoren zu Wort, was die Glaubwürdigkeit erhöhte. Es folgten die Reihen *Series chirurgica*, *Mensch und Umwelt* und *Acta psychosomatica*. 1956 wurden sie durch Kongresszeitungen ⊠60, die oft mit kunsthistorischen Beiträgen angereichert waren, und ab 1965 durch komprimierte Ausgaben ergänzt. Die *Documenta Geigy* waren bei den Ärzten sehr geschätzt, sie stärkten das Vertrauen in die Forschungstätigkeit von Geigy und waren indirekt verkaufsfördernd. Bei den Publikationen ⊠52, ⊠59, ⊠61 und Tabellen ⊠62 profitierte man denn auch vom Wohlwollen der Ärzte und streute Produktwerbung ein. Rudins Postulat der kombinierten Produkt- und Firmenwerbung wurde also vorbildlich umgesetzt. Diese Strategie erhielt ab 1960 noch mehr Gewicht, da die werberesistenten Ärzte die reine Produktwerbung immer weniger beachteten.[35] Kundenbindung in dieser Form kannten auch andere Chemiefirmen.[36] ⊠63

In den 1960er Jahren wurde die Produktwerbung in der Kundenansprache professioneller, in ihrem visuellen Auftritt zugleich auch vielfältiger. Dies lässt sich am Beispiel des Psychopharmakons Insidon exemplarisch darstellen. In den Jahren 1961 bis 1963 lancierte die Propaganda-Abteilung mit dem Slogan *Problem-Patient* nacheinander drei formal sehr unterschiedliche Kampagnen. Fotografisches Symbol der Einführungskampagne[37] ist eine Glaskugel, die sich wie der genannte «rote Faden» konsequent durch alle Drucksachen und Musterpackungen hindurch zieht ⊠65–66, ⊠188–192. Im Einklang mit der Groteskschrift und den klaren Farben ergibt sich ein Erscheinungsbild, das der zukunftsorientierten Chemiefirma angemessen ist. Die Folgekampagnen der Jahre 1962 bis 1963 hingegen erzählen die Leidensgeschichte von Patienten aus der täglichen Praxis in einer künstlerischen Handschrift ⊠67–68, ⊠286–289. Noch 1957 lehnte René Rudin «die eigenwillige Handschrift eines freien Künstlers» ab, da sie ihm nicht sachlich genug war.[38] Motor, jedoch nicht Initiator dieser formalen Diversifizierung war der aus New York zugezogene Werbeberater George Giusti, der selbst einen zeichnerischen Stil pflegte und für den Einsatz individueller Ausdrucksformen plädierte.[39] So wurden denn immer wieder – insbesondere für Psychopharmaka – Werbeaufträge an freie Künstler vergeben.[40] Ein Zeitphänomen, da auch Sandoz im Bereich der Psychopharmaka mit individuellen Ausdrucksformen experimentierte ⊠64. Der «rote Faden» zwischen den genannten Insidon-Kampagnen ist weniger auf der gestalterischen denn auf der Ebene des Slogans *Der Problem-Patient* zu finden. Hier manifestiert sich ansatzweise ein für die 1960er Jahre typischer Paradigmenwechsel: Die Aufwertung des Slogans gegenüber dem Visuellen und die verstärkte Integration von Text und Bild,[41] was mit Le Folls von Hand gezeichneter und geschriebener Insidon-Serie vorbildlich gelang und ab Mitte der 1960er Jahre zur Regel wurde ⊠180–187, ⊠284, ⊠290–292, ⊠294. Und genau hier liegt der springende Punkt: Mit der inhaltlichen Aufwertung des Slogans lockerte sich die im Formalen «festgelegte» Gestaltungsweise – eine Strategie, welche die Geigy-Propaganda bereits Mitte der 1950er Jahre eingeleitet hatte, indem sie die Form «vom Inhalt der Aussage her neu zu beleben versuchte», um die Kopisten des Geigy-Stils zu parieren,[42] und die nun in den 1960er Jahren verstärkt zur Anwendung kam. Ein allgemeiner Blick auf die Geigy-Werbung der 1960er

69

☒ 69
F. Foglia, Gottfried Honegger, René Rudin (Konzept)
Farbmuster für Pharma-Verkaufspackungen
CH/CH, ca. 1954, Klappkassette
eingefärbtes Papier, 70 × 39.3 × 4.5 cm

Jahre am Basler Hauptsitz zeigt jedoch, dass deren visuelle Überzeugungskraft – im Unterschied zu jener der amerikanischen Filiale[43] – immer noch stärker als die verbale ist.

Anders als die jeweils singulären Musterpackungen, die man einzig den Ärzten zukommen liess und die eine werberische Funktion hatten, richteten sich die Verkaufspackungen für Medikamente an die Öffentlichkeit – Spitäler, Apotheken, Drogerien und Patienten. Sie durften aufgrund gesetzlicher Bestimmungen lediglich informieren und nicht werben. Ihre Gestaltung war entsprechend schlicht und funktionell.[44] Um 1950 begann Geigy die Verkaufspackungen rezeptpflichtiger Medikamente zu überarbeiten ☒309–313, und ab 1954 – auf Anregung von Gottfried Honegger – erstmals deren Farbgebung zu systematisieren ☒305. In der Folge bekam jedes Produkt eine eigene Markenfarbe, deren Nummerncode in einer weltweit einzuhaltenden Farbengamme ☒69 festgelegt war. Farbengamme, Leitschrift (Berthold Akzidenz Grotesk) und Signet wurden als feste Vorgaben in Form von Zirkularschreiben an die Geigy-Gesellschaften im Ausland weitergeleitet. Damit sollte jedes Medikament weltweit ein einheitliches Markengesicht haben.[45] Für die länderspezifischen Eigenheiten, die Geigy schon früh bewusst pflegte,[46] blieb hier immer noch genügend Spielraum. Diese Vorgaben blieben bis zur Einführung der Einheitspackung um 1959 verbindlich. Der erste Entwurf für die Einheitspackung ☒70 basierte noch auf dem eingeführten System der Produktmarkenfarben, gelangte jedoch nicht zur Ausführung.[47] Die Propaganda-Abteilung bevorzugte einen anderen Vorschlag ☒71, bei dem die Firmenmarke und nicht die Produktmarke im Vordergrund stand. Der Vorteil dieser gelb-weissen Einheitspackung lag natürlich in der deutlicheren Abgrenzung der Geigy-Produkte gegenüber jenen der Konkurrenz. In den Rundschreiben an die Konkurrenten wurde jedoch mit der besseren Lesbarkeit argumentiert,[48] was nicht wirklich überzeugte und sich auch bald als falsch erwies. So kam es bei den 1959 neu eingeführten gelb-weissen Packungen bald zu Verwechslungen der Produkte und zu Reklamationen, so dass sich Geigy genötigt sah, eine Kompromisslösung ☒72 auszuarbeiten: Die Produkte wurden mit farbigen Bändern und Signalen gekennzeichnet sowie die Produktnamen grösser gesetzt.[49] Bei der Fusion mit CIBA kamen dann jedoch wieder die gelb-weissen Packungen ohne Farbbänder zum Zug, weil die Menge der Produkte nun die Anzahl möglicher Farbkombinationen überstieg.[50]

Schädlingsbekämpfung

Die Anwendungsgebiete in der Schädlingsbekämpfung – Pflanzenschutz und Hygiene – sowie die Komplexität der weltweit zu bearbeitenden Märkte brachten es mit sich, dass der Kundenkreis der Geigy-Produkte[51] sehr heterogen war. Er reichte vom brasilianischen Plantagenbesitzer über den Schweizer Hobbygärtner bis zur hygienebewussten Hausfrau. Da die neuen Produkte üblicherweise von Basel aus lanciert wurden, war die Schweiz der erste Testmarkt.[52]

Im Bereich des Pflanzenschutzes hatte die Propaganda-Abteilung grundsätzlich drei Zielgruppen anzusprechen: Die Fachleute der landwirtschaftlichen Schulen, der kantonalen Informationsstellen und der Versuchsanstalten;[53] die Zwischenhändler, von denen die Genossenschaften die wichtigsten waren; sowie die Landwirte als Endverbraucher. Die erste Gruppe galt es sachlich zu informieren, die zweite bedurfte vor allem der fachlichen Beratung und der dritten war je nach Bildungsniveau mit einer persönlichen Beratung und anschaulichem Informationsmaterial am besten gedient.[54]
Zur Information und Bewerbung dieser Zielgruppen setzte Geigy folgende Medien ein: Schriftlicher Direktversand, Referate in der landwirtschaftlichen Fachpresse, Inserat, Verpackung, Flugblatt, Plakat, Messestand, Film und Berater. Das wichtigste schriftliche Informationsmittel der 1950er Jahre war der *Geigy-Berater*, eine reich illustrierte Zeitschrift, welche die Landwirte und Zwischenhändler zweimal jährlich über die neuesten Methoden der

70
Max Schmid
Nullserie für Pharma-Verkaufspackungen, nicht realisiert
CH, 1958, Verkaufspackungen
Werkaufnahme, ohne Mass

71
Max Schmid
Pharma-Einheitspackung
CH/weltweit, 1959, Verkaufspackungen
Werkaufnahme, ohne Mass

72
Max Schmid
Pharma-Einheitspackung mit Produkt-Kennstreifen
CH/CH, nach 1962, Verkaufspackungen
Werkaufnahme, ohne Mass

70

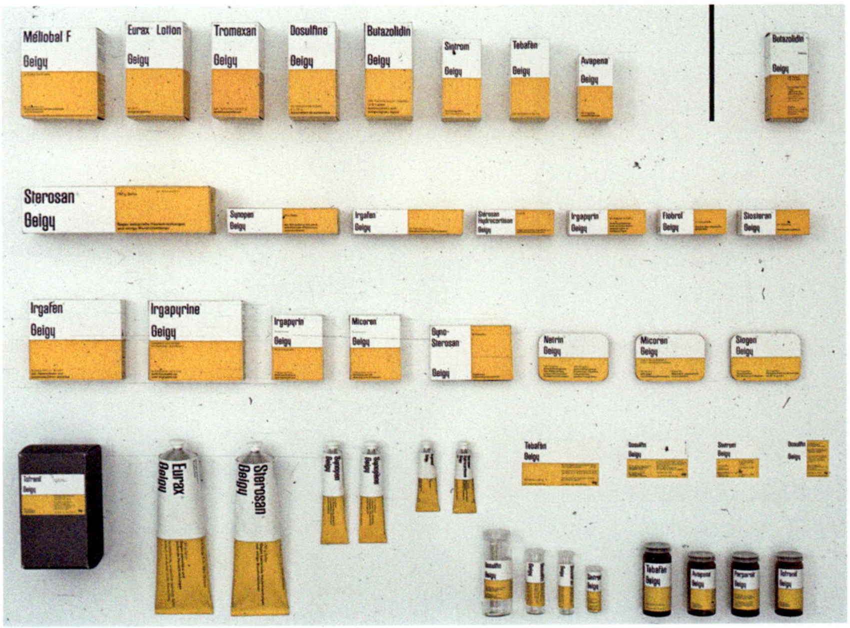

71

72

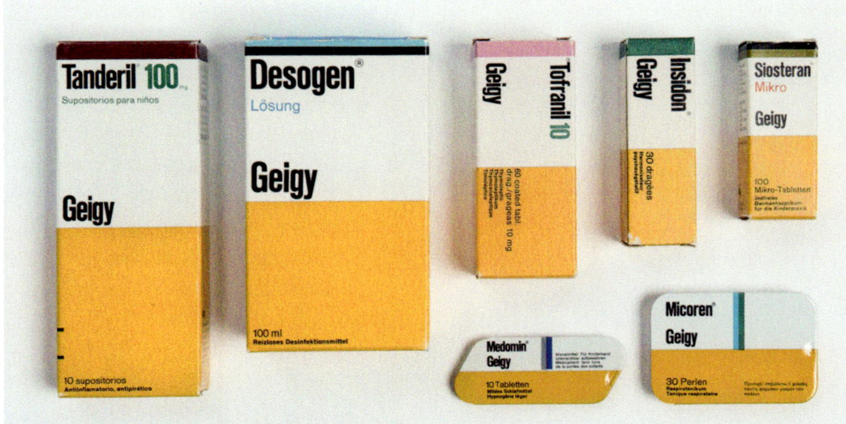

73

74

75

⊠[73]
Gérard Ifert (Konzept), Lanfranco Bombelli Tiravanti (Architektur), Karl Gerstner (Grafik)
Geigy-Beratungsdienst/Eintritt frei
[«Wanderzirkus»]
CH/CH, ca. 1953, Fotografie
Werkaufnahme, 12.1 × 17 cm

⊠[74]
Anonym
Geigy Beratungsdienst
[Messestand an der Olma St. Gallen]
CH/CH, 1962, Fotografie
Werkaufnahme, 12 × 15.8 cm

⊠[75]
Hans Falk
Olma/St. Gallen
CH/CH, 1959, Plakat
Lithografie, 127 × 90 cm

Schädlingsbekämpfung mit Geigy-Produkten informierte ⊠[200–203]. Die Kunden sollten aufgeklärt und zum Kauf von Geigy-Produkten animiert werden. Hier ging es – analog zu den *Documenta Geigy* für die Ärzte – um eine nachhaltige Kundenbindung mittels Information. Nur war hier die Sprache einfacher und verständlicher und die klare grafische Darstellung mit viel anschaulichem Fotomaterial ergänzt. Als *Geigy-Berater* auf vier Rädern informierte der sogenannte Wanderzirkus ⊠[73],⊠[98–103] bestehend aus einem Ausstellungs- und einem Kinowagen, die Landbevölkerung vor Ort über die Möglichkeiten der Schädlingsbekämpfung. Neben den Pflanzenschutzmitteln wurden auch die Hygienemittel für Haus und Garten in ihrer Anwendung gezeigt.[55] Da die grafische Gestaltung des *Geigy-Beraters* wie des Wanderzirkus in den Händen Karl Gerstners lag, war ein stilistisch einheitlicher Auftritt der Firma Geigy garantiert. Dazu passte auch das schlichte funktionelle Design der beiden von Gérard Ifert zusammen mit dem Architekten Lanfranco Bombelli Tiranvanti konzipierten Wagen.[56] Hingegen war das visuelle Erscheinungsbild der Plakate, die in den Landregionen für die Geigy-Produkte warben, sehr verschiedenartig ⊠[243–248]. Diese Plakataufträge gingen häufig an externe Grafiker, die mit einer konventionellen Bildsprache der Mentalität der Landwirte besser zu entsprechen glaubten. Die Olma in St. Gallen gehörte zu den wichtigsten Messen, an denen Landwirte wie Zwischenhändler von den Geigy-Technikern persönlich beraten wurden ⊠[74–75]. Die durch eigene Dekorateure und Grafiker gestalteten Messestände standen ganz im Geist des sachlichen Firmenstils. Im Verlauf der 1960er Jahre setzte Geigy im Bereich des Pflanzenschutzes – ähnlich wie bei den Pharmazeutika – vermehrt auf das bewährte Mittel der Kundenbindung. Die reine Produktwerbung wurde reduziert zugunsten einer Intensivierung des schriftlichen und persönlichen Beratungsdienstes.[57]

Anders sah es im Bereich der Hygiene-Markenartikel wie Trix, Neocid, Kik und Tomorin – auch DDT-Populärprodukte genannt – aus. In dieser Konsumentenwerbung wurden Publikumsinserate, Prospekte, Flugblätter, Werbefilme, TV-Spots sowie Plakate ⊠[76] und Verpackungen in den Schaufenstern von Drogerien und Apotheken sowie Messestände eingesetzt. Für die Einführung von Trix, einem – im Gegensatz zu Mitin – direkt auf die Textilien applizierbaren Mottenschutzmittel, lancierte Geigy 1944 eine doppelte Kampagne, die sich einerseits an die Wiederverkäufer, andererseits direkt an die Hausfrau richtete. Zuerst wurden die Wiederverkäufer in Form eines zugesandten Prospekts dazu aufgerufen, Trix in ihr Sortiment aufzunehmen mit der Zusicherung, dass die potenziellen Kundinnen aktiv beworben würden; danach bewarb man diese mit Publikumsinseraten und Plakaten ⊠[77] und einem spektakulären Trix-Stand ⊠[79] an der Basler Mustermesse.[58] Ziel der Publikumskampagne war es, den Kundinnen «die Marke Trix einzuhämmern und über die neuartige Anwendungsweise von Trix aufzuklären».[59] Am Beispiel der Trix-Werbung der 1940er bis 1960er Jahre lässt sich der Wandel in Geigys Verkaufs- und Werbepolitik – der Übergang von der Produkt- zur Kundenorientierung – besonders gut nachvollziehen. Betont die Publikumskampagne von 1944 noch den Kampf gegen die Schädlinge ⊠[77],⊠[79] und Herbert Leupins Plakat von 1952 den Schaden am Wollhandschuh ⊠[78], den die Hausfrau mit Trix hätte verhindern können, so lenkt das späte Schaufensterplakat *Trix Spray schützt vor Motten* ⊠[81] die Aufmerksamkeit der Kundin auf die Textilpflege. Zudem wird mit dem Verkaufsargument «schützt auch bei offenen Türen» der Vorteil des Geigy-Produkts gegenüber herkömmlichen flüchtigen Mottenschutzmitteln betont.[60] Angesprochen wird nicht das Negative, sondern die positive Wirkung, die durch den Slogan und die Darstellung intakter Textilien in den Vordergrund gestellt wird. Derselbe Wandel zeigt sich auch bei der Trix-Dose ⊠[77],⊠[80–81].

76

⊠[76]
Anonym
Kik hält Insekten fern
CH/CH, 1960er Jahre, Schaufensterplakat
Siebdruck laminiert, 89.3 × 64.8 cm

Von der Produkt- zur Kundenorientierung

Die Beispiele aus der Praxis zeigen, dass die Werbung im Lauf der 1960er Jahre zunehmend auf die Bedürfnisse der Kunden ausgerichtet wird.
Bei der Produkt- und insbesondere der Konsumentenwerbung kommt dies am deutlichsten in der optimierten Verbindung von Bild und Slogan (klare Botschaft) und dessen positiver Formulierung (Versprechen) zum Ausdruck ⊠[81], ⊠[76], bei der firmengebundenen Werbung der beratungsintensiven Sparten der Pharmazeutika und des Pflanzenschutzes im Ausbau der Dienstleistungen, die zugleich der Imagepflege dienten. Die Wahl der Medien hing nicht nur von den Adressaten ab, sondern auch von den juristischen Vorschriften und dem technischen Fortschritt: Hand in Hand mit dem Film konkurrenzierte der Ärztebesucher – im Bereich des Pflanzenschutzes war es der technische Berater – zunehmend die von staatlichen Zensuren bedrängte schriftliche Werbung. Eine Tendenz, die sich bis heute fortsetzt. Die grafische Produkt- und Firmenwerbung in den Bereichen Pharmazeutika und Teilen des Pflanzenschutzes vermochte sich dem Firmengesicht nicht nur konzeptuell, sondern auch formal einzugliedern. Hingegen war die Konsumentenwerbung formal von Beginn an wenig einheitlich, was sich einerseits mit ihrer Funktion, eine Produktmarke – auch auf Kosten der Firmenmarke – zu schaffen, erklären lässt, andererseits damit, dass die Aufträge für Konsumentenwerbung – ein Gebiet, das bis 1968 nicht zum Kerngeschäft der Propaganda-Abteilung gehörte – häufig an externe Gestalter oder Agenturen vergeben wurden,[61] die nicht unbedingt denselben Stil pflegten. Die Tendenz zur formalen Diversifizierung verstärkte sich mit dem Ausbau der Markenartikel und der zunehmenden Kundenorientierung.[62]

Der geschilderte Weg zum Kunden wäre ohne organisatorische Anpassungen kaum denkbar gewesen. 1962 entstand die Entwicklungsstelle für visuelle Kommunikation,[63] deren Aufgabe darin bestand, neue, schlagkräftige Konzepte für Werbung und Information zu erarbeiten. Sie war eine Antwort auf den zunehmenden Konkurrenzdruck, der sich infolge des inflationären Anstiegs der Werbemedien allseits breit machte. Die Entwicklungsstelle hatte zudem die Funktion einer internationalen Diskussionsplattform, da an den jährlichen Arbeitswochen auch die Leiter und Berater der Ateliers in den Geigy-Filialen von Ardsley (USA), Manchester (UK) und Barcelona (Spanien) teilnahmen sowie externe Experten der Markt- und Motivforschung und Vertreter von Firmen wie Olivetti, Braun und Unilever.[64] 1963 folgte mit der Etablierung von internen Spartenbetreuern, deren Aufgabe es war, zwischen der Werbe- und den vier Verkaufsabteilungen zu vermitteln,[65] eine weitere organisatorische Änderung; und 1968 kam es gar zu einer vollständigen, für die damalige Zeit absolut vorbildlichen Neustrukturierung des Geigy-Konzerns, in dessen Folge die Markenartikel – Konsumgüter der vier Sparten – als eigene Sparte dazu kamen und die Werbung gleichwertig neben Forschung, Produktion, Finanz, Recht und Personal Teil des Gefüges der integrierten Konzernplanung wurde.[66] Die Werbung hatte von da an auf klaren Marketingkonzeptionen zu basieren, und es ist seither auch erstmals von umfassenden Werbestrategien die Rede, die jedoch wegen der Fusion mit CIBA im Jahr 1970 nicht mehr zur Anwendung kamen.[67]

Firmengesicht und Corporate Design

Geigys Firmengesicht erfuhr im Lauf der 1960er Jahre mit der tendenziellen Aufwertung des Slogans eine neue Gewichtung, die einen freieren Umgang mit den formalen Gestaltungsmitteln zur Folge hatte. Diese im Prinzip postmoderne Entwicklung war der Markenbildung zwar eher abträglich, erwies sich jedoch für die Bewerbung einer anspruchsvollen Kundschaft, wie sie die Ärzte darstellen, als sinnvoll. Gefördert wurde sie zudem durch die Werbepolitik von Geigy: Den Konkurrenten, die den Geigy-Stil kopierten, begegnete man mit einer von der inhaltlichen Aussage her erneuerten Formenvielfalt. Der Beizug überseeischer Werbeberater verstärkte diese

☒ 77
Atelier Briel (Plakat und Produkt-Verpackung)
Gegen Motten nichts wie Trix
CH/CH, 1944, Plakat
Lithografie, 127.5 × 90.5 cm

☒ 78
Herbert Leupin
Trix ... keine Mottenlöcher
CH/CH, 1952, Plakat
Lithografie, 127 × 90 cm

☒ 79
Sämi Buser
[Messestand an der Mustermesse Basel]
CH/CH, 1944, Werkaufnahme
«Durch eine sinnreiche Mechanik wurden die Kriechbewegungen der Mottenraupe täuschend ähnlich nachgeahmt. Sobald die Raupe den Trix-Belag berührte, leuchtete der Blitz auf, und sie fiel getroffen zurück; das Spiel konnte von Neuem beginnen.» (René Rudin)

☒ 80
Anonym
Trix flüssig Geigy/gegen Motten
CH/CH, o. J., Dose
Flach-Offset Blechdruck, 23.4 × 8.2 (Ø) cm

☒ 81
Anonym
Trix Spray schützt vor Motten/schützt auch bei offenen Türen
CH/CH, 1964, Schaufensterplakat
Siebdruck laminiert, 89.8 × 64.5 cm

77

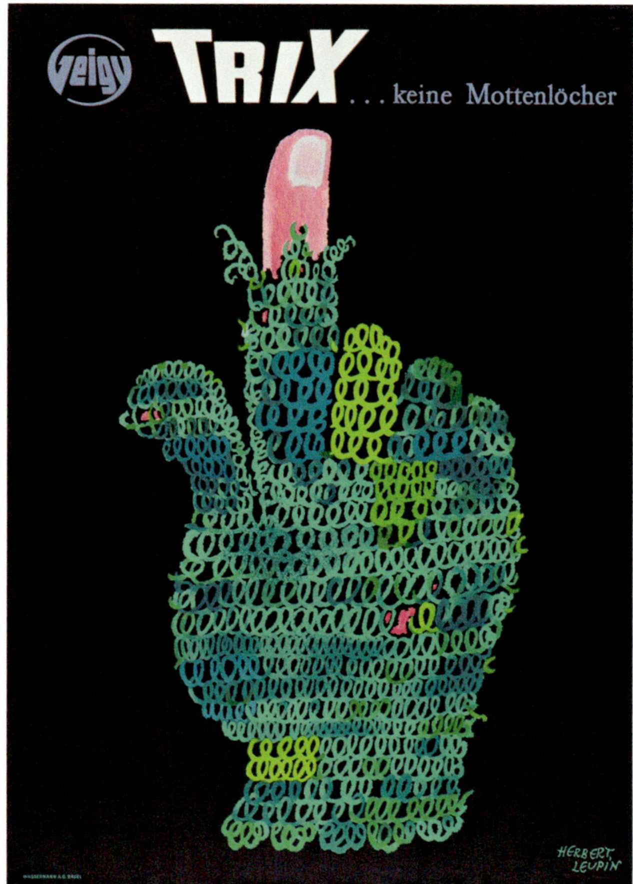

78

79

80

81

Trix®
Spray
schützt
vor
Motten

schützt
auch
bei offenen
Türen

Tendenz. Der meist formal sachlich-plakative Stil der 1950er Jahre, der als «Geigy-Stil» in die Geschichte eingegangen ist ⊠[48], ⊠[52–58], ⊠[212–214], ⊠[253–257], wich so in den 1960er Jahren vielfältigeren Ausdrucksformen, die sich an Zeitströmungen wie Art Brut oder Pop Art orientierten ⊠[60], ⊠[67–68], ⊠[114], ⊠[286–292], ⊠[294]. Dennoch sprengte die visuelle Vielfalt den Eindruck einer gewissen grafischen Einheitlichkeit nicht. Es wäre jedoch verfehlt, in diesem Zusammenhang von einem standardisierten Corporate Design[68] zu sprechen, wie es die Firma Braun mit Otl Aichers Normierung der Typografie, Farbgebung und Ausstellungsgestaltung in den Jahren 1954–1960 kannte.[69] Einzig bei der Pharma-Einheitspackung ⊠[71–72], ⊠[306–307] wäre eine solche Bezeichnung angebracht. Es erstaunt deshalb auch keineswegs, dass Geigy mit Ausnahme der Packungen[70] für ihre Informations- und Werbemittel keine schriftlich formulierten Gestaltungsrichtlinien besass. Vielmehr befolgte Geigy eine Personalpolitik, die darin bestand, begabte Gestalter mit einer soliden Ausbildung und einer ähnlichen Auffassung von Grafik – meist Absolventen der Allgemeinen Gewerbeschule Basel – an sich zu binden, die für das gestalterische Niveau und den guten Ruf der Firma sorgten.[71] Hierin zeigt sich eine grosse Übereinstimmung mit den Ideen des Schweizerischen Werkbunds, dessen Mitglied von 1956 bis 1969 Geigy war[72] und der mit qualitativ hoch stehender Gestaltung nicht nur den Absatz schweizerischer Produkte fördern, sondern auch einen kulturellen Beitrag an die Gesellschaft leisten wollte. Damit war Geigy aber auch Design-Pionieren anderer Länder – wie etwa Olivetti – absolut ebenbürtig, die sich über «gute Gestaltung» definierten und sich als mäzenatische Auftraggeber verstanden.[73] Geleitet von der Einsicht, dass gegenüber der Konkurrenz nur dasjenige eine Chance hat, was in Inhalt und Form über das Mittelmass hinausragt, entging Geigy der Gefahr uninspirierter, rezepthafter Corporate Design-Lösungen, wie sie von vielen Werbeagenturen seit Mitte der 1960er Jahre hervorgebracht wurden. Gerade darin liegt der Aktualitätswert von Geigys ‹flexiblem› Erscheinungsbild.[74]

1 Der Begriff «Propaganda» wurde 1966 durch «Werbung» ersetzt, die «Propaganda-Abteilung» in «Werbeabteilung» umbenannt.
Vgl. «Tag der offenen Tür», 1967, S. 23.
2 «Beratung», 1938.
3 Vgl. 6.6.39 P/Wm.
4 Rudin, 1959, S. 1.
5 Die internen Grafiker kamen den Betrieb 1953 günstiger zu stehen als die externen und die Betriebswege waren kürzer. Vgl. *KJb*, 1953, S. 137; ebenso 1959. Vgl. Rudin, 1961b, S. 2–3.
6 Rudin, 1961b, S. 1. Geigy hatte solche Erfahrungen in den USA gemacht.
Vgl. auch *Jb*, 1958, S. 1; Rudin, 1957a, S. 8.
7 Paul Meister, Romanist und Anglist, kam 1955 als Assistent von Rudin zu Geigy und wurde später dessen Stellvertreter. Zu den leitenden Angestellten zählten Max Schmid/Gottfried Honegger (Kreation), Konrad Diem (Information) und Max Rähmi (Realisation) sowie ab 1963 die Spartenleiter. Vgl. A. Janser in diesem Band, S. 10.
8 Vgl. Rudin, 1944a. *Jb*, 1957a, S. 7.
9 Vgl. *Jb*, 1958, S. 1–2.
10 Ausführliche Darstellung der Firmenphilosophie von Verwaltungsratspräsident Samuel Koechlin in: Geigy, 1958a, S. 5–7.
11 Vgl. Rudin, 1957a, S. 7; Geigy, 1958a, S. 140; EfvK, 1963, S. 2–3.
12 Zum Legitimationsdruck: Vgl. Federspiel/Rütti-Morand, 1957, S. 10.
13 Rudin, 1944b, S. 8.
14 Vgl. Berghoff, 2007, S. 11–60.
15 Vgl. Domizlaff, 1991 (1939). Eine kritische Beurteilung der Markentechnik Domizlaffs, die besser als Markentheorie zu bezeichnen wäre, liefert Jacobs in: Berghoff, 2007, S. 148–176. Domizlaffs Theorie wurde auch in «Schweizer Reklame» diskutiert. Vgl. G.F., 1948, S. 12–14.
16 Rudin, 1944a, S. 2. Geigy war Mitglied des Schweizer Reklameverbands, welcher der Gesellschaft für Marktforschung GfM (gegr. 1941) nahe stand, und nutzte bereits 1943 den Befragungsdienst der GfM.
17 Geigy war es nach Rudins Einschätzung bereits 1944 gelungen, «einen eigenen Ausstellungsstil zu schaffen» und er beabsichtigte nun, auch den «übrigen Propaganda-Mitteln eine eigene Note» zu geben; Rudin, 1944b, S. 8.
18 Berghoff, 2004a, S. 334.
19 Boehringer war zuvor Mitglied der Geschäftsleitung von Roche. Vgl. Boehringer, 1946a, S. 1–2; ders., 1961.
20 Rudin, 1957b, S. 238–239. «Schweizer Reklame» war das offizielle Organ des 1925 gegründeten Schweizerischen Reklameverbands, dessen Mitglied Geigy war.
21 Rudin, 1957a, S. 6–7.
22 Rudin, 1957a, S. 6–7. Bereits 1955 erwähnte er den Firmenstil als visuelle Verbindung der Produkt- und Firmenwerbung. Vgl. Rudin, 1955.
23 Die Grafiker ärgerten sich über das alte Signet und Gerstner entwarf ein zeitgemässeres, das aber nicht zur Anwendung kam. Vgl. Ifert 2005.
24 Vgl. EfvK, 1963, S. 3.
25 Rudin, 1967, S. 15.
26 Vgl. Gries, 2004, S. 355–357.
27 EfvK, 1964, S. 2, 4.
28 Schilder Bär, 1994, S. 66. Neuburg, 1967, S. 26.
29 Boehringer, 1948; ders., «Pharma-Erfahrungen», 1961, S. 2; *JbpharmaA*, 1952, 1960.
30 Die Ärztebesucher wurden im Pharmavertrieb geschult. Vgl. Geigy, 1958a, S. 121.
31 Das Krätzemittel Eurax gelangte 1946/48 auf den Markt. Vgl. «Krätze und Eurax», 1946, S. 226–227; Boehringer, 1948.
32 Kutter, 1976, S. 140.
33 Vgl. EfvK, 1963, S. 5.
34 Konrad Diem, der Erfinder der wissenschaftl. Tabellen, erhielt 1961 den Ehrendoktor der Universität Zürich; vgl. Rudin, 1961a, S. 137–140.
35 EfvK, 1963, S. 8. *JbpharmaA*, 1960, 1965.
36 Z.B. die CIBA mit der *CIBA-Zeitschrift* bereits ab 1933.
37 Insidon wurde in der Schweiz 1961 eingeführt; in USA, Kanada und Indien kam es infolge verschärfter Restriktionen nicht auf den Markt. Vgl. *JbpharmaA*, 1961, 1965.
38 Vgl. Rudin, 1957a, S. 7.
39 Vgl. EfvK, 1963, S. 4–5.
40 Die externe Auftragsvergabe hatte bei Geigy zwar Tradition (vgl. A. Janser in diesem Band, S. 15), wurde jedoch in den 1960er Jahren vermehrt auf freie Künstler ausgeweitet.
41 Vgl. EfvK, 1964, S. 23; EfvK, 1965, S. 87–89.
42 *KJb* 1955, S. 79–80.
43 Vgl. K. Gimmi in diesem Band, S. 75.
44 Anders bei rezeptfreien Produkten, deren Packungen sich direkt an die Patienten richteten. Geigy führte nur wenige, z. B. die Zahnpasta *Selgin*.
45 Vgl. Honegger, 2008; 2004 und Rähmi, 2006. Die Zirkularschreiben sind nicht erhalten.
46 Vgl. Boehringer, 1946b, S. 2.
47 Vgl. Schilder Bär, 1994, S. 76–77.
48 «Rundschreiben der J. R. Geigy A.G.», 1959, S. 7.
49 Vgl. Beschluss vom 13.02.62, in: *Jb*, 1961, § Einheitspackung.
50 Vgl. Schilder Bär, 1994, S. 77.
51 Zu den bekanntesten Produkten gehörten die Insektizide auf DDT-Basis und die Herbizide.
52 Geigy, 1958a, S. 123–125; Rudin, 1952, S. 149–150.
53 Als Bundeskontrollorgane testeten die Versuchsanstalten die neuen Pflanzenschutzmittel der Industrie. Vgl. Straumann, 2005, S. 309–311.
54 Vgl. *Imageprobleme,* 1967, S. 4–5, 7, 33, 71–73, 76–77. Vgl. Hauser, 1963, S. 621–622.
55 Vgl. Y. Zimmermann in diesem Band, S. 52–53.
56 Vgl. «Geigy auf Reisen», 1953, S. 109–110; «Pubblicità viaggiante», 1954, S. 59–61; Bill, 1959, S. 2–14; «Der Geigy-Ausstellungswagen», 1960, S. 50–55.
57 Vgl. *Jb*, 1964, S. 5.
58 Rudin, 1952, S. 145–147.
59 Vgl. Rudin, 1952, S. 145.
60 Das Verkaufsargument beruhte auf einer Marktforschungsstudie, die zeigte, dass eine Umsatzerweiterung von Trix nur zu Lasten der altmodischen Mottenschutzmittel möglich war. Vgl. *Jb*, 1964, S. 12.
61 Vgl. A. Janser in diesem Band, S. 15.
62 Vgl. Kutter, 1976, S. 141; *Jb* ab 1960.
63 Vgl. *KJb*, 1962, S. 135.
64 EfvK, 1963, 1964, 1965. Allerdings hatte Gerstner schon 1959 für den VSG eine Tagung mit Olivetti und Braun zum Thema Firmengesicht organisiert. Vgl. Kröplien, 2001, S. 15.
65 Vgl. Rudin, 1961b, S. 4.
66 Die neue Geschäftsleitung beauftragte 1967 McKinsey mit der Durchleuchtung des Geigy-Konzerns. Der wurde daraufhin nach marketingtechnischen Kriterien umstrukturiert. Vgl. Koechlin, 1967, S. 6–9; ders., 1968, S. 3–6; Rüegg-Stürm, 2002, S. 62–66.
67 Internes Strategiepapier «Funktion Werbung», 1970/74. Ab 1960 war der Begriff «Werbepolitik» üblich gewesen. Vgl. *Jb*, 1960, S. 3; EfvK, 1963, S. 3.
68 Vgl. Birkigt/Stadler, 1980 S. 23–24; Stankowski, 1980, S. 169–193.
69 Schreiner, 2005, S. 12–17.
70 Die schriftlichen Richtlinien sind physisch nicht erhalten.
71 Dies wurde von Paul Meister bestätigt. Vgl. Meister, 2006.
72 Vgl. Bignens, 2008, S. 90.
73 Vgl. Kutter, 1976, S. 139–140. Vgl. Bakker, 2005, S. 2–3, 7.
74 Beyrow, 2007, S. 10, 12.

Zielgruppen-orientierte Unternehmens-kommunikation – Die Filmpraxis von Geigy

Yvonne Zimmermann

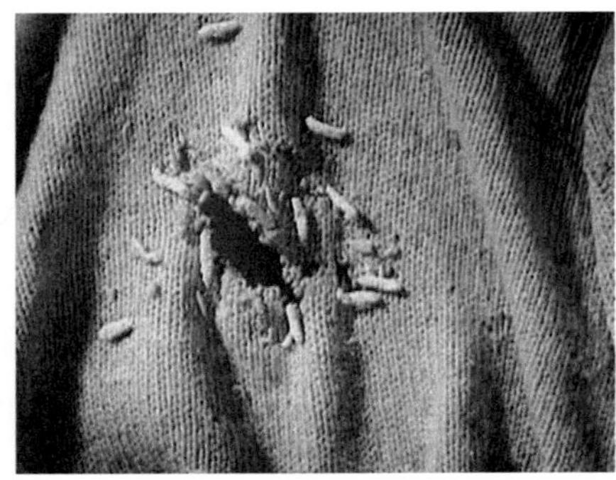

82

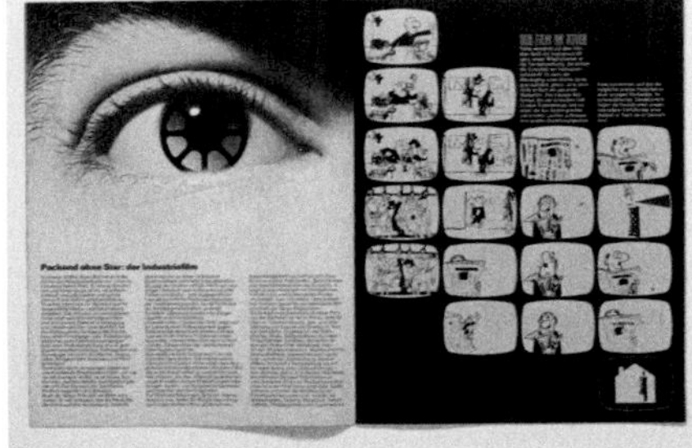

83

⊠ 82
Adolf Forter
Mottenfrass [in: *Insekten auf Abwegen*]
CH/CH, 1954, Filmstill
35mm-Film

⊠ 83
Anonym
Packend ohne Star: der Industriefilm/Der Film im Äther [in: *Geigy-Werbeabteilung*]
CH/CH/DE, 1966, Broschüre, Doppelseite
Offset, 34.5 × 54 cm

Die Chemie entbehre der optischen Dramatik, konstatierte Max Leutenegger, der ab 1961 für die Filmwerbung bei Geigy zuständig war. Entscheidender als mangelnde Anschaulichkeit war indes der spezielle Warencharakter der chemischen Produkte: Diese wirkten zwar in fast alle Bereiche des Alltags ein, würden aber, so Leutenegger, «hinter unzähligen Marken und Handelsformen» verschwinden, so dass die Geigy-Präparate selten «in einem Fertigprodukt ohne weiteres ersichtlich» seien.[1] Nichtsdestotrotz nahm das Medium Film bei Geigy einen bedeutenden Stellenwert ein. Dies jedoch im Wesentlichen erst nach 1945, als im Zuge der Spartendiversifizierung das traditionelle Farbengeschäft um Populärprodukte zur Schädlingsbekämpfung und Pharmazeutika ergänzt wurde. Die erweiterte Palette wandte sich mit Markenartikeln an neue Verbraucherschichten, die mit Werbe- und Industriefilmen über etablierte Distributionskanäle und Aufführungsformate erreichbar waren.[2] In der Folge entwickelte Geigy unterschiedliche Filmstrategien, um die verschiedenen Zielgruppen – darunter Landwirte, Hausfrauen, Ärzte, Geschäftspartner und die Geigy-Belegschaft – spezifisch anzusprechen. Die funktionale Ausrichtung von Filmproduktion und -verwertung nach Sparten und Zielpublikum wirkte sich massgeblich auf den Filmstil aus.

Den ersten öffentlichen Filmauftritt feierte Geigy an der Schweizerischen Landesausstellung 1939 in Zürich. Im Chemie-Pavillon präsentierte sich das Unternehmen in zwei Filmen des deutschen Avantgardisten Hans Richter: *Die Geburt der Farbe,* einem Branchenauftritt der Basler Farbenindustrie (CIBA, Durand & Huguenin, Geigy, Sandoz) über die Herstellung von Farbstoffen aus Teer, und *Eine kleine Welt im Dunkeln,* welcher der Lancierung von Mitin diente.[3] Die Landesausstellung gab Impulse zur Etablierung des unternehmerischen Filmeinsatzes auch in Branchen wie der Chemie, die das Medium bis anhin nur zögerlich einsetzten.[4] In der Konsumgüter-, Uhren- und Elektroindustrie sowie im Maschinen- und Fahrzeugbau stand der Industriefilm bereits in den 1910er Jahren im Dienst der Unternehmenskommunikation.[5]

Bis zur Fusion mit CIBA 1970 beauftragte Geigy in der Regel professionelle Produktionsfirmen mit der Filmherstellung, die in enger Zusammenarbeit mit der Propaganda-Abteilung des Unternehmens erfolgte. Geigy selbst unterhielt einen Filmdienst,[6] der die Zirkulation, die Projektion und die Wartung der Filmkopien betreute. Ab 1957 führte der Filmdienst zudem technische Produktionsarbeiten aus wie Untertitelungen, Kürzungen und Vertonungen fremdsprachiger Versionen im Magnettonverfahren. Vereinzelt wurden auch kurze medizinische Filmbeiträge realisiert.[7]

Filmaufträge gingen mehrheitlich an Schweizer Produktionsfirmen wie Frobenius, Pinschewer, Gamma, Gloria und Condor. Letztere avancierte ab 1955 zum ‹Hausproduzenten›. In den 1960er Jahren kooperierte Geigy für die *Documenta*-Reihe teils auch mit ausländischen Produzenten. Die Filme des Basler Stammhauses wandten sich überwiegend an ein internationales Publikum und wurden zur Weiterverbreitung an die Tochtergesellschaften ausgeliefert. 1964 verschickte Geigy Basel 792 Filmkopien in 43 Länder.[8] Tochtergesellschaften und assoziierte Unternehmen stellten ebenfalls Filme her. In Frankreich, England und den USA lag der Fokus auf medizinischen Filmen, in Indien auf der Moskitobekämpfung.[9]

Am intensivsten nutzte Geigy Basel das Medium Film in den Sparten Schädlingsbekämpfung und Pharma sowie in der internen Kommunikation.[10]

In den traditionellen Sparten Farbstoffe und Chemie bewegten sich die filmischen Aktivitäten aufgrund des kleinen, spezialisierten Kundenkreises in vergleichsweise bescheidenem Rahmen. In erster Linie wurden technische Instruktionsfilme für Geschäftspartner aus der weiterverarbeitenden Industrie produziert. Eine Ausnahme stellt der Mitin-Film *Insekten auf Abwegen* (1954, R: Adolf Forter, P: Gloria) dar, der im so genannten ‹Beiprogramm› kommerzieller Kinos über Insekten berichtete, die dank Mitin den ‹rechten Weg› vom Kleiderschrank zurück in die Natur finden. ⊠82, ⊠87–90
Bis Mitte der 1970er Jahre enthielt das Kino-Beiprogramm neben Werbefilmen und Wochenschauen jeweils einen (semi-)dokumentarischen Kurzfilm von rund 15 Minuten Länge, der vor dem meist fiktionalen Hauptfilm gezeigt

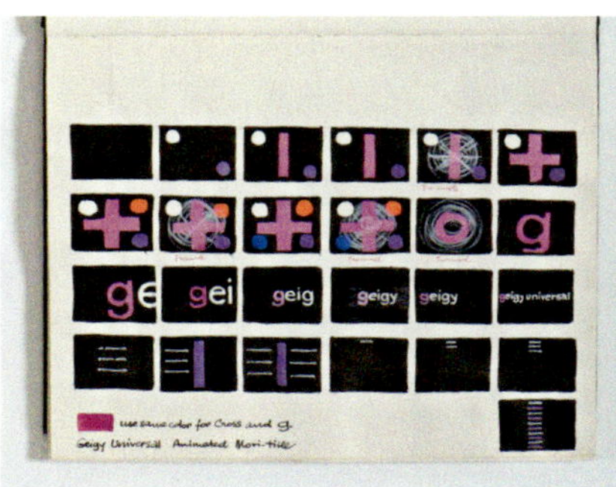

84

85

86

☒ 84
George Giusti
Geigy Universal Animated Movietitle
[Entwurf für Filmvorspann, nicht realisiert]
CH/weltweit, ca. 1962, Skizzenbuch
Gouache auf Papier, 21.5 × 27.7 × 3 cm

☒ 85
Condor-Film
Geigy Universal/Condor-Film Zürich
CH/CH, 1958, Filmstill
35mm-Film

☒ 86
Condor-Film
[*Geigy Universal*]
CH/CH, 1958, Filmstill
35mm-Film

wurde. Es bot Auftraggebern aller Art eine breite öffentliche Kommunikationsplattform, verlangte jedoch Konzessionen: Zugelassen waren nur ‹Kulturfilme› von allgemeinem Interesse, die zugunsten unterhaltender Volksbelehrung auf direkte Werbung oder politische Agitation verzichteten. Deshalb gab Geigy zwei Fassungen des Insektenfilms in Auftrag: eine kurze, weitgehend werbefreie Kinofassung für den kommerziellen Vertrieb im In- und Ausland und eine 26-minütige Langfassung für den firmeninternen Gebrauch, die neben dem Lebenszyklus der Motten die unternehmerische Leistung der Mitin-Entwicklung in den Vordergrund stellte.[11]

Schädlingsbekämpfung: Werbefilme und Wanderkino

Ab 1945 setzte Geigy vor allem Werbefilme für Schädlingsbekämpfungsmittel ein, die an Landwirte und Hausfrauen gerichtet waren. Der Zeichentrickfilm *Kampf den Fliegen!* (1945–46) aus dem Atelier von Julius Pinschewer (Zeichner: Jan Kraan) empfiehlt Bauern im Sprachduktus eines betont schwerfälligen, von Berner Dialekt gefärbten und mit Helvetismen durchsetzten Hochdeutsch die DDT-Lösung Gesarol zur Entfernung von Fliegen aus dem Kuhstall.[12] Für Landwirte bestimmt war auch der gut 25-minütige Gesarol-Film *Jean-Louis part en voyage** (1947, R: Georges Alexath, P: Gamma) über einen Waadtländer Bauern, der anlässlich einer Besichtigung der Basler Geigy-Werke von der Wirkung der neuen Schädlingsbekämpfungsmittel so tief beeindruckt ist, dass auch er «in Zukunft am Nutzen der Forschung teilhaben» möchte.[13] An Hausfrauen richteten sich Kinowerbefilme für Trix wie *Das Loch im Sparstrumpf** (1951, R: Otto Ritter, P: Condor) mit den populären Kabarettisten Voli Geiler und Walter Morath,[14] *Wer zuletzt lacht** (1953, R: Georges Alexath, P: Central) mit Margrit Rainer und Ruedi Walter,[15] *Die Moritat vom Unglückshaus** und *Vorbeugen ist besser**. Letztere wurden im ersten Halbjahr 1957 resp. 1958 in 170 Kinos der ganzen Schweiz aufgeführt und erreichten rund eine Million Zuschauerinnen und Zuschauer.[16] Nach der Einführung des Deutschschweizer Werbefernsehens schaltete Geigy von Juni bis August 1965 umgehend erste TV-Spots für Neocid, die eine englische Trickfilmfirma realisiert hatte.[17] ☒83

Zur persönlichen Kontaktaufnahme mit den Kunden tourten ab März 1953 ein Ausstellungs- und ein Kinowagen durch die Nordost- und Nordwestschweiz. ☒73,☒98–103 Der «Geigy Berater auf vier Rädern» bestand aus zwei umgebauten Lastwagen mit verglasten Führersitzen, aufklappbaren Seitenwänden und ausziehbaren Flanken, die eine Gesamtbreite von über acht Meter überdachen konnten. Der Kinowagen war mit einem Tonfilmprojektor über dem Fahrersitz ausgerüstet. Als Leinwand diente die hintere Rückwand des dreissig Sitzplätze umfassenden Projektionsraums. Der «Wanderzirkus», wie die mobile Multimediashow intern genannt wurde, diente ausschliesslich der Kundenberatung – auf einen Direktverkauf von Produkten wurde verzichtet. Der Service umfasste Schautafeln, Demonstrationen der Geigy-Präparate, persönliche Beratungen sowie die Vorführung von «Demonstrationsfilmen» über Schädlingsbekämpfung in Haus und Garten und im landwirtschaftlichen Betrieb.[18] Gezeigt wurden u. a. *Das Loch im Sparstrumpf* und *Jean-Louis part en voyage* sowie ein «Maikäfer-Film», bei dem es sich wohl um *Neuzeitliche Maikäferbekämpfung* (1951, R: Otto Ritter, P: Condor) handelte – eine ästhetisierte, fast schon poetische Reportage über die flächendeckende Maikäferbekämpfungsaktion mit Gesarol im Oberwallis 1950.[19]

Ausstellungs- und Kinowagen waren jeweils nur einen Tag an den Einsatzorten stationiert, was der Aktion eine gewisse Exklusivität verlieh. Die Ankündigung erfolgte tags zuvor durch Plakate und Handzettel. Nachmittags fanden sich vor allem Schulkinder ein, abends kamen Erwachsene. Bis Oktober 1953 machte das Drei-Mann-Team des technischen Beratungsdienstes in 96 Ortschaften Halt und verbuchte einen «propagandistischen Erfolg»: In Amriswil wurde der Ausstellungswagen von zwei Schulklassen und 337 Erwachsenen besucht, die alle einzeln beraten wurden.

87
Adolf Forter
Forschung im Labor
[in: *Insekten auf Abwegen*]
CH/CH, 1954, Filmstill
35mm-Film

88
Adolf Forter
Unbehandelte Wolle (rechts) und mit Mitin behandelte Wolle (links)
[in: *Insekten auf Abwegen*]
CH/CH, 1954, Filmstill
35mm-Film

89
Adolf Forter
Anwendung von Mitin in der Textilindustrie
[in: *Insekten auf Abwegen*]
CH/CH, 1954, Filmstill
35mm-Film

90
Adolf Forter
Wollknäuel mit Mitin-Gütesiegel
[in: *Insekten auf Abwegen*]
CH/CH, 1954, Filmstill
35mm-Film

91–92
Condor-Film
[*Geigy Universal*]
CH/CH, 1958, Filmstills
35mm-Film

87

88

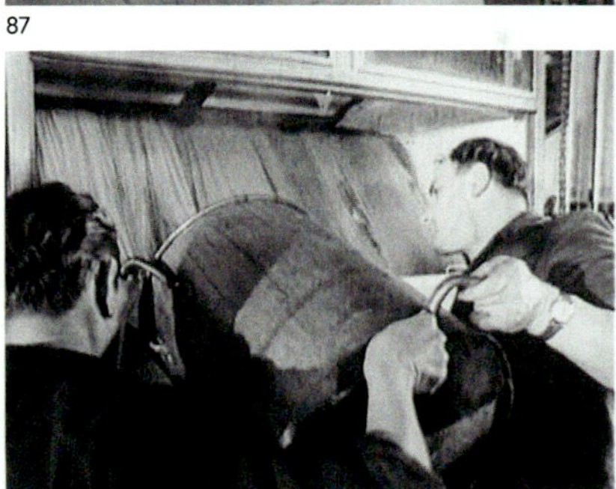
89

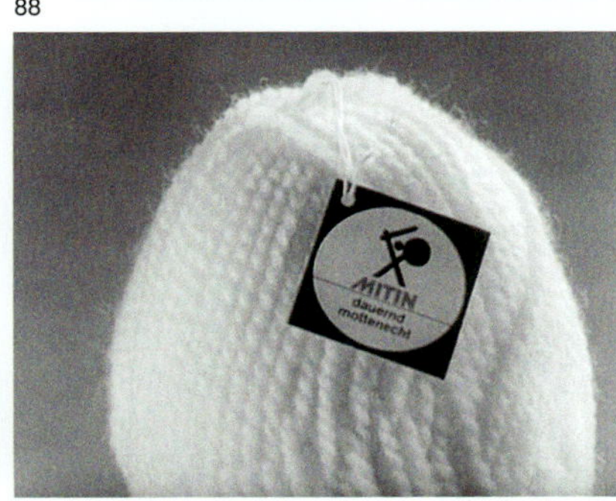

90

91

92

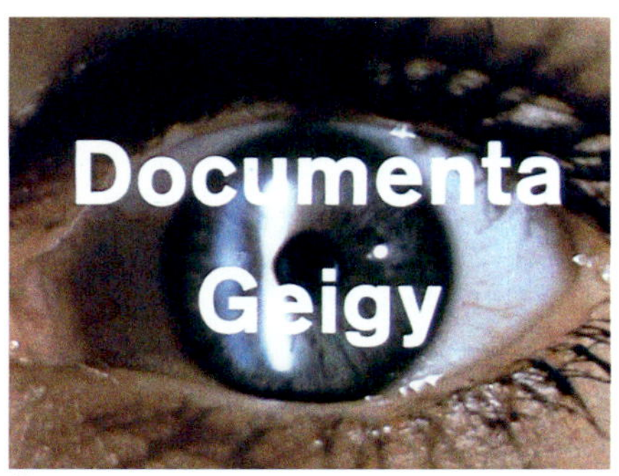

93

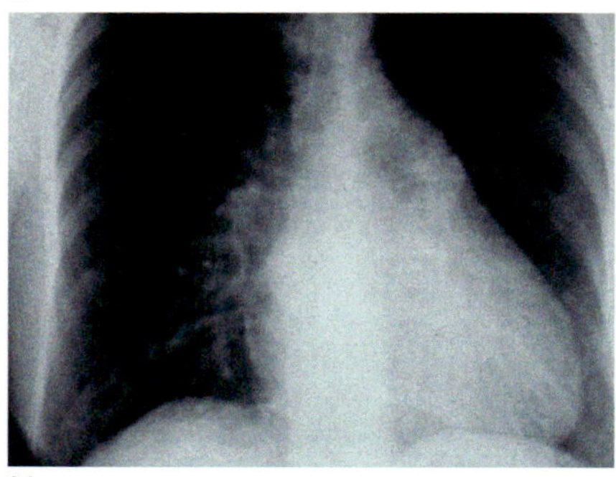

94

95

⊠93–95
Condor-Film
[*Documenta Geigy/Diagnosis of Congenital heart disease*]
CH/CH, 1964, Filmstills
35mm-Film

An den Filmvorführungen nahmen 441 Erwachsene und 318 Kinder teil.[20] In Rapperswil wurden 723 Besucher des mobilen Kinos verzeichnet, in Freiburg 836.[21] Die Zahlen belegen die damalige Attraktivität kostenloser Filmvorführungen von Privatunternehmen. Mit dem «Wanderzirkus» fügte sich Geigy in eine Wanderkino-Tradition der Schweizer Lebensmittel- und Konsumgüterindustrie ein, die in den 1950er Jahren ihren Höhepunkt erreichte, bevor das durch Auto und Fernsehen veränderte Freizeitverhalten nach anderen Marketingkonzepten verlangte: Nun schaltete Geigy Schwarzweiss-Spots für das Fernsehpublikum und zeigte Farbfilme für das Fachpublikum.[22]

Filmische ‹Visitenkarte› des Unternehmens: Die Jahresschauen *Geigy Universal*

Geigy setzte das Medium Film nicht nur zur Absatzförderung ein, sondern auch in der internen Kommunikation zur Förderung der Kooperationsbereitschaft der Belegschaft.[23] Angesichts der zunehmenden Arbeitsteilung, der Spartendiversifizierung und Internationalisierung des Unternehmens sollte fragmentarisches Erfahrungswissen aus dem Berufsalltag in einen sinnstiftenden institutionellen Kontext gestellt und die emotionale Einbindung der Mitarbeitenden verstärkt werden. Der konzernweiten Verständigung dienten die Jahresfilmschauen *Geigy Universal,* die ab 1954 zum Teil in Eigenproduktion unter Zuzug freier Kameraleute entstanden, vorwiegend aber von Condor realisiert wurden. ⊠84–86,⊠91–92 Sie umfassten jeweils eine Serie von vier bis acht Kurzfilmen (je 5–8 Minuten) über die vielseitigen Aktivitäten des Konzerns.[24] Zudem diente *Geigy Universal* für Geschäftspartner, Konzernbesucher, Fachverbände und Kongressteilnehmer als filmische ‹Visitenkarte› des Unternehmens. ⊠96 Die Jahresschauen erschienen vorerst in unregelmässigen Abständen. Nach seinem Eintritt in die Propagandaabteilung 1961 etablierte Max Leutenegger[25] sie dann als kontinuierliches audiovisuelles Instrument der Firmenwerbung.[26] Periodische Filmschauen waren seinerzeit in der Chemieindustrie weit verbreitet: Auch Bayer, Hoechst und BASF setzten auf diese unternehmerische Repräsentations- und Integrationsstrategie.[27]

Pharma: *Documenta Film Geigy*

Im Pharmabereich gab Geigy in den 1950er Jahren Werbefilme für bestimmte Medikamente sowie breit angelegte Imagefilme in Auftrag, darunter die beiden Condor-Produktionen *Ein Tagewerk** (R: Otto Ritter) über die pharmazeutischen Laboratorien und Produktionsstätten und *Die Chirurgie der Mitralvitien** (R: René Boeniger, beide 1955) über eine neuartige Herzoperation.[28] Die Imagefilme richteten sich an Mediziner wie an Laien und wurden u.a. in der Ärzteausbildung gezeigt.[29] ⊠93–95 Nach dem Eintritt des französischen Arztes Yannic Guéguen 1962 in die Propaganda-Abteilung wurde auch die Pharmafilmpraxis konzeptionell gestrafft und auf eine kontinuierliche Basis gestellt.[30] Mit der Neukonzeption der *Documenta Film Geigy*-Reihe 1963 übertrug das Unternehmen das bisherige *Documenta*-Publikationsprogramm der nachhaltigen Firmenwerbung auf das Medium Film und etablierte gemäss Guéguen «als erste Firma der chemisch-pharmazeutischen Industrie» eine regelmässig erscheinende Filmreihe,[31] die – frei von jeglicher Produktwerbung – ausschliesslich der Fortbildung von praktizierenden Ärzten diente. Mit dieser Strategie hob sich Geigy von CIBA ab, die seit 1958 mit prestigeträchtigen Live-Übertragungen von chirurgischen Eingriffen an Kongressen mit dem Eidophor-Grossprojektor Aufsehen erregte.[32]

Documenta Film Geigy war als wissenschaftliche Dienstleistung an der Ärzteschaft konzipiert. Jede Ausgabe bestand aus drei Kurzfilmen (je 10–20 Minuten) der Kategorien ‹Klinische Bilder› (Entstehung und Entwicklung von Krankheiten), ‹Medizinische Aktualitäten› (neue Methoden und Techniken) und ‹Tägliche Praxis› (Diagnostik). Die Filme wurden unter der Leitung von

96
Harri Boller
Geigy Universal/Ein Kurzfilm entsteht/
Verfügbare Geigy Universal-Filme
CH/DE, 1963, Broschüre, Umschlag
Offset, 44.9 × 34.4 cm

97
Harri Boller
Documenta Film Geigy/Diagnosis of Congenital heart disease
CH/UK, 1964, Broschüre, Umschlag
Offset, 25 × 12 cm

96

97

⊠ 98
Karl Gerstner
Geigy Wanderausstellung mit Film [«Wanderzirkus»]
CH/CH, ca. 1953, Plakat
Offset, 100 × 70 cm

⊠ 99
Condor-Film
«Wanderzirkus»: Beratung im Ausstellungswagen
[in: *Geigy Universal*]
CH/CH, 1954, Filmstill
35mm-Film

⊠ 100
Gérard Ifert (Konzept, Foto), Lanfranco Bombelli Tiravanti (Architektur), Karl Gerstner (Grafik)
«Wanderzirkus»: Ausstellungs- und Kinolastwagen (System Deplirex) unterwegs
CH/CH, 1953, Fotografie
23.4 × 17.1 cm

⊠ 101
Gérard Ifert (Konzept, Foto), Lanfranco Bombelli Tiravanti (Architektur), Karl Gerstner (Grafik)
«Wanderzirkus»: Ausstellungslastwagen (System Deplirex) innen
CH/CH, 1953, Fotografie
23.4 × 17.1 cm

⊠ 102
Gérard Ifert (Konzept, Foto), Lanfranco Bombelli Tiravanti (Architektur), Karl Gerstner (Grafik)
«Wanderzirkus»: Ausstellungslastwagen (System Deplirex)
CH/CH, 1953, Fotografie
24.3 × 18 cm

⊠ 103
Gérard Ifert (Konzept), Lanfranco Bombelli Tiravanti (Architektur), Karl Gerstner (Grafik)
«Wanderzirkus»: Ausstellungs- und Kinolastwagen (System Deplirex) in Winterthur
[in: *Geigy Werkzeitung*, Nr. 2, 1957]
CH/CH, 1957, Fotografie
Tiefdruck, 10.5 × 10.5 cm

98

99

100

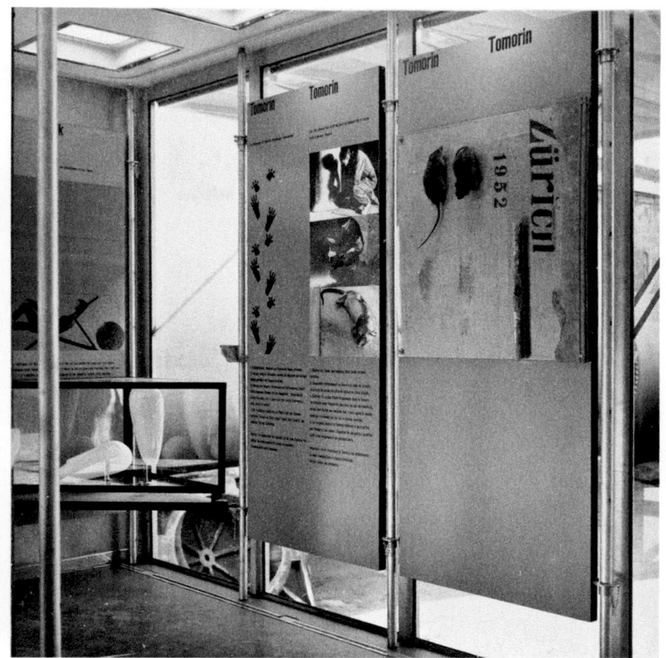

101

102

103

Guéguen und in enger Zusammenarbeit mit renommierten Professoren von der Abteilung für wissenschaftliche Filme der Condor Film (René Schacher) in einem Produktionsrhythmus von neun bis zehn Monaten pro Serie realisiert. Formal sind die Filme dem wissenschaftlich-didaktischen Gestus des Zeigens verpflichtet und folgen dem Anspruch grösstmöglicher visueller Evidenz. Der Farbfilm spielte dabei eine zentrale Rolle, weil Farbinformationen für die ‹naturgetreue› Dokumentation medizinischer Befunde unabdingbar sind.[33] Der medizinische Weiterbildungsfilm sei, so Guéguen, «nur als Wiedergabe von Bildern» zu verstehen und solle «beobachten» und «zeigen», aber nicht argumentieren.[34] Deshalb wurde konsequent auf filmische Ästhetisierung und Emotionalisierung sowie auf Unterhaltungselemente verzichtet zugunsten etablierter Traditionen des Wissenschaftsfilms, wozu u. a. animierte Modelle und die Autorisierung durch die Teilnahme renommierter Wissenschaftler gehören.

Die *Documenta*-Filmreihe erhielt bei der Lancierung ein breites Medienecho.[35] Im Vertrieb von Tochtergesellschaften und Vertretungen zirkulierten die 16mm-Farbtonfilme in je 200 Kopien pro Titel und elf bis 14 Sprachversionen (u. a. griechisch, türkisch, japanisch) in 48 Ländern. Bis 1968 erreichten sie insgesamt knapp eine Million Zuschauer (rund ein Drittel Ärzte und zwei Drittel Medizinstudierende und ärztliches Hilfspersonal). 1965 sollen 60 Prozent aller Schweizer Ärzte die Filmserie gesehen haben.[36] 1968 lagen die meisten *Documenta*-Filme auch als 8mm-«Kassettenfilme» vor, die sich mit einem handlichen Gerät bei Tageslicht projizieren liessen, was der Verbreitung bei Arztbesuchen von Firmenvertretern nochmals Schub verlieh.[37] Geigy investierte bis 1968 über 1,2 Millionen Schweizer Franken in das filmische Lehrmittel.[38]

Die *Documenta*-Filme erhielten zahlreiche Festivalauszeichnungen und wurden von der Ärzteschaft geschätzt, schloss Geigy doch damit eine Lücke im öffentlichen Weiterbildungsangebot. Dem Unternehmen diente die vertrauensbildende Massnahme mittelfristig auch zur Absatzförderung. Diese Strategie machte in der pharmazeutischen Industrie Schule: 1968 zog Hoffmann-La Roche mit Medicovision nach.[39] Trotz formal teils heterogener Filmbeiträge verfügte die *Documenta*-Filmreihe durch das Firmenlogo und die grafische Gestaltung der Begleitmedien (Informationsbroschüren, Schallplatten) über ein einheitliches, wiedererkennbares Erscheinungsbild. ⊠96, ⊠97

Die sparten- und zielgruppenspezifische Ausrichtung der Geigy-Filme prägte diese in Gattung, Form und Inhalt wesentlich stärker als eine allfällige Design- oder *Corporate*-Strategie.[40] Die Verbindung von filmischer Form und kommunikativer Funktion führte zum Verzicht auf eine einheitliche formal-ästhetische Gestaltungslinie. Vielmehr wurde eine Strategie der bedürfnisgerechten Zielgruppenansprache mit verschiedenen Filmgattungen in unterschiedlichen Aufführungs- und Vertriebsmodi verfolgt. Darüber hinaus pflegte Geigy im Medium Film auch keinen firmenspezifischen Stil, sondern orientierte sich vorrangig an zeitgenössischen Aufführungsformaten. Dennoch vermochte das Unternehmen mit den *Universal*- und *Documenta*-Reihen, die nicht selbstständig, sondern in intermedial orchestrierten Kampagnen zum Einsatz gelangten, ein firmenspezifisches audiovisuelles Profil zu entwickeln und den ‹Geigy-Stil›, verstanden als einheitlicher Ausdruck der «unternehmerischen Gesinnung»,[41] auch im Verbundmedium Film zu pflegen.

1 «Geigy auf Zelluloid», 1963, S. 183.
2 Industriefilme, auch Wirtschafts- oder *Corporate* Filme genannt, sind Auftrags- und Gebrauchsfilme der Wirtschaft. Der Industriefilm umfasst zahlreiche Untergattungen, u. a. Image- oder Repräsentationsfilme, Kultur- und Fabrikationsfilme, Demonstrations- und Instruktionsfilme. Eine eigene Kategorie bilden Werbefilme, d. h. kurze Kino- und TV-Spots, die der direkten Absatzförderung dienen.
3 Zu Hans Richter in der Schweiz vgl. Hoch, 2003, sowie Jaques, 2005.
4 Auf die Rolle des Mediums Film als Instrument zur Wissensproduktion in der Forschung wird im Folgenden nicht eingegangen, zumal bei Geigy – im Gegensatz zu CIBA – keine entsprechenden Aktivitäten überliefert sind. Zu CIBA vgl. Gross, 1947.
5 Bei der Etablierung des Mediums Film in der Unternehmenskommunikation spielte die Schweizerische Landesausstellung in Bern 1914 eine initiierende Rolle. Filme aus der Chemiebranche wurden allerdings keine gezeigt; vgl. Cosandey, 2000. Erste Hinweise auf Filme aus der Schweizer Chemie stammen aus den frühen 1930er Jahren; vgl. CIBA-Medizinfilm *Coramin* (1931, P: Eos), in: Schweizerische Zentrale für Handelsförderung, 1931, S. 24–25. Zur Geschichte des Industriefilms in der Schweiz vgl. Zimmermann, 2009.
6 Im Filmdienst, auch Filmservice genannt, waren ab 1957 Friedrich Kissner und Paul Schäublin tätig; vgl. *Jb* 1957–65.
7 Vgl. *Jb*, 1957, S. 7; 1958, S. 7–8; 1961, S. 18.
8 *Jb*, 1964, S. 20.
9 Vgl. *Katalog 1944–1956*.
10 1960 entfielen von 524 Vorführungen des Filmdienstes (externe Verleihzahlen liegen nicht vor) 200 auf die Schädlingsbekämpfung, 133 auf Geigy Universal und den Jubiläumsfilm *200 Jahre Geigy* (1958, P: Condor), 108 auf Pharma, 39 auf Chemikalien und 28 auf Farbstoffe; gesamthaft erreichte Geigy 14.319 Zuschauerinnen und Zuschauer. Vgl. *Jb*, 1960, S. 12. ‹R› steht im Folgenden für Regie, ‹P› für Produktion. Mit einem Asterisk * markierte Filme sind nicht auffindbar. Nur ein Bruchteil der Geigy-Filme ist in der Cinémathèque suisse (Lausanne) und bei Allcomm Productions (Zürich), einem Nachfolgeunternehmen der CIBA-Geigy Filmagentur, überliefert.
11 Vgl. Gloriafilm AG, 1955.
12 Vgl. Amsler, 1997.
13 *Katalog 1944–1956*.
14 Vgl. «Das Loch im Sparstrumpf», 1953, S. 188; *Condor-Flugblatt* (Archiv Condor); *Katalog 1944–1956*.
15 Vgl. *Katalog 1944–1956*.
16 *Jb*, 1957 und 1958, S. 6 resp. 7.
17 *Jb*, 1965, S. 14.
18 Vgl. «Geigy auf Reisen», 1953.
19 Zur Kontroverse über den «Maikäferkrieg» 1950 vgl. Straumann, 2005, S. 282–311.
20 «Geigy auf Reisen», 1953, S. 110.
21 Vgl. *Rapport*, 1953.
22 Vgl. Zimmermann, 2008.
23 Hediger/Vonderau sprechen dem Industriefilm drei Funktionen bei der Organisation von Unternehmen zu: Herstellung und Bereitstellung eines institutionellen Gedächtnisses (*record*), wozu der Jubiläumsfilm *200 Jahre Geigy* zu zählen ist, Herbeiführung von Kooperationsbereitschaft seitens der Mitarbeiter und der Gesellschaft (*rhetoric*) und Optimierung von Produktionsabläufen und Administration zwecks Minderung des Aufwands und Steigerung des Ertrags (*rationalization*). Vgl. Hediger/Vonderau, 2006, S. 22–32.
24 Vgl. *Geigy Universal*, 1962, 1963, 1966.
25 *Jb*, 1960, S. 2.
26 Die erste Jahresschau, die Leutenegger als Produktionsleiter betreute, erreichte 1962 in sechs Monaten weltweit 12.000 Zuschauerinnen und Zuschauer. Bei einer Laufzeit von drei Jahren rechnete Geigy mit einem Publikum von mindestens 40.000. Ausserdem zirkulierten die Jahresfilmschauen im nicht-kommerziellen Verleih des Schweizerischen Filmarchivs für Gewerbe, Handel und Industrie und des Schweizer Schul- und Volkskinos. Vgl. «Geigy auf Zelluloid», 1963.
27 Vgl. M. L., 1963.
28 Der Film ist angeblich der erste medizinische 35mm-Farbtonfilm (Gevacolor) der Schweiz. Vgl. H. F. N., 1955.
29 Vgl. H. F. N., 1955, sowie k., 1955.
30 Vgl. *Jb*, 1961, S. 2.
31 «Medizinische Geigy-Filme», 1966, S. 17.
32 Vgl. CIBA, 1959; CIBA, 1960; Johannes, 1989.
33 Vgl. Kaufmann, 1947, S. 3961.
34 G[uéguen], 1963.
35 Vgl. M. I., 1963; RST, 1963; «Filme im Dienste», 1963.
36 Hoffmann, 1966, o. S.
37 Vgl. Fa, 1968a, S. 22.
38 Hierbei wurden pro zuschauendem Arzt Kosten von 3,25 Franken veranschlagt. Vgl. *Coût de production*, o. J.
39 Vgl. «Medicovision», 1970.
40 Dies gilt nicht nur für Geigy, sondern für den unternehmerischen Filmeinsatz generell. Vgl. für die chemische Industrie Plumpe, 1996.
41 Rudin, 1957a, S. 5.

Geigy-Grafik in den USA

Karin Gimmi

104

⊠104
Fred Troller
The light is green for 1966 automotive fabric shades/Go ahead with Geigy Dyestuffs
US/US, 1966, Inserat, Andruck (Detail)
Offset, orthochromatisch, 30 × 38 cm

Als Fred Troller, Art Director bei Geigy New York, 1966 mit einer leuchtend grünen Anzeige für ein Färbemittel warb – «Es ist grün ... Gib Gas mit Geigy Farbstoffen» –, war der Optimismus auch den Grafikern der amerikanischen Geigy-Niederlassung förmlich ins Gesicht geschrieben. ⊠104 Das Bild der auf Grün gestellten Ampel bezog sich zwar konkret auf ein Produkt für die Automobilindustrie. ‹Voll in Fahrt› war jedoch auch das Gestalterteam bei Geigy, dem es innerhalb von wenigen Jahren gelungen war, sich mit einem eigenständigen Profil in der Fachwelt zu behaupten.

Mit den Worten von Hiroshi Ohchi in der japanischen Zeitschrift *Idea*: «Geigys visuelles Erscheinungsbild ist so charakteristisch, dass man es sofort von dem seiner Konkurrenten unterscheiden kann.»[1] Andere Rezipienten sprachen von einer ungewöhnlich talentierten Grafikerequipe[2] bei Geigy USA – und luden diese gar zu Ausstellungen ein.[3] ⊠44–47 Auch in *Graphis* wurde die Geigy-Werbung als gutes Beispiel für die erfolgreiche Prägung eines Firmenbildes bezeichnet. Geigy sei sich bewusst, dass jede Botschaft zugleich etwas über die dahinter stehende unternehmerische Gesinnung aussage. Dies verlange aber, so William B. McDonald, dass sich der Grafiker mit dieser Gesinnung identifiziere und das blosse Nützlichkeitsdenken in einen grösseren, das Unternehmen als Ganzes erfassenden Zusammenhang stelle.[4] Troller verfocht sogar die Ansicht, dass es sich eine fortschrittliche Firma nicht mehr leisten könne, für ein einzelnes Produkt zu werben, ohne das «over-all image» der Firma im Visier zu haben. Lapidar auf den Punkt gebracht: «Wie gut das Produkt auch sein mag, es verkauft sich besser, wenn das Unternehmen im Bewusstsein des Konsumenten oder der Öffentlichkeit allgemein einen guten Ruf geniesst.»[5]

Ein «erweiterter Hausstil»?

Die Grafik des Design Studio von Geigy New York reihte sich somit in der Wahrnehmung durch die Fachwelt wie selbstverständlich unter die Grossen des Corporate Image wie Olivetti, Braun, Container Corporation of America, Knoll oder IBM ein. Das ist umso bemerkenswerter, als sie dies weder über die Handschrift einer einzelnen Gestalterfigur tat, noch dass die eingesetzten formalen Codes klar ablesbaren gestalterischen Regeln gehorchten. Selbstverständlich aber profitierte die amerikanische Geigy-Grafik vom Renommee, das sich der Geigy-«Hausstil» bereits in den 1950er Jahren erworben hatte. *Idea* sprach deshalb von «demselben frischen, gepflegten Hausstil von Geigy Basel», der nun erweitert auf die Gestaltung von Geigy New York «lebendiger und modernistischer» erscheine.[6]

Troller selber hatte ebenfalls den Versuch unternommen, die Geigy-Grafik in den USA zu definieren. Primär gehe es um die Abgrenzung zur vorherrschenden amerikanischen Werbung: Denn wo Konfusion und Kompliziertheit herrsche, müsse Geigy einfach und klar sein; wo die zeitgenössische Werbung strikt auf realistische Wiedergabe setze, sei Abstraktion und Symbolik angesagt; und wo ein Gewirr kleinster Schriftgrade sich breit mache, müsse eine Konzentration auf das Wichtigste gesucht werden. ⊠105–106 «Eine solche Grundhaltung schliesst einen besonderen Stil weder aus noch erfordert sie ihn», meint Troller. «Der schweizerisch wirkende Stil (swiss-like style) der Geigy-Werbung ist in Wirklichkeit weder schweizerisch noch ein Stil.» Und ganz im Sinne der zu diesem Zeitpunkt bereits verbreiteten Skepsis oder Kritik gegenüber Modernismus und International Style schrieb Troller schliesslich: «Er ist das evolutionäre Ergebnis jahrelangen Experimentierens und Entdeckens und ist selbst in diesem Moment in Wandlung begriffen. Zutreffender formuliert ist es eine funktionale Herangehensweise an das Design.»[7] Anstelle eines einmal festgefügten Stilvokabulars – und einem Handbuch für die Mitarbeitenden, so kann man Trollers Aussage interpretieren –, propagiert der Art Director eine Haltung, die «funktional» im postmodernen Sinne sehr weit gefasst versteht: sie schliesst eine Ästhetik mit ein, die sich ganz bewusst auf die sich ständig ändernden visuellen Codes der Zeit einlässt, ohne dabei die gestalterischen Konstanten aus den Augen zu verlieren.

⊠ 105
Fred Troller
Geigy Service with You in Mind –
Automotive Shades/Geigy Dyestuffs
US/US, ca. 1966, Inserat
Buchdruck, 30.2 × 22 cm

⊠ 106
Fred Troller
Black magic for chrome grain leathers/Sella Fast
black FF/Sella Fast Black RP extra/Geigy Dyestuffs
US/US, ca. 1966, Inserat, Andruck
Buchdruck, 30 × 24.2 cm

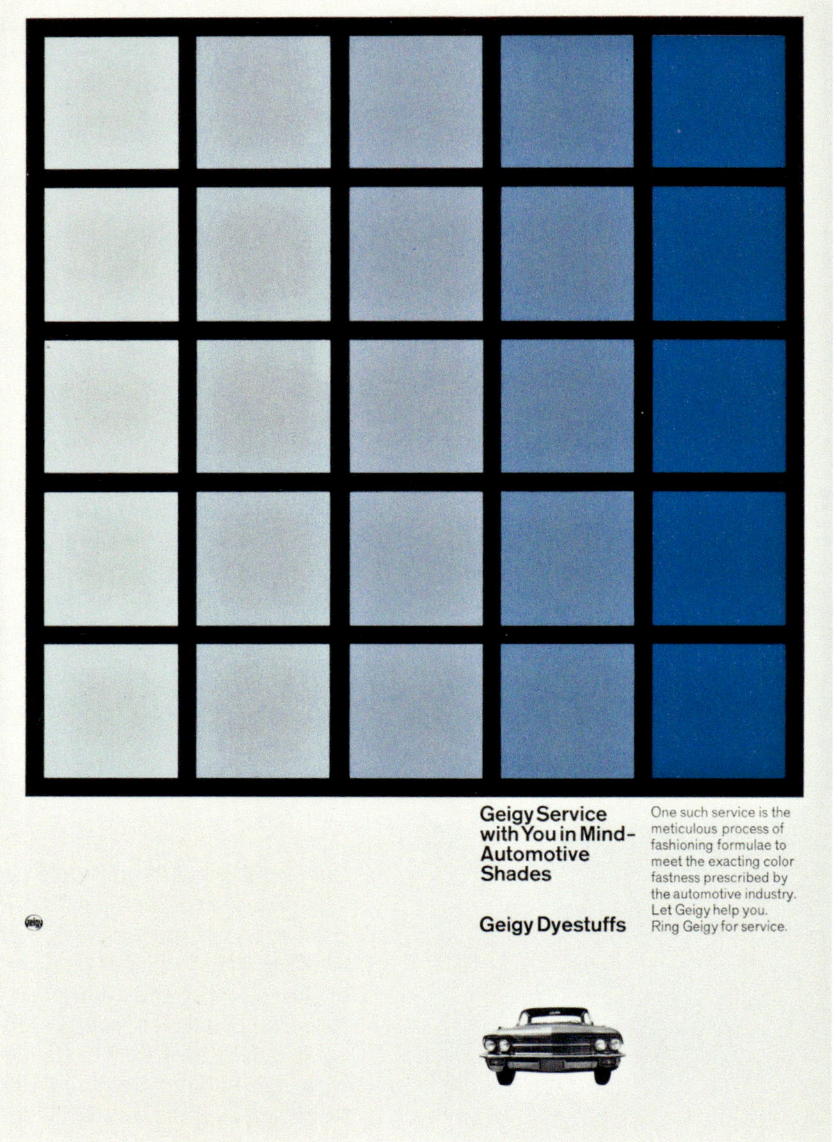

105

106

Was hiesse das nun auf das Beispiel des erwähnten Inserats mit der grünen Ampel übertragen? Funktional bedeutet, dass die für die spezielle Kundschaft der Textilfärber konzipierte Werbung auffallen und rasch verstanden werden musste. In Fachzeitschriften wie dem *American Dyestuff Reporter* wurden unzählige ähnliche Produkte angeboten. Die Form des Kreises in der Farbe Grün zog einerseits den Blick auf sich, sie fokussierte, während das Symbol der Ampel anderseits direkt auf die Welt des Automobils verwies. Als Bildvorlage griff Troller zudem nicht auf eine künstlerisch ausgearbeitete Fotografie zurück, sondern er bediente sich vermutlich eines bereits bestehenden Zeitungsbildes. Dabei arbeitete Troller mit dem seit den frühen 1930er Jahren bekannten Kodalith-Verfahren, bei dem die Grautöne eliminiert und das Bild im Wesentlichen auf einen Schwarz-Weiss-Kontrast reduziert wurde. Bewusst unpräzise und im Kontrast übersteuert wiedergegebene Fotografien, deren Motive sich teilweise sogar wiederholten und überlappten, fand man in Amerika in den frühen 1960er Jahren auch bei Gestaltern wie Gene Federico (in einer Anzeige für die Container Corporation of America) oder Herb Lubalin (für das Magazin *Eros*).[8] Die Anregungen zu dieser Art von expressivem Umgang mit fotografischen Vorlagen dürften allerdings bei Andy Warhol zu suchen sein. Selber Teil der New Yorker Grafikerszene der fünfziger Jahre, begann Warhol ab 1962 das Verfahren mittels Siebdruck zum Markenzeichen seiner Kunst – einer Form der amerikanischen Pop Art – zu erheben. ⊠117

Export der Geigy-Grafik

Die hypothetische Frage ist erlaubt, wie wohl das besagte Inserat vom Basler Atelier gestaltet ausgefallen wäre? Es ist nicht selbstverständlich und entsprach auch in den sechziger Jahren keineswegs einem Trend, dass ein weltweit tätiges Unternehmen wie die J. R. Geigy A. G. über eine länderspezifische Propaganda verfügte. Die internationale Werbung wurde ja in der Regel im Hauptsitz in Basel konzipiert und von dort in der jeweiligen Sprache – und angepasst an die örtlichen Vorschriften – ins Ausland exportiert. Bei einer internen Tagung von 1965 wurde zudem aufgezeigt, dass eine zentral konzipierte Propaganda wie diejenige des Unilever-Konzerns weit grösseren Erfolg versprach und billiger zu stehen kam.[9]

Tatsache ist jedoch, dass mit Max Schmid, dem Basler Atelierchef von Geigy, 1956 ein erster Schweizer Grafiker aus Basel nach Amerika gesandt wurde. Im Frühjahr 1957 löste ihn Igildo Biesele, ebenfalls aus dem Basler Team von René Rudin, ab. Die Absicht war es, den erfolgreichen Schweizer «Geigy-Stil» in die amerikanische Niederlassung zu implementieren.[10] Rasch zeigte sich, dass das schweizerische Modell nicht ohne Weiteres auf die amerikanische Realität zu übertragen war, und dass neben guter Grafik vor allem ein ausgesprochener Sinn für Kommunikation und Marketing gefragt war. Gottfried Honegger, der Max Schmid während dessen Abwesenheit in Basel vertreten hatte, schien diese Eigenschaften geradezu in idealer Weise in sich zu vereinen: Er wurde deshalb 1958 in der Funktion eines Beraters (consultant) über den Atlantik geschickt. Honegger gewann schnell das Vertrauen innerhalb der Firma, allen voran dasjenige der Geschäftsleitung. Hier muss er auf eine grundsätzliche Bereitschaft hin gewirkt haben, ein hauseigenes Design Studio einzurichten, damit die Firmengrafik vereinheitlicht und einem klaren gestalterischen Konzept unterworfen würde. Carl A. Suter, den CEO der amerikanischen Niederlassung, soll er nicht nur zu einer kompletten Büroausstattung mit den aktuellsten Knoll-Möbeln und zum Kauf eines Gemäldes von Franz Kline überredet haben, sondern er schlug ihm auch gleich vor, eine firmeneigene Sammlung zeitgenössischer Kunst aufzubauen.[11] Fast gleichzeitig kam Jürg Schaub, der als Art Director den zurückgekehrten Biesele ersetzte. Schaub war zwar erst kurz zuvor bei Geigy Basel eingetreten, verfügte aber als Grafiker über mehrjährige Erfahrung in grossen amerikanischen Werbeagenturen wie J. Walter Thompson und Sudler & Hennessy. Später gesellten sich die beiden Amerikaner

107

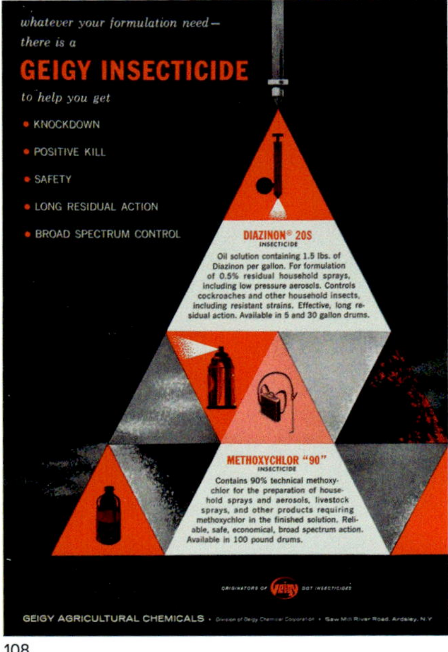

108

⊠ 107
Anonym
Let Geigy help you open the door to assured results in the compounding of DDT insecticides
[in: *Soap and Sanitary Chemicals*, Nr. 12, 1948]
US/US, 1948, Inserat

⊠ 108
Anonym
Geigy Insecticide/Diazinon 20S/Methoxylchlor "90"/Geigy Agricultural Chemicals
[in: *Soap and Chemical Specialities*, div. Nr., 1959–61]
US/US, 1959–61, Inserat

Burton Kramer und Harold Pattek sowie Dieter Roth, August Maurer und Yves Zimmermann vorübergehend zur Truppe. Zimmermann reiste bald schon nach Barcelona, um die spanische Geigy-Propaganda an die Hand zu nehmen, Maurer kehrte nach Basel zurück, während Roth bekanntlich als Künstler reüssierte. Pattek, der zuvor in Yale im graduate program von Paul Rand studiert, Kurse bei Josef Albers und Herbert Matter belegt und ebendort Armin Hofmann kennengelernt hatte, machte Broschüren für Dulcolax. Roth baute vor allem Messestände, während Kramer, der einen ganz eigenen grafischen Stil pflegte, Zeitschrifteninserate sowie 1960 das Cover der ersten Nummer der Hauszeitschrift *Catalyst* gestaltete.

Wenig ist aus diesen Anfängen erhalten geblieben. Eine Gegenüberstellung zweier Anzeigen der Agrochemischen Abteilung verdeutlicht allerdings den stilistischen Umschwung, den die Geigy-Werbung zwischen 1948 und 1958 erfahren hat. ⊠107–108 Natürlich wäre es nun verlockend, das Inserat für Insektizide von 1958 dem im Aufbau begriffenen Grafikatelier in Ardsley zuzuschreiben und damit zu insinuieren, dass durch den Zuzug von Grafikern aus der Schweiz der «Swiss Style» bei der amerikanischen Geigy-Tochter Einzug gehalten habe.[12] Tatsächlich befand sich aber die gesamte agrochemische Werbung damals wie auch später in den 1960er Jahren in den Händen spezialisierter amerikanischer Agenturen. In der Pharma bestand eine Zusammenarbeit Geigys mit der grossen Reklame- und Marktforschungsagentur L. W. Frohlich, New York, der nun im Laufe der späten 1950er Jahre sukzessive Mandate entzogen und an das Design Studio übertragen wurden.[13]

Ardsley

Das beträchtliche Wachstum der Corporation im Laufe der späten 1940er und frühen 1950er Jahre – verknüpft mit dem Erfolg der DDT-Produkte sowie vor allem dem Aufbau einer eigenen Pharmaabteilung ab 1948 – hatte naturgemäss zu Restrukturierungen geführt. Die entscheidendste fand zwischen 1953 und 1955 statt, indem sämtliche Fabrikationsstätten, Unterfirmen und Geigy-Niederlassungen in Amerika zur Geigy Chemical Corporation zusammengeführt wurden. Entsprechend verstärkte sich das Bedürfnis, den inzwischen auf mehrere Häuser in der Umgebung ausgedehnten Firmensitz an der Barclay Street im Süden Manhattans gegen ein richtiges – und für ein chemisches Unternehmen repräsentatives – Headquarters einzutauschen.[14] Im nur eine gute halbe Fahrstunde nördlich von Manhattan gelegenen Ardsley entstand innert kurzer Zeit eine moderne Anlage, die mit ihren sanft in den Hang eingebetteten Gebäudetrakten an einen Universitätscampus erinnerte.[15] Mehr noch denn als Firmenhauptsitz wollte man Ardsley mit seinen millionenteuren Laboratorien als neues (pharmazeutisches) Forschungszentrum von Geigy positionieren.[16] Damit sollte die Vernetzung mit den wichtigsten Kliniken der USA und folglich der Absatz von Pharmaprodukten erleichtert werden.[17] Aus diesem Gedanken heraus hatte sich die Direktion von Geigy New York – und allen voran der kultivierte und mit der New Yorker Kunstszene verbundene Carl A. Suter – dazu entschieden, den Neubau den renommierten Architekten Skidmore, Owings & Merrill (SOM) in Auftrag zu geben.[18] Mit dem wenige Jahre zuvor an der Park Avenue fertig gestellten gläsernen Wolkenkratzer für den Seifenhersteller Lever Brothers hatten SOM 1950 eine Ikone des Internationalen Stils in Glas und Metall geschaffen.[19] Darüber hinaus war ihnen ein Gebäude gelungen, das in der öffentlichen Wahrnehmung die positiven Eigenschaften der Besitzerfirma – technisch einwandfrei, sauber, glasklar, transparent – zeitgemäss und werbewirksam zum Ausdruck brachte.

Für den suburban gelegenen Geigy-Campus konzipierten SOM ein architektonisches Ensemble aus langgestreckten, ein- und zweigeschossigen Glas-Stahlkörpern, die über rustikale Sockelmauern aus Bruchstein mit dem Terrain verbunden sind. ⊠109, ⊠111 Das eigenwilligste architektonische Element sind indes die transparenten Passerellen auf der Rückseite des lang-

☒ 109
Skidmore, Owings & Merrill (Architektur)
Ezra Stoller (Foto)
Campus der Geigy Chemical Corporation in Ardsley, 1. Etappe
US/US, 1956, Fotografie
25.4 × 34 cm

☒ 110
Fred Troller
Butazolidin alka
US/US, o. J., Ärztemuster
Offset, 14 × 14 × 3.5 cm

☒ 111
Anonym
Design Studio der Geigy Chemical Corporation in Ardsley/von links nach rechts: Theo Welti, John Greiner, Rolf Willimann, Pete DeMare, Fred Witzig, Bob Hovell, Fred Troller, Joe Shramko, John Haines, Markus Löw
US/US, ca. 1966, Fotografie
26.5 × 34.5 cm

109

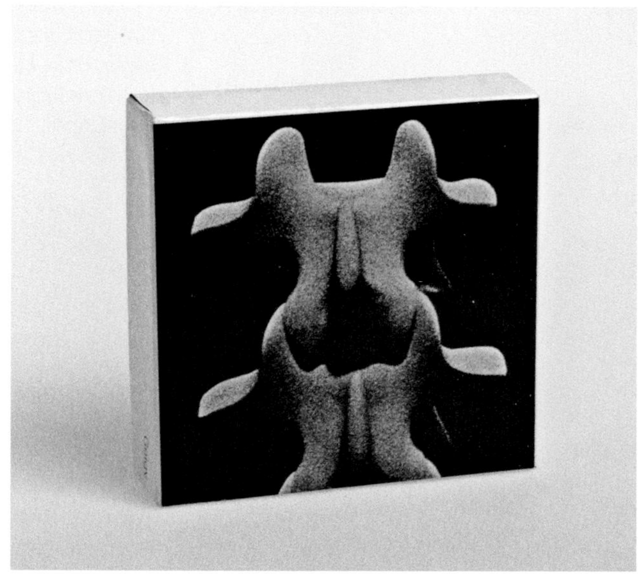
110

111

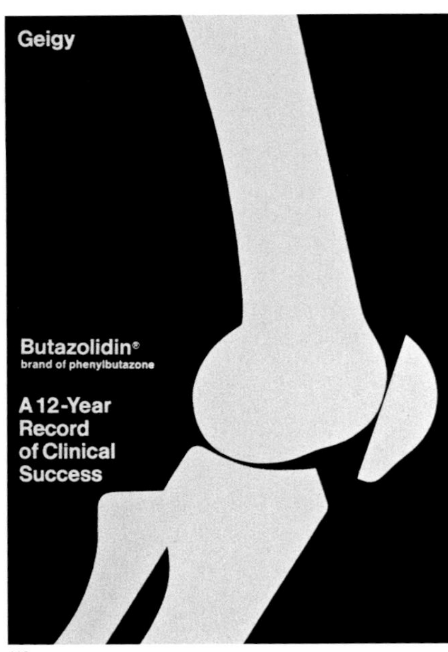

112

☒ 112
John Greiner
Geigy/Butazolidin/A 12-Year Record of Clinical Success
US/US, 1964, Broschüre, Umschlag
Offset, 23.5 × 16.6 cm

gestreckten Verwaltungstraktes. Am 9. November 1956 wurden die ersten drei Gebäude bezogen, drei Jahre später waren sämtliche Laboratorien der Anlage fertiggestellt. An der Einweihungsfeier im Oktober 1959 nahmen schliesslich über 200 international anerkannte Wissenschaftler teil, darunter drei Nobelpreisträger. Erklärtes (und erreichtes) Ziel war es, dem Hause Geigy ein breites Medienecho in der amerikanischen Presse zu sichern.

In Übereinstimmung mit dem fortschrittlichen Firmenbild, das mit der Architektur sowie durch die topmoderne Einrichtung der Laboratorien in Ardsley unterstrichen wurde, sollte auch die Kunst, wie sie Honegger und Suter vorschwebte, den Bruch mit der Vergangenheit verdeutlichen.[20] ☒113 In Zusammenarbeit mit Georgine Oeri, der aus Basel stammenden Kunstkritikerin und Kuratorin am Guggenheim Museum in New York, wurde mit dem Ankauf von zwölf ungegenständlichen Werken der Grundstock zur Sammlung gelegt. Diese stammten je zur Hälfte von Schweizer und von amerikanischen Künstlern.[21] Als einmalige Angelegenheit galt hingegen der Direktauftrag an den Plastiker Harry Bertoia, der zur Einführung des Antidepressivums Tofranil 1959 mit dem Entwurf einer Eisenplastik betraut wurde. Bertoias kugelförmige, aus dem Zentrum beleuchtete Eisendraht-Figur *Sunburst* musste bei medizinischen Ausstellungen für das neue Produkt, einen so genannten Stimmungsaufheller, werben – und Geigy der amerikanischen Öffentlichkeit als kunstorientierte Firma präsentieren. Die dem jeweiligen Art Director des Design Studio unterstellte Kunstsammlung[22] sollte aber auch nach innen wirken und die Geigy-Belegschaft für die moderne Kunst sensibilisieren.[23]

Die Ära Fred Troller

Mit der Anstellung Trollers, der 1960 von Honegger als Art Director eingesetzt wurde, brachen die vielleicht fruchtbarsten sechs Jahre des Design Studio in Ardsley an. Dieses war nun der aufstrebenden Division der Pharma angegliedert, wo bereits 1960 275 Ärztebesucher, 40 Gruppenleiter und 36 Spitalbesucher mit Propagandamaterial versorgt werden mussten.[24] Ziel war es zunächst, das Design Studio und seine Arbeit gegen innen wie aussen transparenter und wirkungsvoller zu machen. ☒111 Troller, der in Zürich die Kunstgewerbeschule absolviert und sich dort in den 1950er Jahren ein eigenes Atelier aufgebaut hatte, gehörte weder zum Kreis der Basler Schule noch hatte er zuvor eine Anstellung bei Geigy inne.[25] Ebenso wenig war der 1930 geborene Gestalter mit dem harten Kern der Zürcher Konkreten verbandelt. Seine Besetzung erwies sich insofern als ideal, als er eine weltoffene, kreative und in künstlerischer Hinsicht sehr undogmatische, zeitgemässe Position vertrat. Offensichtlich gehörte Troller zu einer Generation von Grafikern, die die Ideale des Bauhauses hinsichtlich einer klaren Gestaltung zwar hochhielten, gleichermassen aber empfänglich waren für die visuellen Reize einer neu erwachenden (amerikanisch geprägten) Populärkultur.

Tatsächlich wäre Troller beinahe ein amerikanischer Filmstar geworden: 1954 waren er und seine Frau für *Cinerama Holiday* engagiert worden, dem erst zweiten Werk im neuen, extrem breitformatigen und einen 3-D-Effekt bewirkenden Cinerama-Verfahren.[26] Dass Troller fortan eine Prise Glamour anhaftete, war der neuen Aufgabe als Art Director bei Geigy Ardsley keineswegs abträglich. Ihm selber muss die Sache damals allerdings eher unangenehm gewesen sein: «Damals war es mir peinlich, die Geschichte zu erzählen; nach Hollywood zu gehen, entsprach so gar nicht dem, worum es mir im Leben ging.»[27]

Rasch gelang es Troller in Ardsley, ein engagiertes Team von Mitarbeitern aufzubauen. Neben den bereits bestehenden Grafikern konnte er eine Reihe neuer Talente aus der Schweiz und Amerika anstellen. Zum Art Department, wie die Einrichtung nun offiziell hiess, stiessen nacheinander Theo Welti aus dem Basler Geigy-Atelier, Markus Löw, ein vormaliger Lehrling Honeggers aus Zürich, und der Amerikaner John Greiner, der am Philadelphia Museum

113

⊠[113]
Anonym
Geigy Art Collection [Bildmotiv: «Mutual Invasion» von Leon Pollock Smith]
US/US, 1967, Broschüre, Umschlag
Offset, 20.3 × 20.3 cm

College of Art studiert und darauf anfangs der sechziger Jahre ein Jahr an der Allgemeinen Gewerbeschule in Basel verbracht hatte. Auch Philip Smythe war im Austausch mit Manchester für Ardsley tätig. Mitte der 1960er Jahre engagierte Troller dann Fred Witzig, der sich bereits seit 1950 als freischaffender Grafiker in New York aufgehalten und dort für so namhafte Magazine wie *Esquire* und *Fortune* gearbeitet hatte sowie Rolf Willimann aus dem Geigy-Grafik-Atelier in Basel. Schliesslich ergänzten die erste Grafikerin, Norma Updyke, sowie John Haines und der Basler Felix Muckenhirn das Team. Letztere ersetzten teilweise Mitarbeiter, die das Atelier bereits wieder verlassen hatten. ⊠[111], ⊠[116]

Wie aus der summarischen Aufzählung hervorgeht, setzte sich das Grafikerteam Trollers aus Persönlichkeiten verschiedenster künstlerischer Provenienz zusammen. Als Motivation für ihre Bewerbung bei Troller in Ardsley nannten alle die grosse Ausstrahlung, die damals von der Geigy-Grafik in Basel ausgegangen sei. Nach übereinstimmender Auskunft der ehemaligen Mitarbeitenden gab es jedoch keine unité de doctrine im Art Department. Troller versuchte vielmehr, den Gestaltungsfreiraum möglichst gross zu lassen. Um einer Routine im Denken vorzubeugen und dafür zu sorgen, dass der Blick auf die Sache stets frisch blieb, wurden die anfallenden Aufgaben – vom Inserat über die Gesprächshilfe für Ärztevertreter zur Konzeption der Hauszeitschrift – im Rotationsprinzip vergeben.[28]

Die einzige Sonderrolle, die das Art Department in Ardsley vorsah, war jene des «art consultant», eines externen Beraters, der Ideen liefern und für besondere Gestaltungsaufgaben herangezogen werden sollte. Diese Funktion wurde vom bekannten und angesehenen Grafiker George Giusti ausgeübt.[29] Giusti war zunächst in Ardsley aktiv[30], bevor er auch für das Atelier in Basel eine ganze Reihe einprägsamer symbolischer Kampagnen für das internationale Geigy-Geschäft realisierte. ⊠[136], ⊠[139], ⊠[163], ⊠[281–283], ⊠[299–300]

Nach dem Weggang Trollers im Jahr 1966 übernahm Theo Welti die Leitung des Studios. Dieser stellte schliesslich B. Martin Pedersen an, der später Schriftleiter von *Graphis* werden sollte, und mit John de Caesare einen weiteren US-Grafiker. 1968 erfolgte eine Firmenumstrukturierung, bei der die Pharmazeutische Abteilung sowie die Agrochemie aus Ardsley ausgegliedert wurden. Während das bisherige Design Studio bei der Pharma verblieb, wurde in Ardsley ein neues gegründet und direkt der Corporation unterstellt. Markus Löw wurde dessen Art Director, bevor Geigy 1970 schliesslich mit der CIBA fusionierte. Die Kunstsammlung blieb auch unter CIBA-Geigy bestehen, bevor sie 1996 durch die Fusion mit Sandoz zu Novartis zwischen Novartis und CIBA SC aufgeteilt wurde.[31]

Engagierte Grafik

Nach Ende des Zweiten Weltkrieges hatte New York Paris als kulturelles Zentrum der westlichen Welt bekanntlich abgelöst. Die in die USA übersiedelten Schweizer Grafiker wie auch die zugezogenen Amerikaner erfuhren die Stadt als überaus anregend, das künstlerische Klima fanden sie elektrisierend. Fred Troller und seine Kollegen erlebten, wie sich dies positiv auf ihre Arbeit auswirkte: «Das veränderte Umfeld in den Vereinigten Staaten hat meine Arbeit sehr positiv beeinflusst. Das dynamische Klima New Yorks und der internationale Touch der Leute dort schaffen eine Atmosphäre, die den schöpferischen Prozess anregt und inspiriert», schrieb Troller später.[32] Man mischte sich ins amerikanische Alltagsleben ein, nahm wahr, was rundherum passierte und partizipierte aktiv am Kulturleben der Stadt. Hierbei spielten die Kontakte zu exilierten Schweizer Künstlern wie Fritz Glarner, Xanti Schawinsky oder Herbert Matter eine nicht unbedeutende Rolle, wirkten diese doch als Türöffner zur amerikanischen Gesellschaft.[33] Fred Troller begann während dieser Zeit selber Kunst zu machen und diese in angesagten Galerien auszustellen. Allesamt waren die Geigy-Grafiker in Ardsley jung und experimentierfreudig.

⊠ 114
Fred Troller
Geigy Catalyst/16
US/US, 1964, Zeitschrift, Umschlag
Offset, 28 × 21.6 cm

⊠ 115
Fred Troller
Pure coincidence! [in: *Geigy Catalyst*/16]
US/US, 1964, Zeitschrift, Doppelseite
Offset, 28 × 43.2 cm

⊠ 116
Anonym
John Greiner, Fred Troller, Felix Muckenhirn, Markus Löw (von links nach rechts), beim Einrichten einer Ausstellung über Buchumschläge
US/US, 1967, Fotografie
8.9 × 11.4 cm

⊠ 117
Andy Warhol
Double Elvis
US/US, 1963, Druckgrafik
Siebdruckfarbe auf Metallfarbe auf grundierter Leinwand, 211 × 207 cm

⊠ 118
Fred Troller
Michael Gilligan (Foto)
Preludin/Inside the obese adolescent a slim one signals to be let out
US/US, 1963–65, Ärztemuster
Offset, 15 × 14.8 × 1.9 cm

⊠ 119
Fred Troller
Michael Gilligan (Foto)
Inside your obese patient a thin one signals to be let out.
US/US, 1963–65, Werbeprospekt
Offset Kornraster, 34.9 × 17 cm

114

116

PURE COINCIDENCE!

Both President Lincoln and President Kennedy were concerned with the issue of civil rights.
Lincoln was elected in 1860, Kennedy in 1960.
Both were slain on Friday, and in the presence of their wives.
Both were shot from behind, and in the head.
Their successors, both named Johnson, were Southern Democrats and were both in the Senate.
Andrew Johnson was born in 1808.
Lyndon Johnson was born in 1908.
John Wilkes Booth was born in 1839, Lee Harvey Oswald was born in 1939.
Booth and Oswald were Southerners favoring unpopular ideas.
Booth and Oswald were both assassinated before going to trial.
Both presidents' wives lost children through death while in the White House.
Lincoln's secretary, whose name was Kennedy, advised him not to go to the theatre. Kennedy's secretary, whose name was Lincoln, advised him not to go to Dallas.
John Wilkes Booth shot Lincoln in a theatre and ran to a warehouse. Oswald shot Kennedy from a warehouse and ran to a theatre.
The names, Lincoln and Kennedy, each contain seven letters.
The names, Andrew Johnson and Lyndon Johnson, each contain thirteen letters.
The names, John Wilkes Booth and Lee Harvey Oswald, each contain fifteen letters.

Ironical!

20 21

115

118

117

119

120

⊠ 120
Fred Troller
Geigy service with you in mind/Stretch fabrics/Geigy Dyestuffs
US/US, 1961–65, Inserat
Offset, 36 × 23.7 cm

Trotz oder gerade wegen einer gewissen Lässigkeit im persönlichen Habitus verstand sich Troller zunehmend – und im Einklang mit dem Geist der anbrechenden 68er Jahre – als ein ethisch wie ästhetisch engagierter Gestalter. Er war der Überzeugung, dass der Grafiker eine grosse Verantwortung dafür trage, wie die Welt von morgen aussehe und wie die Leute diese wahrnehmen. Deshalb forderte er Engagement und persönliche Stellungnahme von ihm: «Wenn der Grafiker eine beliebige Werbeidee, die auf seinem Zeichentisch landet, einfach ausführt, ohne sich ein eigenes Urteil zu bilden, dann wird er zur Marionette. Als Profi sollte er grafische Lösungen getreu seinen höchsten ethischen und ästhetischen Prinzipien entwickeln.»[34] So verstanden leiste ‹gute Gestaltung› («good design») nicht nur einen wichtigen Beitrag an die Umwelt, sondern verkaufe auch Ideen und Produkte.

Den Hintergrund dieser Aussage bildete die kommerzialisierte Werbegrafik. Mit der vom Werkbund einst als Zauberformel propagierten «guten Form» allein war den Anforderungen der Zeit nicht mehr beizukommen. Dies erst recht nicht in Amerika, wo selbst kleine chemische Unternehmen wie die Geigy Chemical Corporation unter enormem Konkurrenzdruck standen und die staatlichen Regulationen den gestalterischen Spielraum stark einengten. Wie sollten unter solchen Umständen höchste ethische und ästhetische Prinzipien hochgehalten werden, wie dies Troller anmahnte, und wie sollte sich eine Stellungnahme des Grafikers seinem Gegenstand gegenüber allenfalls manifestieren? Naturgemäss fällt es zunächst leichter, eine mögliche Antwort darauf an den nicht für den Verkauf bestimmten, so genannten «Prestige»-Publikationen festzumachen, für die das Grafikatelier in Ardsley ebenfalls verantwortlich zeichnete. Allen voran ist hier die Hauszeitschrift *Catalyst* zu nennen. Seit 1960 in unregelmässigen Abständen erscheinend, wurde sie, neben ihrer eigentlichen Funktion als Informationsmedium der im ganzen Land verstreuten Geigy-Mitarbeiter, zu einem Aushängeschild des Design Studio, indem sich hier die einzelnen Grafiker individuell profilieren konnten. So gibt es Ausgaben, die namentlich erwähnt von Greiner, Haines, Kramer, Löw oder Muckenhirn gestaltet – und durch ihre Handschrift und ihre Haltung geprägt – wurden. ⊠ 377–380 Der Beitrag, den *Catalyst* folglich für die Rezeption der amerikanischen Geigy-Grafik leistete, ist deshalb nicht zu übersehen. Es gab keine Rezension, in der *Catalyst* nicht erwähnt oder einzelne Hefte abgebildet worden wären.

Die Ausgabe Nr. 16 vom Sommer 1964, die die bevorstehenden Wahlen nach der Ermordung John F. Kennedys im November 1963 zum Anlass nimmt, ist gestalterisch herausragend und in unserem Zusammenhang aufschlussreich. ⊠ 114–115 Das von Fred Troller entworfene Cover besteht aus je einer hellgrauen, einer roten und einer graublauen Druckschicht auf dunkelblauem Papier – eine gedämpfte farbliche Anspielung auf die amerikanische Flagge? –, während die Innenseiten umgekehrt in Dunkelrot und Dunkelblau auf hellem Papier gedruckt sind. Durch das Überlagern einzelner Bilder oder Motive in unterschiedlichen Farbschichten ergibt sich so einerseits ein leichter Flimmereffekt. Die auf dem Cover in Schichten aufgetragene Druckfarbe bewirkt anderseits, dass die plane Bildoberfläche Tiefe, und das Ganze einen leichten 3-D-Effekt erhält. Die serielle Bildkomposition auf dem Einband suggeriert Repetition und verbindet sich dabei mit dem dargestellten Sujet, indem hier vergrössert ein Ausschnitt einer so genannten «Voting Machine» gezeigt wird. Die um ein leeres Mittelfeld konzentrierte Komposition im Innern rückt hingegen das Porträt John F. Kennedys ins Zentrum des Interesses. Wahlrecht und Wahlsystem waren Mitte der 1960er Jahre heiss diskutierte Themen, die zu Jugendprotesten und schliesslich zu neuen Wahlmodi führten, so dass sich 1965 250.000 Afro-Amerikaner neu für die Wahlen registrieren lassen konnten. Bis in die frühen 1960er Jahre wurde in den meisten Staaten mit der so genannten «Gear-and-Lever-Voting Machine» gewählt. Dieses System wurde nun zum Zeitpunkt des Erscheinens des besagten Heftes durch das Lochkartenprinzip abgelöst, welches weniger Diskriminierung versprach.[35] ‹Voting machine› und ‹Kennedy› können deshalb als Chiffren für eine Haltung, die das Demokratieverständnis Amerikas kritisch hinterfragt, gelesen werden.

⊠ 121
Markus Löw
Textile auxiliaries/Geigy Dyestuffs
US/US, 1963–65, Inserat
Offset, 28.4 × 20.4 cm

⊠ 122
Harold Pattek
Nothing you can do to your detergent, fabric softener or laundry speciality is more effective than adding a Tinopal fluorescent brightener
US/US, 1960–64, Broschüre, Andruck
Buchdruck, 25.3 × 21.8 cm

⊠ 123
Burton Kramer
Geigy Dyestuffs/Tinopal ... a white for every fiber.
US/US, 1961, Inserat
Buchdruck, 32.9 × 26.9 cm

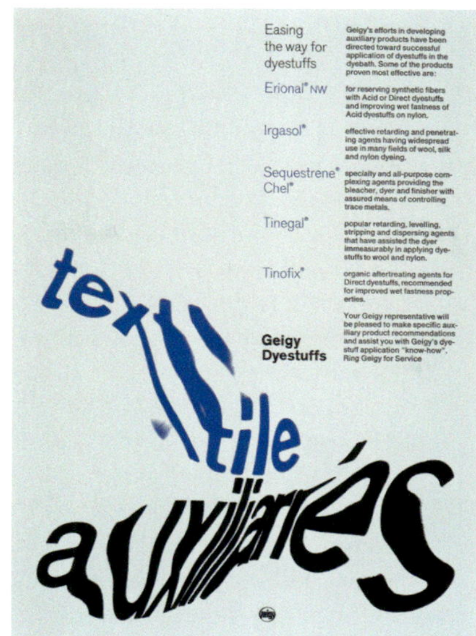

121

122

123

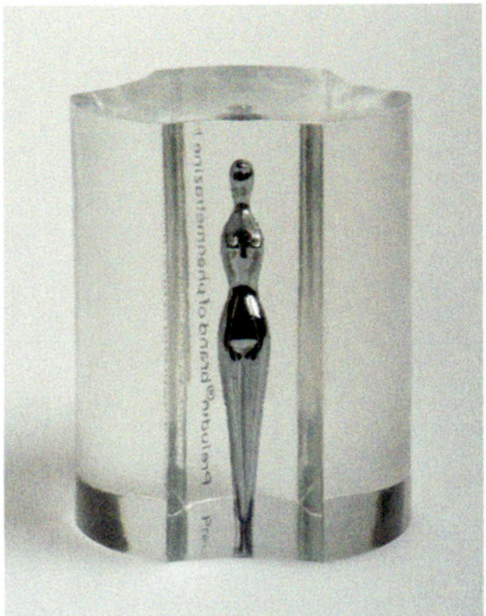

124

125

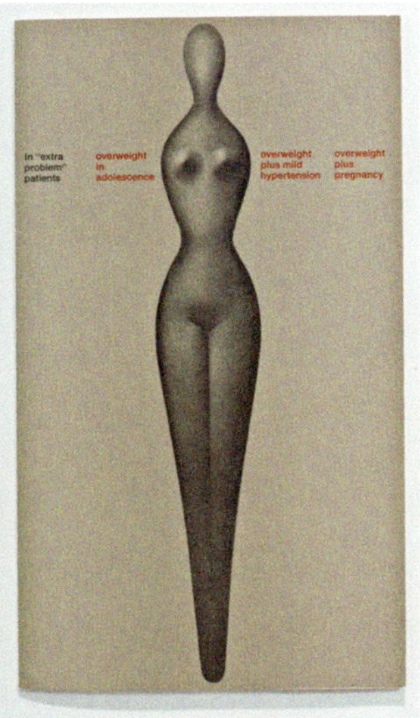

126

⊠ 124–125
John Greiner, Fred Troller
Preludin Werbegeschenk für Ärzte
US/US, ca. 1965, Briefbeschwerer
Metallfigur in Plexiglas, 5.6 × 4.5 cm

⊠ 126
Fred Troller, Fred Witzig
In «extra problem» patients [Preludin]
US/US, ca. 1965, Werbeprospekt
Offset, 24.2 × 14 cm

Preludin

Im Rückblick mag die Frage auftauchen, welches Image die chemische Industrie in den 1960er Jahren in den USA besass. Und ob mit den Jugendunruhen von 1968 auch diesbezüglich ein Wertewandel einsetzte. Bekannt ist, dass die Thalidomid- oder Contergan-Affäre der Firma Grünenthal von 1961 – einer der aufsehenerregendsten Arzneimittelskandale – gerade in den USA zu einer generellen Zurückhaltung gegenüber Medikamenten geführt hatte. Für Geigy Amerika blieb er nicht ohne konkrete Folgen, konnte 1962 doch kein einziges neues Geigy-Medikament auf den amerikanischen Markt gebracht werden, da die Food and Drug Administration FDA neue Präparate (aus Europa) besonders kritisch prüfte.[36] Umso stärker konzentrierte sich die Propaganda bei Geigy USA auf die sich bereits im Handel befindlichen Medikamente. Mit Preludin[37], einem Appetithemmer oder Schlankmacher, hatte die Geigy Corporation seit 1956 ein Produkt im Sortiment, das mit Spitzenumsätzen das Standbein der pharmazeutischen Abteilung bildete.[38] Allerdings war auch Preludin nicht unumstritten, hatte das Amphetamin-Derivat doch in verschiedenen Ländern Europas seiner euphorisierenden und die Müdigkeit unterdrückenden Wirkung wegen zu Drogenmissbrauch geführt.[39] Zu den Preludin-Konsumenten hatten offensichtlich auch die damals blutjungen Beatles gehört, die 1961 in der Hamburger St. Pauli-Szene debütierten und ausgiebig mit «sex, drugs, and rock'n'roll» experimentierten.[40] Bei Geigy führten ein leichter Rückgang des Preludin-Absatzes sowie die Blockade bei der Einführung neuer Präparate um 1962 zur Lancierung einer prägnanten Preludin-Kampagne.[41]

Selbstverständlich spricht die Preludin-Werbung weder von Drogen, noch von Rock'n'Roll. ⊠118–119 Als Adressat der Werbebotschaft war eine aufgeklärte Ärzteschaft anvisiert, der die Tauglichkeit des Medikaments für den amerikanischen Durchschnittsbürger – die Hausfrau, das adoleszente Mädchen, den Koch oder den Soldaten – vor Augen geführt wurde, mit dem Zusatz «keine übertriebene Stimulierung». Den Anstoss für das grafische Grundmotiv einer schlanken Frauen- oder Männerfigur, die sich aus ihrem dickleibigen alter ego befreit, lieferte das Zitat des populären englischen Novellisten Cyrill Connolly: «In jedem dicken Mensch steckt ein dünner, der wild herumgestikuliert, um herausgelassen zu werden», das damals wohl zum Repertoire allgemein verfügbarer Sprüche zählte (und nun bei der Preludin-Werbung auch in sprachlichen Abwandlungen vorkommt).[42] Von Fotografien aus Zeitschriften oder Zeitungen ausgehend, hat Troller ähnlich der filmischen Montage zwei Phasen oder zeitliche Momente in- oder nebeneinander gestellt. Bei genauem Hinsehen haben die Fotografien in beiden Fällen eine aufwändige künstlerische Bearbeitung hinter sich, vergleichbar etwa den musikalischen Experimenten John Cages, wo Töne zerdehnt oder komprimiert wurden. Dabei zeitigt das Verfahren eine äusserst expressive Wirkung. Hier liegt vermutlich auch der Clou – oder das Engagement? – der Trollerschen Preludin-Kampagne: Preludin wird nicht über die Ästhetik des Schlankseins angepriesen und auch nicht medizinisch, sondern über den psychischen oder psychologischen Effekt.

Fotografie war in den sechziger Jahren ein bevorzugtes Medium der Werbung. ⊠127–129, ⊠166 In Amerika gehörte sie bereits seit längerem zum Standard-Propaganda-Repertoire, da in Reklamen mehrheitlich realistische Darstellungen bevorzugt wurden. Fred Troller lag sie auch insofern nahe, als er mit seiner Ehefrau eine Fotografin an der Seite hatte.[43] Soviel bekannt ist, arbeitete das Art Department je nach Situation und Budget mit internen (vornehmlich Hans Haehn) oder externen Fotografen zusammen. Meist blieben die Urheber der Fotografien anonym. In den Vereinigten Staaten war überdies die Tendenz verbreitet, medizinischen oder pharmazeutischen Themen mittels quasi-dokumentarischen Fotografien den Anstrich von Wissenschaftlichkeit zu geben. Im Kontrast dazu setzten die Grafiker bei Geigy in New York ganz auf die Fotografie als ein künstlerisches und gestalterisch manipulierbares Medium. Für die Preludin-Werbung kamen das Kodalith-Verfahren und die Überdrucktechnik («overprinting») zum Einsatz,

☒ 127
Fred Troller
Geigy Dyestuffs/Tinolite Fast pigment colors
US/US, 1964, Inserat, Andruck
Offset, 35.5 × 26.7 cm

☒ 128
Fred Witzig
Persantin/protects the heart patient against the daily crises of ischemic heart disease
US/US, ca. 1964, Versandumschlag
Offset, 27 × 9.9 cm

☒ 129
Fred Witzig
Persantin Geigy/helps your heart patients as shown in two new controlled studies
US/US, 1964, Versandumschlag
Offset, 27 × 9.9 cm

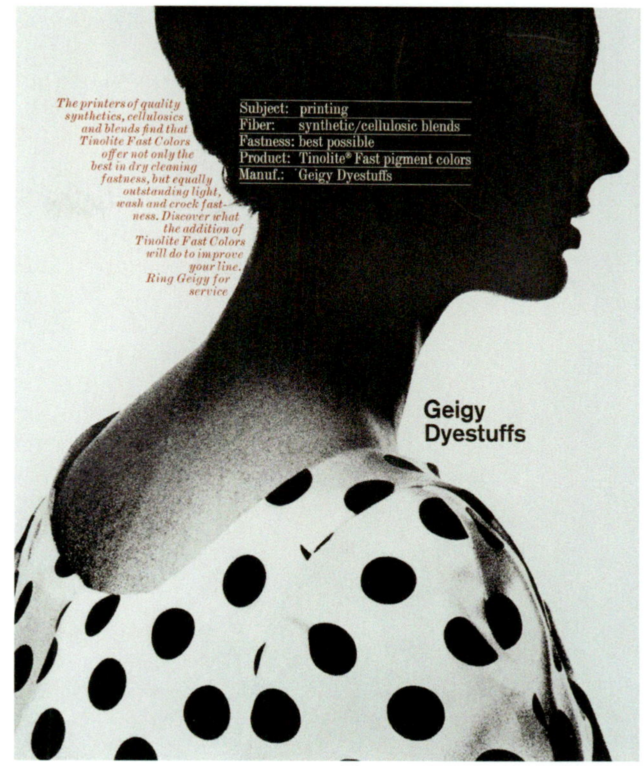

127

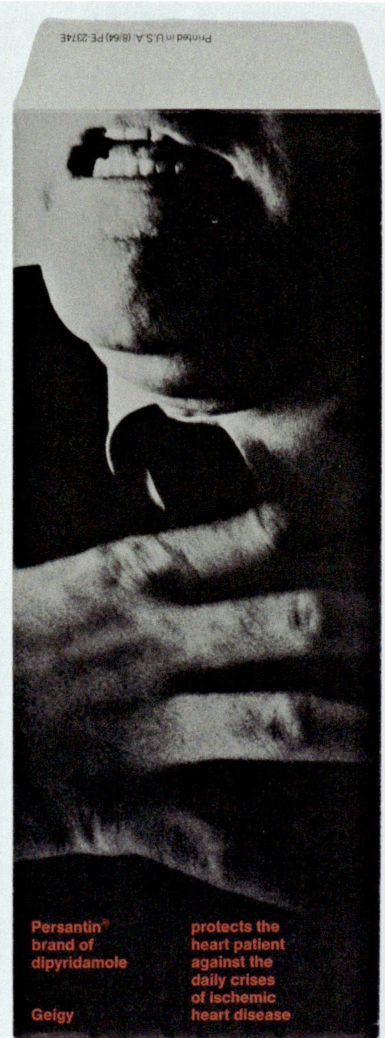

128

129

⊠ 130–131
Fred Troller
Sterazolidin arthritis/Geigy
US/US, o. J., Aus einer Serie von 4 Broschüren in Karteikartenformat
Offset, 8.9 × 12.8 cm

⊠ 132
Felix Muckenhirn
Werner Muckenhirn (Foto)
The Depressed Parent: «Kathy – we love you.»/Tofranil Geigy
US/US, ca. 1968, Inserat
Buchdruck, 21 × 28.4 cm

⊠ 133
Peter Blake, Jann Haworth
Michael Cooper (Foto)
Beatles/Sgt. Peppers Lonely Hearts Club Band
UK/UK, 1967, Schallplattenhülle
Offset, 31.2 × 31.5 cm

⊠ 134
Theo Welti
New Regroton/lowers blood pressure/acts round the clock/Geigy
US/US, ca. 1965, Werbeprospekt
Offset, 46 × 46 cm

⊠ 135
Fred Troller
Plan of action 1
US/US, ca. 1963–64, Ordnerumschlag, Andruck
Offset, Karton, 29 × 52.1 cm

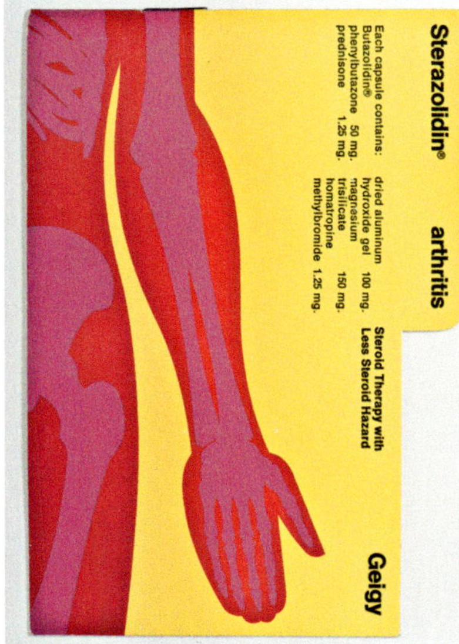

130

131

The Depressed Parent: "Kathy – we love you."

MISSING
KATHY MILLER
$500 REWARD
FOR INFORMATION CONCERNING HER WHEREABOUTS

"Why can't we talk?"

Loss of the ability of one generation to communicate with another is tragic. For a parent, the sense of guilt, shame and anguish following such a loss may lead to pathologic depression.

When you diagnose depression, Tofrānil may be indicated for relief.

As maintenance therapy during the active phase of depression, Tofrānil can often help prevent relapse.

The use of Tofrānil in patients receiving M.A.O.I.'s is contraindicated. In patients with cardiovascular disease, thyroid disorders, increased intraocular pressure; in those receiving anticholinergics (including antiparkinsonism agents), thyroid medication or antihypertensive adrenergic neuron-blocking agents; and in those in their first trimester of pregnancy—the special precautions listed in the Prescribing Information should be carefully observed.

Toxic reactions severe enough to require discontinuation of Tofrānil are uncommon. However, for complete details, please refer to the complete Prescribing Information.

Turn page for brief summary of Prescribing Information.

in depression Tofrānil® imipramine hydrochloride
Geigy

132

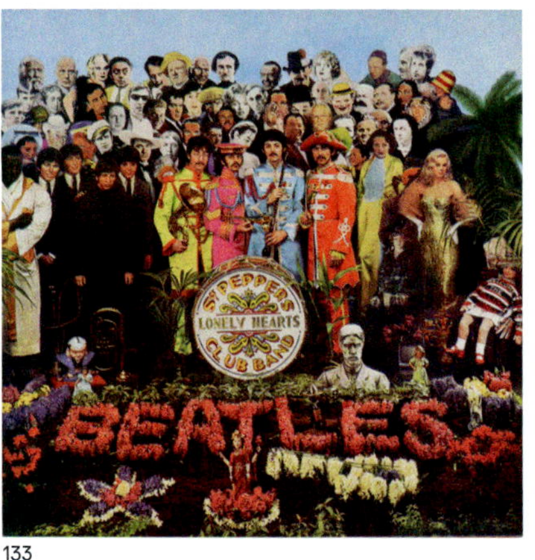

133

acts round the clock
lowers blood pressure
Geigy Pharmaceuticals
Division of Geigy Chemical Corporation
Ardsley, New York
Bulk Rate
U.S. Postage
Paid
Fairview, N.J.
Permit No. 217
new Regroton
Geigy

134

1
Geigy
1
plan of action

135

136
George Giusti
Die Geigy-Werbeabteilung ist – gemessen an der Herkunft der Firma – noch jung.
[in: *Geigy-Werbeabteilung*]
CH/CH/DE, 1966, Broschüre, Doppelseite
Offset, 34.5 x 54 cm

137
Fred Troller
You Said a Mouthful, Bub!/When the Most is a Must – Ring Geigy for Service/Geigy Dyestuffs
US/US, ca. 1964, Inserat in Malbuch
Offset, 27.9 × 43.2 cm

138
Fred Troller
For service flavored to your individual taste – Ring Geigy for Service/Geigy Dyestuffs
US/US, 1963, Aus einer Serie von 12 Inseraten
Buchdruck, 30.6 × 23 cm

136

137

138

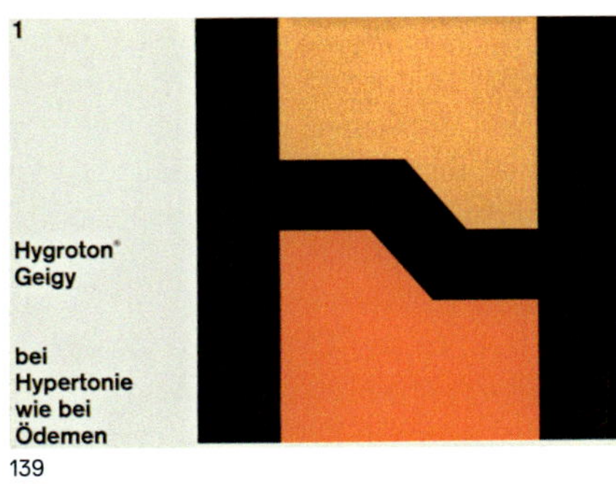

139

⊠139
George Giusti
Hygroton Geigy/bei Hypertonie wie bei Ödemen
CH/CH, ca. 1962, Werbekarte
Offset, 14.8 × 21 cm

mit denen Troller den expressiven (oder psychologischen) Gehalt der Fotografie verstärkte – und mithin sein Markenzeichen festigte. ⊠119

Eine dreidimensionale Variante der Preludin-Werbung, von Greiner und Troller gestaltet, spielt schliesslich mit dem Effekt der optischen Wahrnehmung: Eine kleine Metallfigur erscheint einmal schlank, dann wiederum dick, je nachdem, ob man durch die konvexe oder konkave Partie des Plexiglases schaut. Das Objekt war als Briefbeschwerer für den Arzt gedacht und gehörte in die Kategorie der so genannten «gimmicks», amüsanten, günstigen Werbegeschenken. ⊠124–126

Schweizer «Look» und amerikanisches Kolorit

Sowohl in der Fremd- wie in der Eigenwahrnehmung taucht wiederholt der Topos auf, die Grafik der Geigy Chemical Corporation hebe sich vornehmlich durch ihre Andersartigkeit von der amerikanischen (Chemie-) Werbung ab. «In Amerika erregt dieser Stil Aufmerksamkeit», steht in einem Aufsatz über die amerikanische Geigy-Grafik zu lesen, «weil er sich auf erfrischende Weise abhebt vom landesüblichen Stil.»[44] In einer Reihe von Anzeigen etwa, die für optische Aufheller und dehnbare Fasern werben, ist der Ansatz einer auf das Essenzielle reduzierten Bildformel unverkennbar. ⊠120,⊠122–123 Die beworbenen Eigenschaften – Farbechtheit, Leuchtkraft, Wasserresistenz, Geschmeidigkeit etc. – scheinen für diese Art abstrakt-symbolischer Bildsprache geradezu prädestiniert, wie die Beispiele von Haines und Kramer zeigen. Selbst bei Experimenten mit der Schrift, wie etwa von Löw für die Farbstoffabteilung ⊠121 oder bei der umfassenden Neugestaltung der ganzen agrochemischen Produktpalette ⊠337–349, dominiert letztlich die präzise und sparsame typografische Setzung. Als unantastbar gelten die ausschliessliche Verwendung der Akzidenz Grotesk, der Flattersatz sowie kurze Zeilen. In diesem Sinne verstanden ist denn der «look»[45] der amerikanischen Geigy-Grafik tendenziell «swiss».

Das lokale Kolorit hingegen ist unverkennbar amerikanisch. Als Beispiel hierfür lässt sich etwa die besonders ausgeprägte Beziehung zwischen Text- und Bildebene anführen, die nicht nur in der Preludin-Werbung deutlich wird. In einer Serie von Inseraten Trollers für die Farbstoffabteilung sind comicartige Strichfiguren dergestalt mit bekannten Redewendungen verknüpft, dass daraus Ironie oder Witz resultiert. Dieser ist nun seinerseits nur im amerikanischen Kontext verständlich. ⊠137–138,⊠219–224 Zur Charakteristik der im Troller-Team in Ardsley konzipierten Grafik gehörte ausserdem, dass sie sich nicht an einer zeitgenössischen amerikanischen Strömung allein orientierte, sondern dass diverse Trends, ähnlich den im Team praktizierten verschiedenen Handschriften, wie selbstverständlich ihren Niederschlag fanden oder experimentell erprobt wurden. Kamen die visuellen Anregungen für Troller im einen Fall stark von der noch jungen Pop Art oder der Op Art,[46] so zeigten andere minimalistische Tendenzen. ⊠105 Der Schriftsteller Jürg Federspiel, der lange Jahre in New York lebte, schrieb 1967 über den Künstler Fred Troller: «Aus Europa kommend, bedrückten und beeindruckten ihn die punktuelle Buntheit der industriellen Umwelt und die rasanten Formen der Technik und das Ultratechnoicum.»[47] In mehreren Beispielen hinterliess ganz allgemein die Ästhetik des Pop-Zeitalters ihre Spuren in der Geigy-Grafik: wenige, aber grell leuchtende Farbkontraste, eine Dominanz der Farbtöne Orange, Gelb, Violett, wie in Trollers Tanderil-Ärztemustern, fliessende Linien oder aufgeblasene Schriften, wie in Weltis Faltblatt für new Regroton, Psychedelik, wie in der vergrösserten Aufnahme einer Hirnstruktur (Troller) oder Neo-Dada. ⊠130–135 Die von Felix Muckenhirn entworfene Kampagne für das Antidepressivum Tofranil ging gestalterisch (Elemente der Subkultur, Graffiti) wie inhaltlich (Vermisstanzeige) wohl bis an die Grenze dessen, was sich eine pharmazeutische Firma zu jener Zeit leisten konnte.

Die amerikanische Geigy-Grafik als mitverantwortlich für die Herausbildung des so genannten «Swiss Style» zu bezeichnen, wie dies in eingeweihten

Kreisen in den späten 1960er Jahren geschah[48] und wie es in der Rezeption von heute mehr oder weniger explizit geschieht[49], ist dann wohl richtig, wenn man darunter eine spezifisch amerikanische Variante einer Grafik versteht, die in Ländern wie der Schweiz oder Deutschland ihren Ursprung hat. Demzufolge wäre damit nicht primär der direkte Export schweizerischen Gestaltens gemeint, wie ihn Grafiker wie Josef Müller-Brockmann oder Armin Hofmann in den 1950er Jahren betrieben, sondern vielmehr die Umformung und Weiterentwicklung dieser Tradition vor Ort. So gehörten amerikanische Gestalter wie Paul Rand mit seinen Arbeiten für IBM oder Massimo Vignelli, der für Knoll arbeitete und später die Beschriftung des New Yorker U-Bahn-Systems gestaltete, ebenso in diesen typisch amerikanischen Kontext.[50] ⊠173 Verglichen mit Rands und vor allem Vignellis streng modernem «look» war die Grafik des amerikanischen Geigy-Teams letztlich jedoch postmodern – vergleichbar der Grafik, die etwa Stephan Geissbühler gleichzeitig für Geigy in Basel realisierte – und hatte so gesehen nurmehr die Ausgangsbasis gemeinsam mit dem «Swiss Style».

1 Ohchi, 1966, S. 4.
2 «Graphics at Geigy», ca. 1964, S. 33.
3 Eine Ausstellung fand vom 20. Januar bis zum 26. Februar 1965 in der *Gallery 303* in New York statt, einem wichtigen Treffpunkt der amerikanischen Gestalterszene der 1960er Jahre, eine zweite Ausstellung wurde im Frühjahr 1967 an der Princeton School of Architecture gezeigt.
4 McDonald, 1965, S. 400.
5 Troller, 1966, S. 7.
6 Ohchi, 1966, S. 4.
7 Troller, 1966, S. 8.
8 Remington, 2003, S. 139 und S. 172.
9 EfvK, 1965, S. 33–41.
10 Schilder Bär, 1994, S. 89.
11 Schaub, 2007; Honegger, 2007.
12 Allerdings arbeiteten sowohl Igildo Biesele als auch Jürg Schaub ausschliesslich für die pharmazeutische Abteilung; vgl. Biesele, 2008.
13 L.W. Frohlich and Company, Inc. arbeitete gleichzeitig auch für zahlreiche andere pharmazeutische Firmen, vgl. etwa Herdeg, 1959, S. 181.
14 Becker, 1957.
15 Vgl. Suter, 1960.
16 Seit 1950 galten die USA beim Geigy-Konzern in Basel als das wichtigste Absatzland der pharmazeutischen Abteilung; vgl. *JbpharmaA*, 1950ff.
17 Becker, 1959.
18 Der Architekt Martin Burckhardt, der als Hausarchitekt von Geigy in Basel galt, wirkte in Amerika als «technischer Berater des Relocation Committees»; er war primär verantwortlich für den Masterplan, d. h. die Aufteilung der Bauparzelle in verschiedene Funktionszonen, vgl. Becker, 1957, S. 46.
19 SOM wurde 1950 als erstem Architekturbüro eine Einzelausstellung im Museum of Modern Art MoMA gewährt. Es kann gut sein, dass Carl A. Suter die Architekten anlässlich dieser Ausstellung im MoMA persönlich kennengelernt hatte, gehörte er doch zum Kreis exklusiver MoMA-Mitglieder.
20 «Geigy is interested in art because modern art harmonizes well with modern architecture», in: Suter, 1964.
21 Löw, 1968, S. 14–15.
22 In der Sammlung fanden sich auch Werke von Honegger und Troller; vgl. *Geigy Art Collection*, 1967.
23 Die «art education» in Ardsley umfasste ein speziell für die Cafeteria konzipiertes Ausstellungsprogramm sowie Vortragsabende oder Diskussionsrunden zur modernen Kunst, vgl. Troller, 1963.
24 *JbpharmaA*, 1960, S. 5. Das Art Studio arbeitete denn auch hauptsächlich für die Pharma, während für die umsatzmässig grösste Abteilung der Agrochemikalien weiterhin spezialisierte amerikanische Agenturen zuständig waren.
25 Vermutlich wurde er aber im Hinblick auf seine Anstellung in Ardsley kurz mit den Gepflogenheiten des Basler Ateliers bekannt gemacht.
26 Vgl. *Cinerama Holiday*, o. J.
27 Hopkins, 1987.
28 Troller, 1966, S. 7.
29 Da Dokumente fehlen, die Aufgaben und Stellung Giustis in der Firma präzisieren würden, kann über seine genaue Rolle nur gemutmasst werden.
30 Giusti, 1961.
31 Nach übereinstimmenden Aussagen von Markus Löw und Sigrid Bovensiepen, die bis zur Fusion 1996 den Aufbau einer Sammlung mit Schweizer Plakaten bei CIBA-Geigy in Ardsley und nach ihrer Pensionierung bis 1999 die Kunstsammlung weiter betreute.
32 Troller, 1973.
33 Aus Interviews der Autorin mit vormaligen Geigy-Grafikern aus Ardsley.
34 Troller, 1973.
35 Vgl. http://americanhistory.si.edu/vote.
36 *JbpharmaA*, 1962.
37 Das Medikament wurde von Böhringer Ingelheim 1954 auf den Markt gebracht und in den USA durch die Geigy Corporation vertrieben.
38 *JbpharmaA*, 1956–65.
39 Vgl. http://en.wikipedia.org/wiki/Phenmetrazine#column-one.
40 Vgl. http://anothergirl83.tripod.com/id150.
41 Der Preludin-Vertrieb kam allerdings bereits ab 1966 ins Stocken, da die FDA ein verschärftes Amphetamin-Gesetz erliess; vgl. *JbpharmaA*, 1966.
42 Das Zitat stammte aus *The Unquiet Grave*, einem 1944 erschienenen Roman in Fragmenten.
43 Beatrice Troller-Stoecklin veröffentlichte neben künstlerischen Arbeiten Reportagen für die Neue Zürcher Zeitung zusammen mit dem ebenfalls in New York lebenden Schriftsteller Jürg Federspiel.
44 «Graphics at Geigy», ca. 1965, S. 36.
45 «all suggest a look that is generally associated with European graphic design, particularly the German and Swiss varieties.», in: «Graphics at Geigy», ca. 1965, S. 36.
46 Troller selber hatte 1965 an einer Ausstellung junger Künstler im Whitney Museum of American Art teilgenommen, in der die Pop und Op Art den Trend setzten; vgl. Smith, 1965.
47 Federspiel, 1967, S. 7.
48 Vgl. Ammann, ca. 1968a; Ammann, ca. 1968b.
49 Vgl. Hollis, 1994, S. 135; Hollis, 2006, S. 252ff.; Owens, 2002, S. 70–77.
50 Mit beiden war Troller auch persönlich aufs engste verbunden; für Rand entwarf Troller schliesslich den Grabstein.

«The clean cool look» – Geigy-Grafik in Grossbritannien

Andres Janser

Tablet identification chart

Geigy

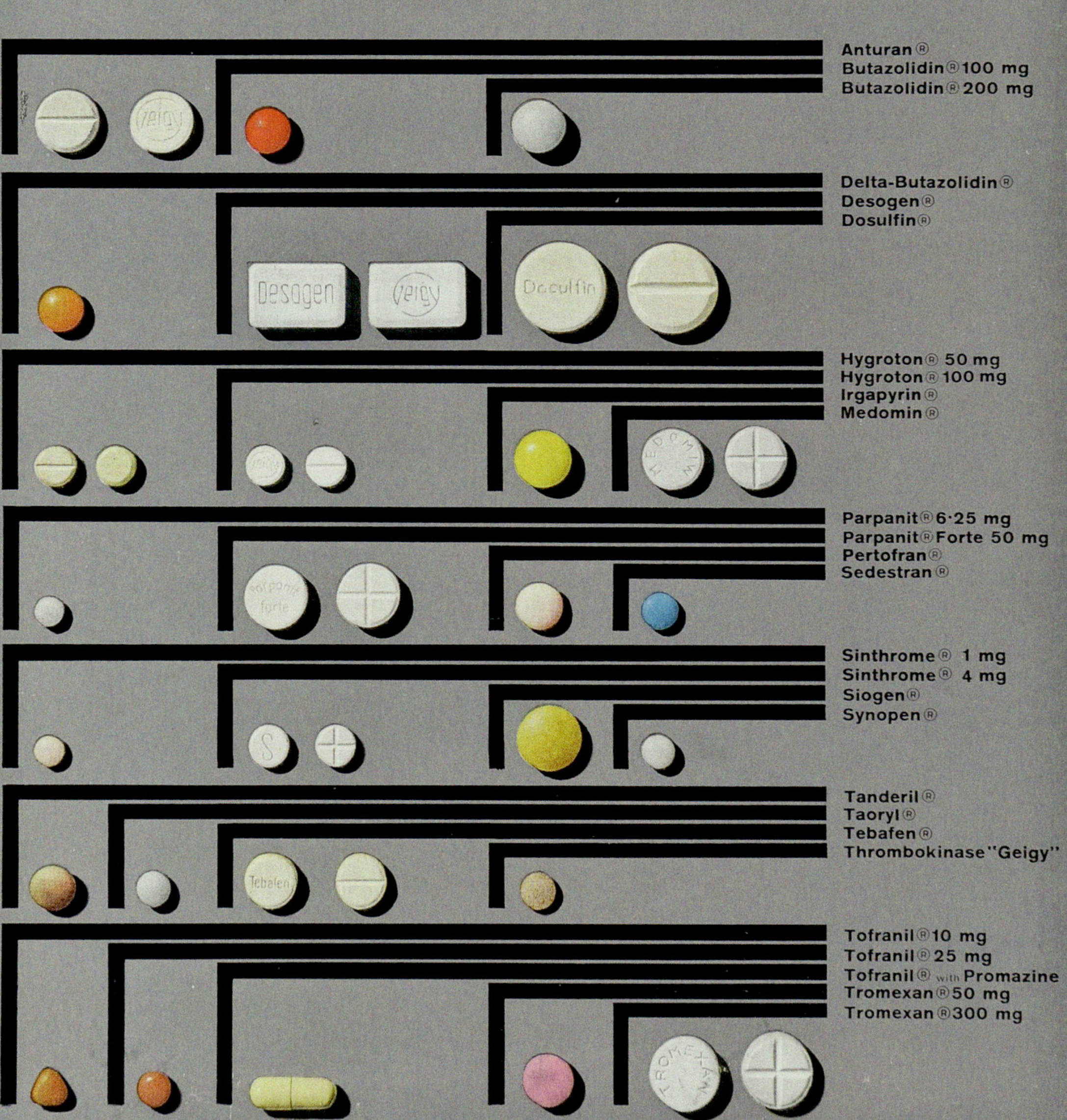

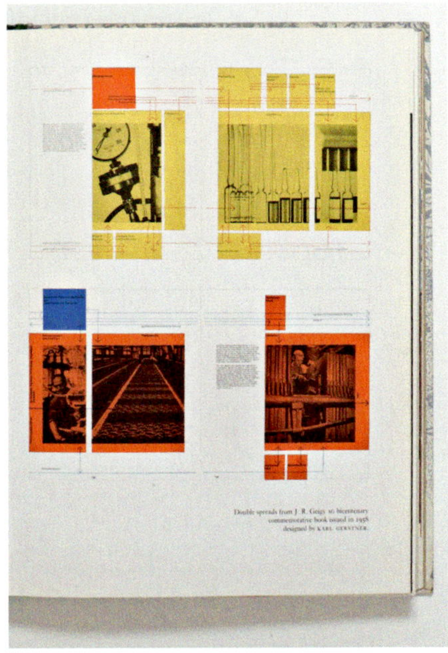

141

← ⊠ 140
Keith Potts
Tablet identification chart/Geigy
UK/UK, 1962–63, Inserat
Offset, 25.5 × 18.8 cm

⊠ 141
Anonym, Karl Gerstner (Motiv)
Double spreads from J. R. Geigy A. G. bicentenary commemorative book issued in 1958 designed by Karl Gerstner [in: *The Penrose Annual*]
CH/UK, 1960, Buchseite
Buchdruck, 28.6 × 21.5 cm

«Herrgottnochmal, warum können wir nicht alle im zwanzigsten Jahrhundert zusammenleben und dieselbe Bildsprache benutzen? Wir haben die Gelegenheit, den Überschwang der Amerikaner mit der Ordnungsliebe der Schweizer zu etwas zu verbinden, das zweckdienlicher ist als beide für sich genommen.»[1] Mit diesem Stossseufzer leitete Ken Garland 1960 den Schluss seines massgeblichen Versuches ein, frischen Wind in die nicht nur seiner Ansicht nach rückständige britische Grafiklandschaft[2] zu blasen. Als herausragender Vertreter einer jüngeren Generation von Schweizer Gestaltern, die er während eines zweimonatigen Aufenthaltes in der Schweiz teils persönlich kennengelernt hatte, galt ihm Karl Gerstner. Zum Beleg sowohl für eine gereifte Moderne, in die diese Generation hinein geboren worden sei, als auch für die Wichtigkeit von «grossen und einflussreichen Produktionsbetrieben wie Geigy-Pharma als überzeugte Auftraggeber»[3] zeigte Garland im Grafik-Jahrbuch *Penrose Annual* denn auch Doppelseiten aus der 1958 erschienenen Jubiläumspublikation *Geigy heute*. ⊠141 Vergleichbaren Beispielen von Schweizer Grafik – verstanden als Resultate einer rationalen, das Persönliche minimierenden und somit übertragbaren Methodik – konnten britische Gestalter wie Dennis Bailey etwa in Zeitschriften wie *Graphis* und der 1958 gegründeten *Neue Grafik/New Graphic Design/Graphisme acuel* begegnen.

Ähnlich wie Bailey, der 1956 selber in Zürich für *Graphis* gearbeitet hatte, als dort Lawrence Alloways Beitrag «Geigy: Ein konsequent durchgeführter Firmenstil» erschien,[4] richtete Garland mit Optimismus, und wohl auch etwas Neid, den Blick sowohl über den Atlantik als auch über den Kanal – und dort eben auch auf Geigy –, um so grundsätzlich zu einer neuen, spezifisch britischen Synthese zu gelangen. Roger S. Newton hingegen, Deputy Head of Promotion des britischen Pharmazweiges von Geigy, plädierte im unmittelbar nachfolgend im *Penrose Annual* abgedruckten Aufsatz zur Werbung für Medikamente für den direkten Import von Grafik und Werbung. Und er führte für solch puristisch scheinendes Verhalten vor allem ökonomische Gründe an. Denn für länderübergreifend tätige Konzerne, wie es auch jene der Chemiebranche meist waren, sei die Entwicklung und Pflege eines Hausstils unerlässlich. Zudem habe man es mit einer anspruchsvollen Klientel zu tun: «Ich bin überzeugt, dass bei den Arzneimitteln der professionelle Charakter des medizinischen Publikums, ob britisch oder burmesisch, relevanter ist als nationale Eigenheiten.» Der Blick auf die Ärzte als Zielgruppe paarte sich hier also mit der visuellen Konsistenz des Firmenerscheinungsbildes als Thema der Stunde. Und bei beidem biete gemäss Newton das Symbolische als «international language» den unschätzbaren Vorteil, dass es – anders als etwa fotorealistische Ansätze – in entsprechenden, zentral entwickelten Konzepten nicht lokal angepasst werden müsse.[5]

Tatsächlich bewarb Geigy ja zu dieser Zeit die meisten Länder von Basel aus.[6] ⊠52–58, ⊠174–179, ⊠180–187, ⊠354 Neben Arbeiten anderer Pharmafirmen zeigte Newton konsequenterweise nur Beispiele für internationale Kampagnen, die am Schweizer Hauptsitz von Geigy entstanden waren, ⊠142 und nicht etwa Arbeiten des ihm unterstellten, um 1960 allerdings noch kleinen Creative Departments in Manchester Wythenshawe, wo sich auch ein Teil der Produktionsstätten befand. Mit der Anstellung von Peter Hewitt 1958 begann dessen Aufbau, wohl als Reaktion auf das auch in Grossbritannien markante Wachstum der Pharmasparte und unmittelbar nach dem Wechsel des Geschäftsleiters der britischen Geigy-Holding.[7] Zuvor hatten die einzelnen Tochterfirmen – vor allem von London aus, wo sich die Vertriebszentrale befand – Aufträge an verschiedene Studios und Agenturen vergeben. Darunter so renommierte wie Le Witt/Him, die Anfang der fünfziger Jahre unter den Gründern der Alliance Graphique Internationale waren. ⊠143

Aus den bescheidenen Anfängen des von Hewitt verkörperten Einmannbetriebes entwickelte sich das Studio unter der Leitung von Philip Smythe (ab 1964) und später Brian Stones (ab 1968, nach dem Weggang von Smythe) zu einem arbeitsteilig organisierten siebenköpfigen Atelier. Es belegte nun Räume in einem modernistischen Neubau in Macclesfield, einige Kilometer ausserhalb von Manchester, und umfasste – einer Agentur

142

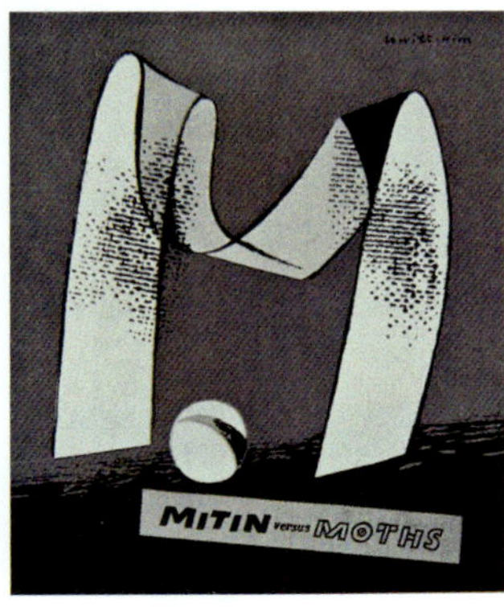

143

☒ 142
Anonym
5/Rheumatoid arthritis and Delta-Butazolidin
CH/UK, späte 1950er Jahre, Broschüre, Umschlag
Offset, 23.5 × 16.7 cm

☒ 143
Jan Le Witt, George Him
Mitin versus Moths [in: Colin, 1955]
UK/UK, ca. 1950–54, Broschüre, Umschlag

vergleichbar – schliesslich auch zwei Fotografen und einen Texter (Copywriter).[8] Wie in den anderen Geigy-Ateliers gab es dabei keine Spezialisierung der Grafiker auf einzelne Sparten oder gar Produkte. Während der mehrjährigen Aufbauphase wurde ein relevanter Anteil der UK-Geigy-Grafik nicht durch das Studio gestaltet. So auch prestigeträchtige Aufgaben wie die ersten Hefte der 1964 lancierten Hauszeitschrift *Geigy Circle* oder die Imagebroschüre zur 1965 erfolgten wichtigen Fusion der verschiedenen, zunächst eher locker verbundenen britischen Tochtergesellschaften von *Geigy Holdings* zu *Geigy (U.K.) Limited*.[9] Nach der Fusion war das Studio nicht mehr wie bis anhin nur für Pharmaprodukte, sondern offiziell für alle Sparten und den Gesamtkonzern zuständig[10]; Aufträge der anderen Sparten, etwa der weiterhin umsatzstarken Farbstoffe, mussten aber offenbar aktiv gesucht werden.[11]

Gestaltung als Werbefaktor

Während unter Newton die Adaption von oder Orientierung an Arbeiten des Schweizer Hauptsitzes offenbar unbestritten war,[12] formulierte dessen Vorgesetzter Stewart Kipling, schon ab 1958 verantwortlicher Marketing Director des Pharmazweiges, später eine deutlich andere Haltung. Bei aller Wertschätzung für die Basler Leistungen betonte Kipling: «Dem Hausstil von Geigy mit seinen Wurzeln in der hervorragenden Schweizer Typografiekunst hatten unsere Designer jetzt eine weitere Dimension hinzugefügt, weil sie imstande waren, die Veränderung und Rastlosigkeit des heutigen Grossbritannien (ja eigentlich der Welt allgemein) in Symbolen der Bewegung zum Ausdruck zu bringen. Die Amalgamierung dieser beiden Kräfte, zusammen mit einem grosszügigeren Gebrauch von Raum und einem sparsameren Gebrauch von Worten in der Werbung hatte etwas Neues und Fesselndes produziert, das den Geist unserer Zeit zum Ausdruck brachte und so einen nachhaltigen Eindruck hinterliess. Der fortschrittliche Designansatz war einer von Geigys grössten ‹Pluspunkten› und versetzte uns in die einzigartige Lage, dem Arzt die moderne Zeit zu präsentieren.»[13]

Dieser schweizerisch inspirierte Sonderweg war Garlands Forderung von 1960, beim Erbe der kontinentalen Moderne zwar anzuknüpfen, aber britische Lösungen anzustreben, durchaus verwandt. Nun sollte er aber vor allem zu einem ökonomisch relevanten Distinktionsgewinn führen. Eine wesentliche Aufgabe, bekamen doch etwa die 30.000 britischen Ärzte jeden Werktag bis zu fünf Werbesendungen der verschiedenen Pharmafirmen.[14] Somit war Kiplings an einer der jährlichen Firmenkonferenzen gemachte Aussage nicht zuletzt eine Replik zuhanden der anwesenden Pharmavertreter, die offenbar von Schwierigkeiten mit der ungewohnten «Schweizer Grafik» bei den Verkaufsgesprächen mit den Ärzten berichteten. Dagegen konnte er nicht nur die positive Aufnahme von Geigy in der Fachwelt der Grafik und Werbung ins Feld führen; sondern die von Kipling getragene Strategie scheint insgesamt auch kommerziell erfolgreich gewesen zu sein, wurde er doch 1967 von einer konkurrierenden Chemiefirma abgeworben.[15]

Allerdings dürften gerade die vor Ort agierenden Pharmavertreter ebenfalls wesentlich zum Erfolg beigetragen haben, deren Zahl parallel zum Umsatzwachstum markant erhöht worden war[16] und für deren Tätigkeit mehr als die Hälfte des britischen Pharmawerbebudgets aufgewendet wurde.[17] Entsprechend äusserte sich Kipling als überzeugter Verfechter der Mündlichkeit, als die konzernübergreifende Entwicklungsstelle für visuelle Kommunikation 1965 am Hauptsitz in Basel über die jeweiligen Vorteile der schriftlichen und der mündlichen Werbung diskutierte.[18] Diese Haltung vertrat er im folgenden Jahr auch gegenüber den Pharmavertretern an der Marketing Department Conference.[19] Es war mithin unbestritten, dass gedruckte und mündliche Äusserungen komplementär zueinander sein sollten.[20]

144
Brian Stones
Butazolidin Geigy
UK/UK, 1964–65, Werbekarte
Offset, 21 × 14.9 cm

145
Philip Smythe
13/1965 Geigy Notebook/News from Geigy for the Pharmacist
UK/UK, 1965, Broschüre
Offset, 24.5 × 18.4 cm

146
Philip Smythe
Butazolidin Geigy/In rheumatic fever
UK/UK, 1964–65, Werbeprospekt
Offset, 19.1 × 19.1 cm

147
Keith Potts
Insidon Geigy/refreshing sleep/tranquility/mood elevation
UK/UK, ca. 1965, Inserat
Offset, 20.3 × 20.2 cm

148
Peter Roebuck
National Force Detailing Instructions/General Practitioners/Retail Pharmacists
UK/UK, 1966, Broschüre, Umschlag, Andruck
Buchdruck, 30 × 21 cm

149
Peter Roebuck
Appendix to Résumé/National and Hospital Field Forces
UK/UK, 1966, Broschüre, Umschlag, Andruck
Buchdruck, 30 × 21 cm

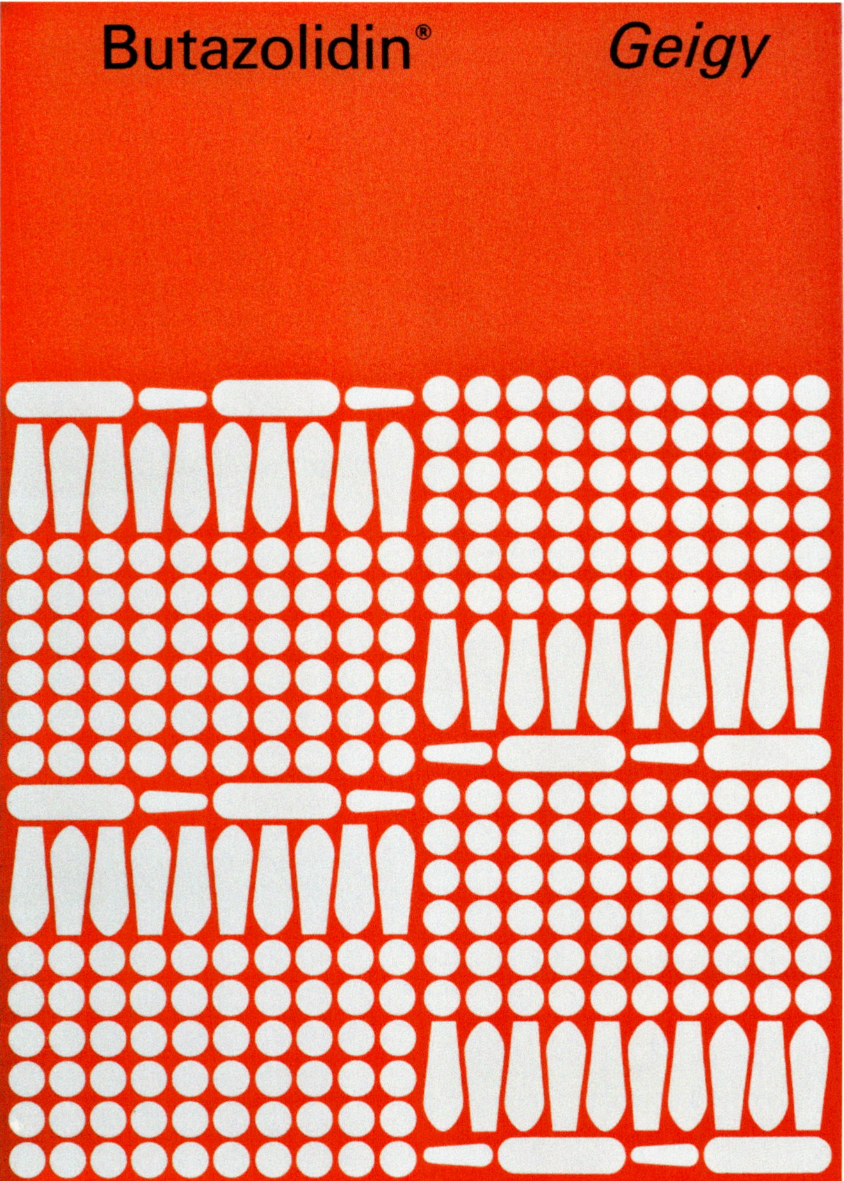

144

145

13/1965
Geigy Notebook
News from Geigy for the Pharmacist

146

147

148

149

150

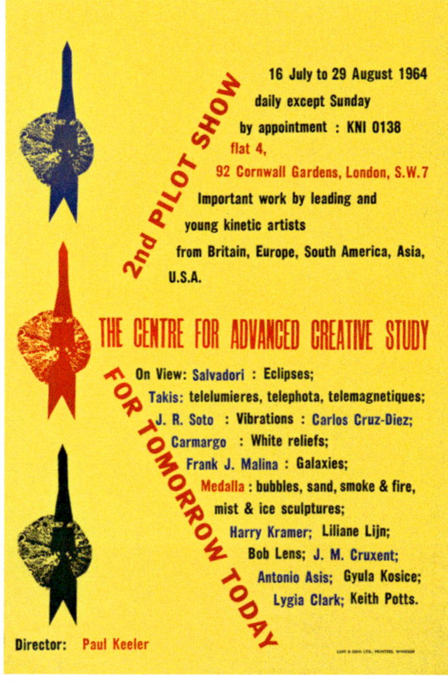

151

⊠[150]
Philip Smythe
Es gibt kaum ein Anwendungsgebiet, in dem sich Geigy-Pigmente und -Spezialfarbstoffe nicht einsetzen lassen
CH/DE, 1958–59, Inserat
Buchdruck, 33.6 × 26.6 cm

⊠[151]
Anonym
2nd Pilot Show for Tomorrow Today/
The Centre for Advanced Creative Study
UK/UK, 1964, Plakat,
Siebdruck, 77 × 51 cm

Für die «britisierte» Schweizer Grafik erwies sich die Personalpolitik als entscheidend. So hatte sich etwa Smythe nach dem Abschluss am Royal College of Art in London und kurzer Tätigkeit bei Colin Forbes sowie Hans Schleger bei Geigy in Basel beworben, wo er dann 1958–59 unter Max Schmid arbeitete. ⊠[150] Als «schweizerischer Brite» hatte er wohl – vielleicht auch angesichts von Schmids eigenen, gemischten Erfahrungen in den USA[21] – das ideale Profil, um ab 1960, zunächst als Mitarbeiter von Hewitt, zurück in der Heimat zu arbeiten. Nach einem zehnmonatigen USA-Aufenthalt 1963 bei Geigy in Ardsley leitete Smythe dann das Team aus weiteren Briten, die alle am Manchester College of Art and Design studiert hatten – wenn auch nicht gemeinsam – und ebenfalls der Schweizer Grafik nahe standen: Stephen Knott (ab 1962), Peter Roebuck und Brian Stones (beide ab 1964). 1968 nahm Erroll Mitchel einen vakant gewordenen Platz ein. Und auch der personelle Austausch mit Basel blieb in beide Richtungen erhalten: Keith Potts, wie Smythe seit 1960 im Team, arbeitete 1964 in Basel, während mit Jürg Rössler (1963) und Freddy Löliger (1967) vorübergehend zwei Schweizer im britischen Geigy-Atelier tätig waren.

Verschiedentlich weilte auch der Zürcher Fotograf René Groebli, der in den sechziger Jahren wiederholt für den Basler Hauptsitz gearbeitet hatte, in Grossbritannien. ⊠[159] Insgesamt spielte die Fotografie allerdings eine untergeordnete Rolle, womit sich die Grafik bei Geigy in einem wesentlichen Punkt von der Entwicklung der britischen Grafik der sechziger Jahre abhebt,[22] aber auch von manchen zeitgleichen Arbeiten des Basler Ateliers. Die Fotografie kam vor allem bei Industriechemikalien und in Beiträgen der Hauszeitschrift *Geigy Circle* zum Zuge. ⊠[154] In der Werbung für Farbstoffe für die Textilindustrie wurde die Fotografie naheliegenderweise mit Motiven der blühenden Popkultur verbunden. ⊠[152–153]

Neben rein typografischen Lösungen dominierte symbolische Grafik, in der verschiedentlich Formen und Prinzipien der Kunst aufscheinen, wie das Serielle, die Bewegungsillusion, die mathematisch abgestützte Komposition von Farbflächen oder Farbkontraste, wie sie auch in der OP-Art zu finden waren. ⊠[144–149]

Tatsächlich wurde die Kunst unter Kipling wie in keinem anderen Geigy-Atelier auf bemerkenswert explizite Weise gefördert: Museumsbesuche in London wurden ebenso finanziert wie die individuelle künstlerische Tätigkeit der einzelnen Grafiker gestützt wurde, die sich alle von der abstrakten und konkreten Kunst inspirieren liessen und sich in deren aktueller Ausprägung der kinetischen Kunst engagierten. 1964 war ein besonders ereignisreiches Jahr: kinetische Werke der zeitweilig als *Group G* firmierenden Grafiker-Gruppierung wurden firmenintern an der jährlichen Promotion Department Conference im Oktober ausgestellt, begleitet von einer Broschüre zuhanden der Pharmavertreter und weiterer Konferenzteilnehmer;[23] es folgten externe Ausstellungen in London, Manchester, Surrey und anderen Orten. Im Sommer 1964 hatte Potts eine kinetische Arbeit an der beachteten *2nd Pilot Show for Tomorrow Today* im von Paul Keeler geleiteten Centre for Advanced Creative Study in London gezeigt.[24] ⊠[151] Und beim Plastiker Alan Dudley wurde ein raumgreifendes Mobile in Auftrag gegeben, als künstlerischer Beitrag für den Londoner Messestand, mit dem Geigy Industrial Chemicals Ende des Jahres die neue Trigard-Produktelinie lancierte; kurz darauf kam das Mobile an die Whitworth Art Gallery in Manchester, wo es in die permanente Sammlungspräsentation aufgenommen wurde.[25]

Um ein Vorwort zum Jahrbuch *Modern Publicity* gebeten, wählte Kipling 1965 bezeichnenderweise künstlerische Arbeiten von Potts, Smythe, Stones und Roebuck und schrieb: «Diese Creative Group wurde [...] ermutigt, ihre eigene Reife auf diesem Gebiet der kinetischen Kunst zu finden, damit die optische Wirkung, welche ihr Werk beruflich gültig macht, ihnen gleichzeitig dazu verhilft, die wahren Schöpfer des Spiegels unserer Zeit zu werden.»[26] Grafische und künstlerische Tätigkeit sollen sich also gegenseitig bedingen, wobei es Kipling neben der Pflege des Firmenimages vor allem darum ging,

⊠ 152
Brian Stones
Switch ... [Maxilon]
UK/UK, 1965–69, Erstes einer Serie von vier Inseraten
Offset, 25.1 × 31.4 cm

⊠ 153
Brian Stones
Switch on to Maxilon Brilliants/Geigy
UK/UK, 1965–69, Letztes einer Serie von vier Inseraten
Offset, 25.1 × 31.4 cm

152

153

⊠ 154
Philip Smythe
Geigy Circle/14
UK/UK, 1968, Zeitschrift, Umschlag
Buchdruck, 25.4 × 20.5 cm

⊠ 155
Brian Stones
Reofos 95/Reofos 65
UK/UK, ca. 1969, Briefpapier
Offset, 29.8 × 21 cm

⊠ 156
Brian Stones
Reofos 95/Reofos 65/The first lightfast aryl phosphate plasticisers
UK/UK, ca. 1969, Inserat
Offset, 25.2 × 17.9 cm

⊠ 157
Brian Stones
Feed Back [in: *Pigments and Geigy*]
UK/UK, o. J., Broschüre, Doppelseite
Buchdruck, 29.9 × 42.4 cm

⊠ 158
Anonym
After the crash [in: *Geigy Circle*/19]
UK/UK, 1969, Zeitschrift, Doppelseite
Buchdruck, 29.8 × 42 cm

154

155

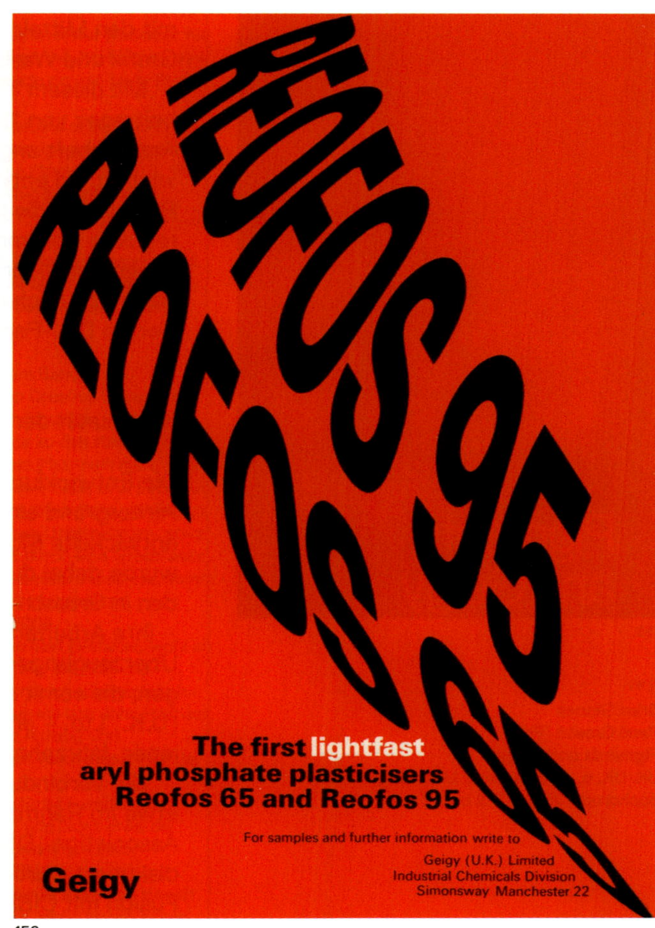

156

157

158

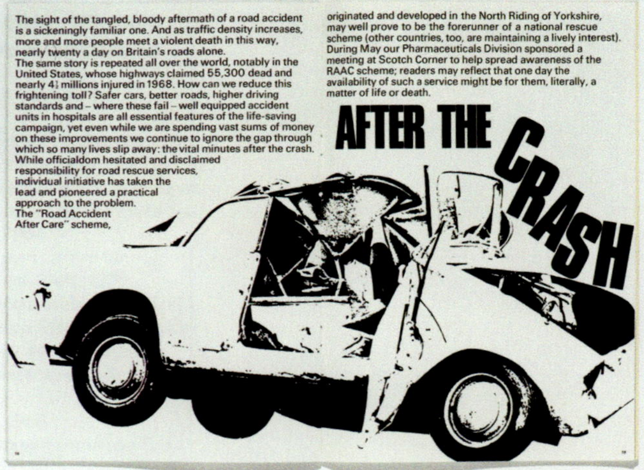

Der Einfluss der Schweizer Grafik aus amerikanischer Sicht

R. Roger Remington

160

161

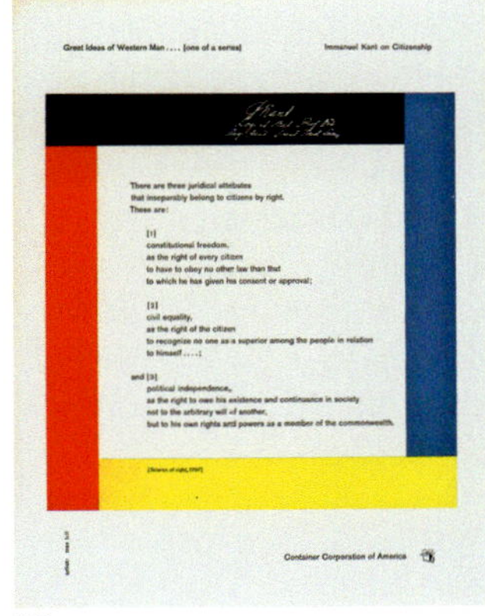

162

⊠160
Josef Müller-Brockmann
Der Film/Kunstgewerbemuseum Zürich
CH/CH, 1960, Plakat, Offset, 128.5 × 91 cm

⊠161
Armin Hofmann
Great Ideas of Western Man ... [one of a series]/
Adam Smith on securing man's rights/
Container Corporation of America
US/US, ca. 1955, Kleinplakat,
Tiefdruck, 36 × 28.8 cm

⊠162
Max Bill
Great Ideas of Western Man ... [one of a series]/
Immanuel Kant on Citizenship/
Container Corporation of America
US/US, o. J., Kleinplakat
Tiefdruck, 35.6 × 28.2 cm

In den Jahren nach dem Zweiten Weltkrieg profitierte die amerikanische Grafik von der kommerziellen und industriellen Wiederbelebung einer wachsenden Wirtschaft. Als Folge hiervon erlebte die US-amerikanische Wirtschaft die Gründung neuer Unternehmen und die gewaltige Expansion anderer. Die wirtschaftliche Vitalität ging, vor allem auf dem Gebiet der Firmenidentität, mit dem Bedürfnis nach Werbung und Grafikdesign einher. Die modernistische Bewegung, die dank der aus Europa eingewanderten Künstler und Gestalter bereits eine stabile Grundlage hatte, weitete sich unter dem Einfluss dessen aus, was als «internationaler Stil» des Grafikdesign bezeichnet wurde, wobei vor allem die Schweiz und Deutschland eine wichtige Rolle spielten. Philip Meggs, Designhistoriker, schrieb, dass das, was als «Schweizer Design» bezeichnet wurde und in den 1950er Jahren begann, zutreffender als die «Internationale Typografie Bewegung» bezeichnet werden sollte.[1] Dies war die erste Einfluss-«Welle». Joanna Drucker, seine Berufskollegin, ging noch weiter, betonte ebenfalls die Bedeutung der Schweizer Grafik, stellte aber fest: «Es gibt vielleicht keine perversere, und erfolgreichere, Verwandlung der formalen Radikalität der frühen Moderne in das nahtlose Instrument des kapitalistischen Unternehmens als die Entwicklung von der radikalen grafischen Ästhetik zum modernen Design im Schweizer Stil.»[2] Tatsächlich übernahm die Unternehmenskultur im Amerika der 1960er diesen Stil als idealen Umgang mit der Corporate Identity.

Das Schweizer Design, das im Konstruktivismus und in De Stijl wurzelt, gedieh in den Jahren vor, während und nach dem Zweiten Weltkrieg vor allem aufgrund der geopolitischen Neutralität der Schweiz. In der Grafik wurde der noch spürbare Geist von Jan Tschichold «Neuer Typografie» von Gestaltern wie Ernst Keller, Max Bill, Theo Ballmer, Richard Paul Lohse, Anton Stankowski und anderen aufgegriffen. Diese Designer bevorzugten die Akzidenz Grotesk, eine Schrift, die sich seit dem späten neunzehnten Jahrhundert bei Druckern und Gestaltern in ihren geometrischen Entwürfen und asymmetrischen Layouts grosser Beliebtheit erfreute. Indessen wurde die Helvetica nach ihrem Auftauchen 1957 aufgrund ihrer leichten Verfügbarkeit und offenkundigen guten Lesbarkeit, die sich der gesteigerten «x»-Höhe der Kleinbuchstaben verdankte, rasch das sichtbarste Zeichen des Schweizer Stils. Eine weitere wichtige Schrift jener Zeit war die Univers, die 1954 von Adrian Frutiger entworfen wurde. Dabei handelte es sich um ein visuell programmiertes System einer serifenlosen Schriftfamilie mit 21 Schnitten.

Basel und Zürich

In Kenntnis der Arbeiten von Gestaltern wie Armin Hofmann ⊠161 und Josef Müller-Brockmann ⊠160 gelangten amerikanische Designer zu der Auffassung, Basel und Zürich seien die beiden gegensätzlichen Pole der Schweizer Grafik. In Basel folgte man einem freieren, intuitiveren und künstlerischeren Ansatz, während Zürich systematischer und im Charakter doktrinärer war. In Basel wurde Armin Hofmann als herausragender Lehrer und Gestalter an der Allgemeinen Gewerbeschule (AGS, später Schule für Gestaltung) zu einer festen Grösse und erlangte vor allem durch seine markanten Kulturplakate einen hohen Bekanntheitsgrad. Zusammen mit dem Typografen Emil Ruder und anderen entwickelte Hofmann einen Weiterbildungskurs für visuelle Gestaltung, der sich durch seinen einzigartigen Ansatz gegenüber den formalen Werten der Grafik auszeichnete. 1965 bzw. 1967 veröffentlichten Hofmann und Ruder ihre Konzepte in den Publikationen *Graphic Design Manual – Priniciples and Practice*[3] und *Typography – A Manual of Design*[4]. Die Zürcher Designer hingegen zeichneten sich durch einen grundlegend anderen Gestaltungsansatz und eine andere visuelle Sensibilität aus. Max Bill ⊠162, Josef Müller-Brockmann, Richard Paul Lohse, Hans Neuburg und Carlo Vivarelli vertraten eine wesentlich stärker strukturierte Entwurfsweise. Dies zeigte sich bei ihrer Arbeit an der Zeitschrift *Neue Grafik/New Graphic Design/Graphisme actuel*, die sie 1958 gründeten. Über den Schweizer Ansatz schrieb Müller-Brockmann: «Text und Bild werden im Einklang mit

163

164

⊠163
George Giusti
New Pertofrane/Rapid relief for the depressed patient
US/US, 1964–67, Broschüre, Umschlag

⊠164
Arnold Saks
Inflatable Sculpture/The Jewish Museum
New York City
US/US, 1968, Plakat

objektiven und funktionalen Kriterien angeordnet und in Beziehung zueinander gesetzt. Die Elemente sind auf sensible Weise mit einem sicheren Gespür für mathematische Proportionen geordnet, und den Regeln der Typografie wird die gebührende Aufmerksamkeit geschenkt.»[5]

Auch wenn sich amerikanische Designzeitschriften nur langsam auf Schweizer Gestaltung einliessen, war Walter Herdegs 1944 gegründete Zeitschrift *Graphis* ein wichtiges Schaufenster für das internationale Grafikdesign und bot Designern in den USA regelmässig Gelegenheit, die beste Gebrauchsgrafik aus der Schweiz zu sehen. Typischerweise erschienen diese aus der Schweiz stammenden Bücher und Zeitschriften als mehrsprachige Ausgaben auf Deutsch, Französisch und Englisch und waren damit einem internationalen Publikum zugänglich. Amerikanische Designer erhielten zudem einen hervorragenden Einblick in die Schweizer Grafik durch die Bücher von Müller-Brockmann, 1968 *The Graphic Artist and His Design Problems*[6], und 1971 *A History of Visual Communication*. Karl Gerstner lieferte einen wichtigen Beitrag mit seinem Buch *Designing Programmes* von 1964,[7] in dem er einen systematischen oder «integralen» Gestaltungsprozess befürwortete, der viele kreative Disziplinen verknüpfen sollte.

Der Schweizer Stil kommt nach Amerika

In den Vereinigten Staaten waren mehrere visionäre Designer und Kunden offen und bereit, den impliziten visuellen Formalismus willkommen zu heissen, der den neuen Stil aus der Schweiz auszeichnete. Unter Walter Paepckes Führung hatte die Container Corporation of America CCA in Chicago seit den 1930er Jahren europäische Künstler und Designer für ihre Werbung engagiert. Nach dem Zweiten Weltkrieg hatte die CCA, dem hellsichtigen Rat des Immigranten Herbert Bayer und des amerikanischen Art Directors Charles Coiner folgend, ihre historische Werbekampagne «Grosse Ideen des westlichen Menschen» ins Leben gerufen. Diese Serie, die bis in die 1950er Jahre fortgesetzt wurde, bestand aus Zitaten berühmter Schriftsteller, Philosophen und Historiker, die von einigen der wichtigsten Designer, Künstler, Fotografen und Bildhauer auf fantasievolle Weise visuell gedeutet und umgesetzt wurden. Auf ganzseitigen Werbeanzeigen in der Zeitschrift *LIFE* waren erstmals Deutungen von Schweizer Gestaltern wie Armin Hofmann, Josef Müller-Brockmann, Karl Gerstner und Max Bill zu sehen. ⊠161–162 Der amerikanische Designer John Massey am CCA Center For Advanced Research in Design begrüsste die Helvetica und formale visuelle Werte der Schweizer für Verpackungsdesign und Werbung.

1948 entwickelte der in der Schweiz ausgebildete Designer und Fotograf Herbert Matter eine Werbekampagne für Knoll Associates, einen der führenden Hersteller modernistischer Möbel. Diese Anzeigen bezeugten Matters Verwendung fantasievoller und konzeptioneller Fotografie im Zusammenspiel mit minimaler Typografie. Gesponsert von CCA organisierte Wilburn Bonnell, der damalige Manager für Grafikdesign, in der Ryder Gallery 1977 in Chicago die bedeutende Ausstellung *Postmodern Typography: Recent American Developments*. Prominent präsentiert wurden die Arbeiten von Dan Friedman ⊠172, April Greiman ⊠169, Steff Geissbuhler ⊠170, Will Kunz und Bonnell selbst. Diese Ausstellung war ein Meilenstein sowohl für das modernistische als auch für das postmoderne Schweizer Design in Amerika.

Grafik für pharmazeutische Firmen

Pharmazeutische Firmen wurden für Designer in Amerika zu hervorragenden Kunden. Visionäre Manager räumten Designern grossen Spielraum und substanzielle Budgets für ihre Arbeit ein, was eine Fülle aussergewöhnlicher Verpackungen, Zeitschriften und Gebrauchsgrafiken nach sich zog. Eine Reihe führender amerikanischer Designer arbeiteten für Pharmaunternehmen: Lester Beall und später Will Burtin schufen Entwürfe für Upjohn Pharmaceuti-

165
Rudolph de Harak
Understanding Media: The Extensions of Man/
Marshall McLuhan
US/US, 1965, Buch, Umschlag

166
Jacqueline Casey
The Moon Show
US/US, 1969, Plakat

167
Chermayeff & Geismar
Mobil
US/US, 1962, Logogramm

168
Fred Troller
New Persantin ... oxygen to the heart
US/US, o. J., Broschüre, Umschlag
Offset, 32.2 × 32.2 × 1.6 cm

165

166

Mobil

167

168

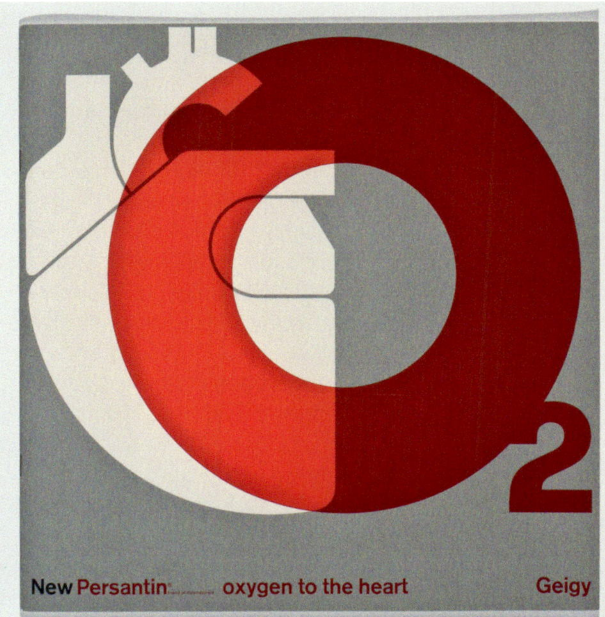

cals. Nach einer Reise nach Zürich 1958 setzte sich Burtin in Amerika für die Helvetica ein und verwendete die Schrift konsequent in Drucksachen und Ausstellungen. Der in Philadelphia ansässige Designer Matthew Liebowitz arbeitete, ebenso wie Hans J. Barschel in New York, viel im Auftrag von CIBA und Sharp & Dome. In den Vereinigten Staaten gründete James Fogleman 1952 ein Corporate Design-Büro für CIBA, für die damals aufstrebende amerikanische Designer wie Ivan Chermayeff und Tom Geismar Projekte entwickelten. ⊠167 Durch diese fortschrittliche, modernistische Grafik lernten viele amerikanische Designer den Schweizer Ansatz überhaupt erst kennen.

1960 wurde Fred Toller aus Zürich als Leiter des neuen Geigy-Designstudios in den Vereinigten Staaten unter Vertrag genommen. ⊠168 Andere talentierte und in der Schweiz ausgebildete Designer schlossen sich ihm an, etwa George Giusti, der nachdem er ebenfalls in Zürich studiert hatte, nach Amerika auswanderte und zwölf Jahre für Geigy arbeitete.[8] ⊠163 CIBA und Geigy fusionierten 1970 und in dieser Periode entwarf Massimo Vignelli Warenzeichen und Verpackungen. 1991 fand im MIT Museum des Massachusetts Institute of Technology unter dem Titel *Swiss Poster Art 1906–1990: From the CIBA-Geigy Collection* eine grosse Plakatausstellung statt. Sigrid Bovensiepen schrieb im Katalog, die Ausstellung erinnere nicht nur an das 700-jährige Jubiläum der Eidgenossenschaft, sondern feiere auch die grosse Unterstützung der Künste durch CIBA-Geigy. Auf dem Zenit war Geigy Pharmaceuticals eine herausragende Anlaufstelle für Schweizer Gestalter, die den amerikanischen Designmarkt betraten und die Freiheit erhielten, schöpferisch tätig zu sein und eine positive stilistische Wirkung auszuüben. Für andere amerikanische Designer war Geigy ein Ort, wo eine neue Ästhetik durchgesetzt wurde, und sowohl eine Inspirationsquelle als auch ein vitaler Einfluss.

Der Schweizer Einfluss durch die Designausbildung

Einer der führenden Kanäle für den Schweizer Einfluss in den Vereinigten Staaten war die Designausbildung. Nach den 1930er Jahren war das Institute of Design in Chicago viele Jahre lang die einzige richtige Gestaltungsschule in Amerika. In den frühen 1950ern legte die Yale University unter Leitung von Josef Albers und anderen ein Graduiertenprogramm auf, das erheblichen Einfluss auf das amerikanische Design hatte. Rob Roy Kelly, der dieses Programm erfolgreich absolvierte, begründete seinerseits eine neue Grafikausbildung am Kansas City Art Institute. Unter Führung von Armin Hofmann lud Kelly zwei Schweizer Designer ein, in Kansas City zu unterrichten: In den 1960ern waren Inge Druckrey und Hans Allemann die ersten Schweizer, die amerikanischen Designstudenten in dieser alternativen Gestaltungslehre unterrichteten.

Das Philadelphia College of Art war ein früher Befürworter des Schweizer Design in Amerika. Armin Hofmann hatte dort 1955 eine Gastprofessur inne. Er nimmt für sich in Anspruch, ihm sei es bei seiner Lehre nie darum gegangen, einen Schweizer Stil nach Amerika zu bringen, sondern er habe stattdessen sowohl in der Lehre als auch in der Praxis einen neuen methodischen Ansatz anbieten wollen.[9] Der amerikanische Designer Kenneth Hiebert studierte in Basel, kehrte in die USA zurück und leitete dann viele Jahre lang die Grafikausbildung am Philadelphia College of Art, der heutigen University of the Arts. ⊠171 Diese Institution verlieh den Schweizer Designwerten ihren nachhaltigen Charakter und sorgte dafür, dass sie sich auf die amerikanische Geschäftswelt und Industrie anwenden liessen. Im Hinblick auf den Basler Ansatz betonte Hiebert, dass die abstrakte Struktur, die sich auf eine strenge, alle Facetten der Botschaft einbeziehende Analyse stützt, der Träger der Kommunikation sei. Ziel sei es, nach einer angemessenen Analyse einer Botschaft zu suchen und ihre Primärinformation zum Ausdruck zu bringen, statt sich nur um den Stil der Gestaltung zu kümmern. Unter der Führung von Alvin Eisenman setzte sich die Yale University auch weiterhin an vorderster Front für Grafikdesign als professionelle Laufbahn ein. Paul

169

170

⊠169
April Greiman
Coming soon/China Club/Los Angeles
US/US, 1980, Inserat

⊠170
Steff Geissbuhler
Blazer Travel
US/US, 1974, Plakat

171

172

171
Kenneth Hiebert
[Graphic Design Process]
US/US, 1992, Buchseite

172
Dan Friedman
The Yale University Symphony Orchestra
US/US, 1973, Plakat

Rand, ein brillanter Hochschullehrer in Yale, lud Armin und Dorothea Hoffmann jedes Jahr nach New Haven zum Unterrichten ein. Das jährliche Yale-Sommerprogramm in Brissago (Schweiz) bot amerikanischen Studenten Gelegenheit, alternative Erfahrungen zu machen, indem sie dort mit Rand, Hofmann und anderen herausragenden Schweizer und italienischen Designern zusammenarbeiten konnten.[10]

Wolfgang Weingart, Lehrer für Typografie und Designer in Basel, war wesentlich an der Einleitung einer zweiten Phase des schweizerischen Einflusses in Amerika beteiligt. Sein Werk trat der Reinheit der Schweizer Typografie von Emil Ruder entgegen. Weingart behielt in seinen Arbeiten zwar die Struktur bei, forderte aber die Funktionalität grundlegender Ziele wie der Lesbarkeit heraus. Ausserdem bot sein Ansatz mehr Möglichkeiten für typografische Kreativität und individuellen Ausdruck. Als mehrere Amerikaner diese neuen Ideen bald darauf mit nach Hause brachten, war die «new wave» geboren. Einflussreich für diese eher postmoderne Richtung war der Designer Dan Friedman, ein Amerikaner, der in Basel studiert hatte. Durch seine Lehrtätigkeit in Yale und seine Designpraxis in New York übte Friedman erheblichen Einfluss aus. April Greiman, eine Amerikanerin, die auch in Basel studiert hatte, wurde eine führende Vertreterin dieses spannenden neuen Ansatzes in den Vereinigten Staaten. Die Schweizer Grafik beeinflusste zahlreiche Personen nachhaltig, und die lange Liste derjenigen, die sich ihr anschlossen, umfasst Namen wie Philip Burton, Fred Murrell, Jerry Kuyper, Jim Faris, William Longhauser, Gordon Salchow und Richard Stanley.

Konträre Stimmen zum Schweizer Design

In Amerika hatte die Schweizer Grafik sowohl innerhalb als auch ausserhalb der Designzunft Kritiker. Einige von ihnen begreifen das historische Chaos, das durch die sozialen Unruhen der 1960er Jahre verursacht wurde, unter anderem als eine Reaktion auf die Vorstellung eines rationalen Planungsprozesses, mit dem eine wohlgestaltete und wohlorganisierte Welt geschaffen werden sollte. Andere äussern die Sorge, das Schweizer Design wende sich nur an ein elitäres Publikum und nicht an die breite Öffentlichkeit. Ein beiden gemeinsamer Kritikpunkt ist der, dass der geordnete Prozess, die rationale Methodologie und die strenge Objektivität die Kreativität einschränken. Amerikanische Designer, die diesen konträren Ansatz vertraten, waren der Meinung, Studenten dieses Stils würden zu blossen Klonen, die nur eine einzige formale Sprache beherrschten. Professor Bruce Ian Meader trat dieser Kritik mit der Bemerkung entgegen: «Wenn man überhaupt eine formale Sprache lernt, dann diese.»[11] Das Schweizer Design als eine Erweiterung der Moderne begreifend, unterstützt der Autor John Thackara die Idee, dass «es alle Orte und Personen auf dieselbe Weise behandelt, dass es ein Ansatz ist, der als eine Bedrohung für die individuelle Identität und die lokale Tradition empfunden wird, und dass er die Expertenmeinung über die Alltagserfahrung und erlerntes, stillschweigendes Wissen erhebt»[12]. Ungeachtet ihrer generellen Zustimmung schrieb die Pädagogin Katherine McCoy über die spezifischeren Beschränkungen des Schweizer Designs: «Diese Form vernachlässigte einige der Entdeckungen der frühen Moderne im Hinblick auf visuell expressive Typografie und surrealistische Motive.»[13] Der Designer Ivan Chermayeff führt uns zu einer ausgeglicheneren Sicht zurück, indem er die Betonung, die das Schweizer Design auf den «Prozess» legt, als den eigentlich wichtigen Faktor begreift, und die These äussert: «Denken im Sinne des Lösens von Problemen wird nie verschwinden; genau darum dreht sich das moderne Denken.»[14]

173

⊠[173]
Massimo Vignelli
[Kalender für Stendig]
US/US, 1966, Kalender

Der Schweizer Einfluss auf amerikanische Designer

Hellsichtige Designer in Amerika waren auch offen für die Klarheit, die sich dem schweizerischen Einfluss verdankte. Sie brachten zahlreiche amerikanische Kunden dazu, ihre Corporate Identity anzupassen und sich ein neues grafisches Erscheinungsbild zu geben. Herausragende eingewanderte Gestalter, von denen mehrere Verbindungen zu Geigy in Amerika unterhielten, waren für diese Entwicklung von entscheidender Bedeutung, vor allem Steff Geissbuhler und Willi Kunz. Die amerikanischen Designer Rudolphe de Harak ⊠[165] und Arnold Saks ⊠[164] zählten zu den ersten, bei denen ein Schweizer Einfluss im Ausstellungsdesign, bei der Buchgestaltung und dem Firmenimage zu Tage traten. Jacqueline Casey, Chefdesignerin des MIT Design Services Office in den 1960ern, produzierte eine Reihe von Werbeplakaten für MIT-Veranstaltungen. ⊠[166] Casey wurde sehr stark von Schweizer Kollegen beeinflusst, die dort auf Besuch weilten, und der Ansatz wird in ihrem Werk konsequent angewendet. Eine wichtige Figur in diesem Zusammenhang ist Massimo Vignelli, der ursprünglich als Architekt in Mailand ausgebildet worden war. Wie viele Italiener[15] wurde er von Grafikern aus Zürich beeinflusst. Durch die Zusammenarbeit mit Max Huber lernte Vignelli die Helvetica, asymmetrisches Layout und die Beachtung der Informationshierarchie für die eigene Arbeit schätzen. Nach seiner Ankunft in den Vereinigten Staaten und mit Beginn seines Unternehmens Unimark International 1965 gewann Vignelli im Alleingang den grössten Einfluss auf Amerikas visuelles Umfeld. Besonders erwähnenswert ist Vignellis Kalenderdesign für Stendig, bei dem er Helvetica-Ziffern auf einen grossformatigen Kalender anwendete. ⊠[173] Diese vom Schweizer Design beeinflussten Werte, die ihm zu Beginn seiner Laufbahn eingeimpft worden waren, sind bis heute von zentraler Bedeutung für seine Arbeit.

Heute befinden sich Grafikdesigner in einer Übergangsperiode. Durch die Jahre der Postmoderne mit ihrer Konzentration auf den Selbstausdruck hindurch haben die formalen Designwerte, die in der Rationalität des Schweizer Internationalen Stils verkörpert sind, Bestand, vor allem bei Amerikanern, die sehnsüchtig auf diese frühe Phase des Schweizer Einflusses zurückblicken. Massimo Vignelli hat das modernistische Design als «erweiterbar» bezeichnet und gesagt, seine Werte seien endlos und ausbaufähig. Dies steht in deutlichem Gegensatz zur Postmoderne, die vielen als Selbstzweck erscheint. Hoffentlich wird der wichtige Einfluss des Schweizer Design – indem wir mit der Zeit deutlicher sehen – einer neuen Generation von Grafikdesignern dabei helfen, eine klare Ausrichtung zu finden.

Übersetzung aus dem Englischen: Nikolaus G. Schneider

1 Meggs, 1998, S. 320.
2 Zit. in Eskilson, 2007a, S. 203.
3 Hofmann, 1965.
4 Ruder, 1967.
5 Zit. in Heller/Chwast, 1988, S. 196.
6 Müller-Brockmann, 1961.
7 Erstveröffentlichung als Gerstner, *Programme entwerfen*, Teufen 1963.
8 Vgl. K. Gimmi in diesem Band, S. 58–77.
9 Vgl. Museum für Gestaltung, 2003.
10 Heller/Chwast, 1988, S. 196.
11 Meader, 2008.
12 Thackara, 1988, S. 11.
13 Heller/Balance, 2001, S. 6.
14 Heller/Pettit, 1998, S. 146.
15 Vgl. Museum für Gestaltung, 2007.

Werbekampagnen

Der Kundenkreis von Geigy unterschied sich je nach Sparte erheblich. Entsprechend vielfältig und unterschiedlich gewichtet war der Medienmix der jeweiligen Kampagne. Die entscheidende Frage für die Medienwahl war jedoch: Richtet sich die Information und Werbung an ein spezifisches Fachpublikum wie Ärzte, Agronomen, industrielle Anwender oder an einen eher breiten Kreis von Konsumenten? Im ersten Fall stand die nachhaltige Kundenbindung mittels Information im Vordergrund, im zweiten die eher kurzfristige und breit gestreute Produktwerbung. Doch auch das Fachpublikum wurde gezielt mit Produktwerbung angesprochen. Die an die Ärzte adressierten grafischen Medien umfassen schriftliche Direktwerbung, Musterpackungen, Werbegeschenke, Inserate in wissenschaftlichen Publikationen und Fachzeitschriften. Jede Kampagne hat ein visuelles Leitmotiv und meist auch einen Slogan. Sie ziehen sich wie ein «roter Faden» durch alle Werbemittel hindurch und gewährleisten so den Wiedererkennungseffekt der zeitlich gestaffelt disponierten Medien.

Butazolidin

Die Kampagne von 1963 wirbt für Geigys erfolgreiche Rheuma-Gamme Butazolidin, Delta-Butazolidin und Irgapyrin. Das älteste Rheumamittel, Irgapyrin, kam 1949 auf den Markt; der eigentliche Verkaufsschlager jedoch war das 1951 lancierte Butazolidin, das noch heute unter dem Namen Voltaren erhältlich ist. Diese Rheumamittel wurden weltweit über Jahre hinweg in Einzel- und Sammelkampagnen beworben. ☒9 Die von Roland Aeschlimann gestaltete Sammelkampagne, die eine der vielen Wirkungen dieser Medikamente – hier den entzündungshemmenden Effekt – mittels roter Gelenke visualisiert, ist abstrakt und kulturübergreifend verständlich. Sie eignet sich deshalb hervorragend zur Bewerbung von Ärzten in der ganzen Welt und speziell auch des arabisch-persischen Sprachraums, wo aufgrund religiöser Traditionen die abstrakte Darstellung menschlicher Körperteile besser akzeptiert wird als die fotografische Abbildung. Das Verhältnis der roten Flächen zu den weissen Zwischenräumen erzeugt eine plakative Wirkung auf kleinem Format.

☒174
Roland Aeschlimann
Butazolidin/Delta-Butazolidin/Irgapyrin/Geigy
CH/CH, vor 1963, Aus einer Serie von 4 Werbekarten
Offset, 21 × 14.7 cm

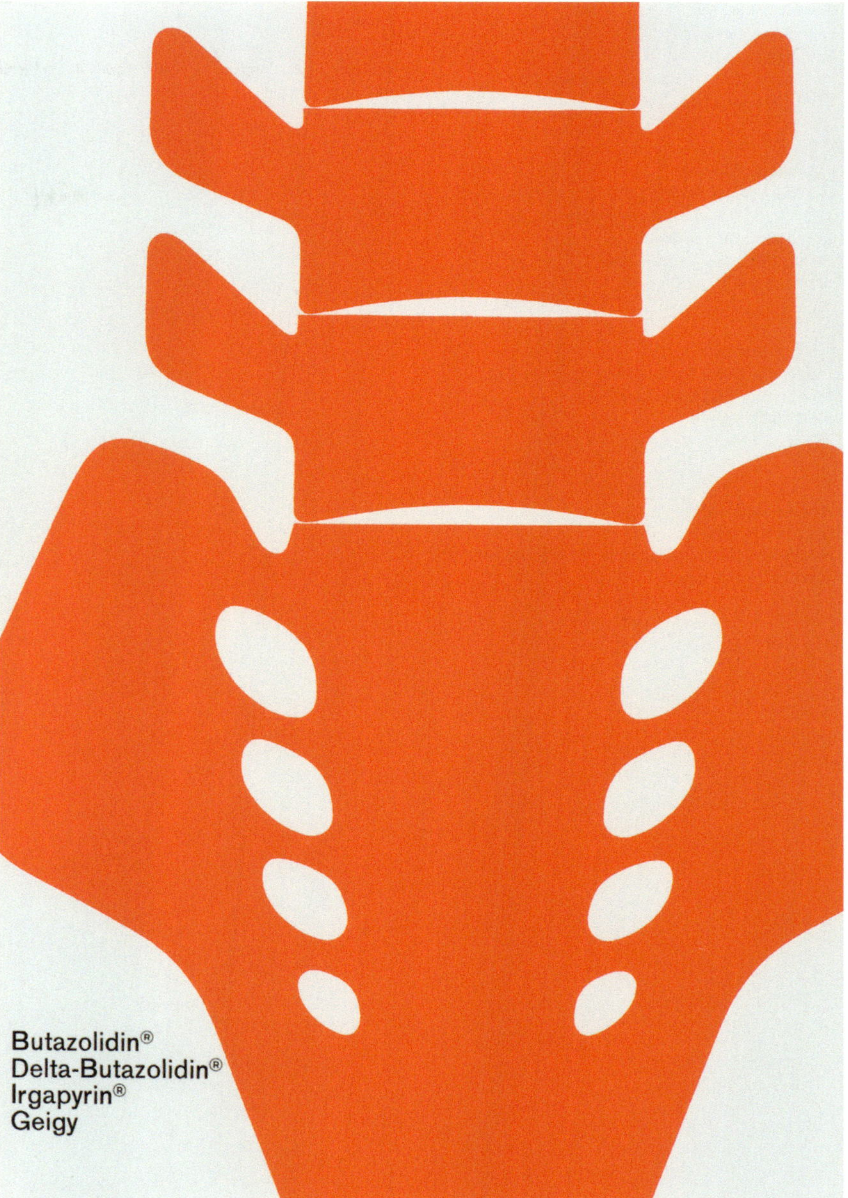

174

175
Roland Aeschlimann
[Butazolidin]
CH/IR, vor 1963, Werbekarte für den Iran
Offset, 21 × 14.8 cm

176
Roland Aeschlimann
Meer dan 10 jaar ervaring met Butazolidin en Irgapyrin [Mehr als 10 Jahre Erfahrung mit Butazolidin und Irgapyrin]
CH/NL, 1962–63, Ärztemuster
Offset, 13.2 × 6.7 × 3.6 cm

177–178
Roland Aeschlimann
Butazolidin/Delta-Butazolidin/Irgapyrin/Geigy
CH/CH, vor 1963, Aus einer Serie von 4 Werbekarten
Offset, 21 × 14.7 cm

179
Roland Aeschlimann
Butazolidin Geigy
CH/DE, vor 1963, Bestellkarte für Medikament
Offset, 10 × 14.9 cm

175

176

Butazolidin®
Delta-Butazolidin®
Irgapyrin®
Geigy

177

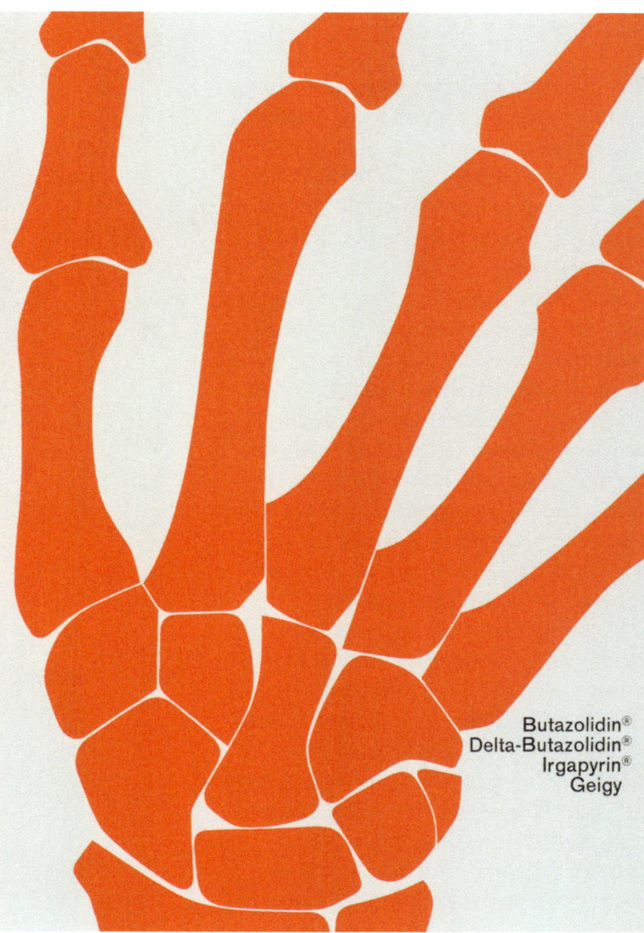
Butazolidin®
Delta-Butazolidin®
Irgapyrin®
Geigy

178

179

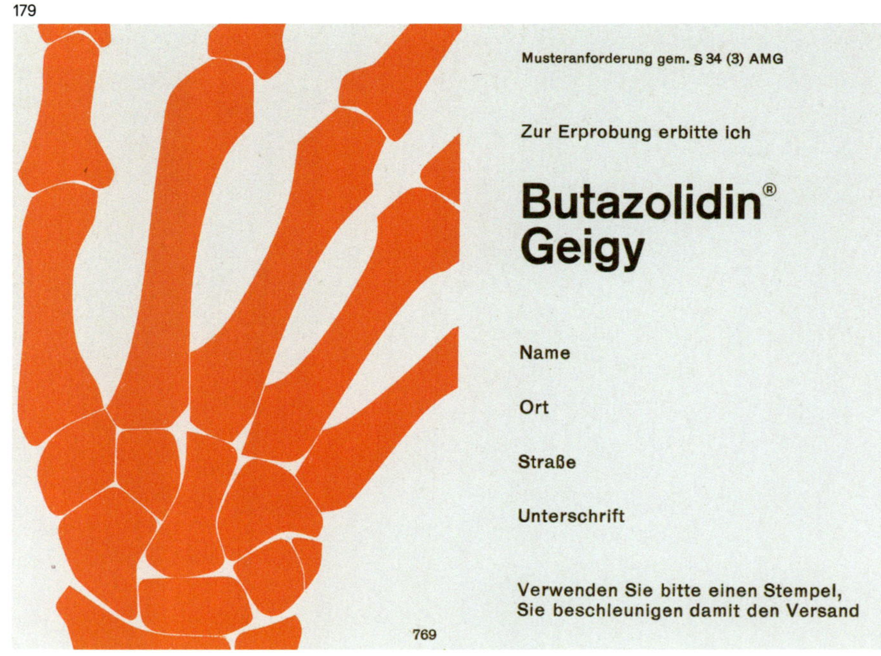
Musteranforderung gem. § 34 (3) AMG
Zur Erprobung erbitte ich
Butazolidin®
Geigy
Name
Ort
Straße
Unterschrift
Verwenden Sie bitte einen Stempel,
Sie beschleunigen damit den Versand
769

«Der messbare Erfolg»

Mit dem Slogan «Der messbare Erfolg …einer steht für tausende!», englisch «A measurable success…just one of thousands» lancierte Geigy 1965 von Basel aus eine internationale Erinnerungskampagne, welche die Ärzte auf die langjährige, therapeutisch nachweisbare Wirksamkeit der Antirheumatika von Geigy – hier von Butazolidin – aufmerksam machen sollte. ⊠354
In den Faltprospekten, von denen es insgesamt zwölf mit unterschiedlichen Motiven in einer Gesamtauflage von 2,7 Millionen gab, sind Fallbeispiele erfolgreicher Therapien mit Messdaten belegt. Damit sich die Ärzte in der täglichen Praxis selbst von der Wirksamkeit des Medikaments überzeugen konnten, schenkte man ihnen Messgeräte – für Deutschland wurden 65.000 Stück, für die Schweiz 15.000 hergestellt –, um beispielsweise den Umfang der Finger oder die Winkel bei den Gelenken der Patienten zu überprüfen. Die 1965 vom Schweizerischen Verpackungsinstitut prämierten Verpackungen der Messgeräte visualisieren den Anwendungsbereich der Geräte, die Prospekte die messbaren Wirkungsbereiche des Medikaments und dies mittels Fotomontage, grafischer Symbole und kräftiger Farben.

⊠180
Markus Löw
Michael Gilligan (Foto)
Tandearil Geigy
US/US, ca. 1965, Ärztemuster
Offset, 14.5 × 14.5 × 1.9 cm

⊠181–182
August Maurer
Geigy/Der messbare Erfolg [Butazolidin/Irgapyrin]
CH/CH, 1965, Verpackung für Messgerät,
Werbegeschenk für Ärzte
Offset, 14.5 × 16 × 1.6 cm

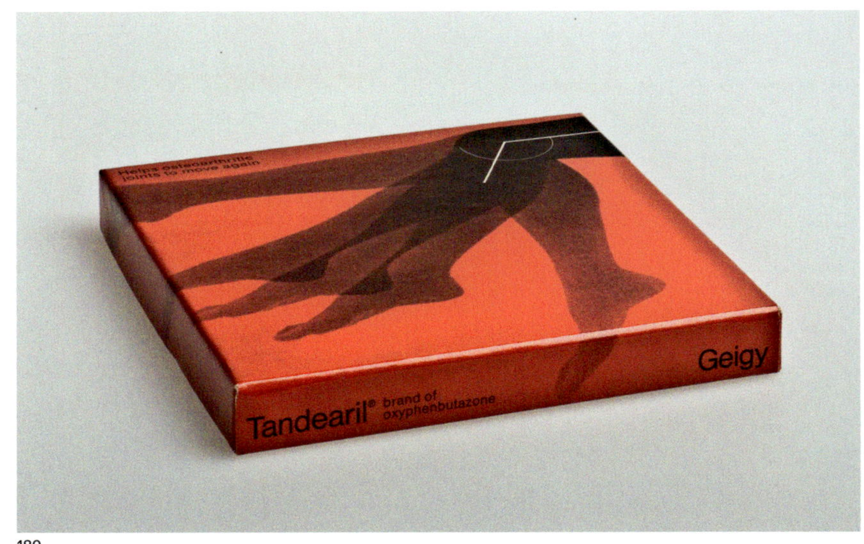

180

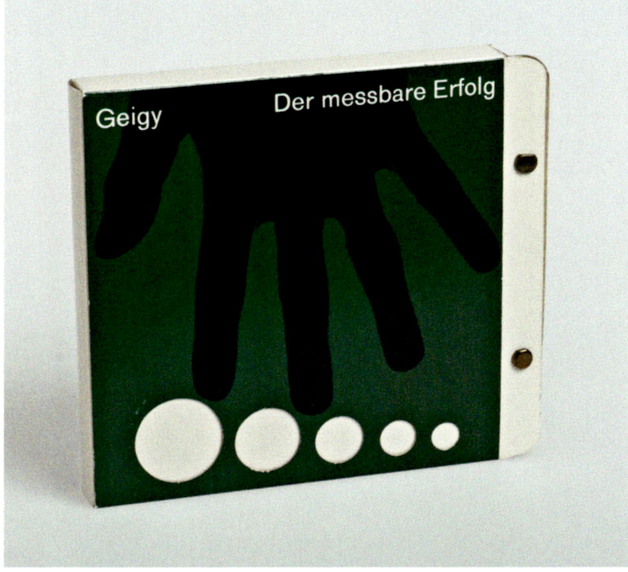

181

182

⊠ 183
August Maurer
Sathes Epitychia
[Der messbare Erfolg; Butazolidin Geigy]
CH/GR, 1964, Aus einer Serie von
12 Faltprospekten
Offset, 23.4 × 23.3 cm

⊠ 184
August Maurer
Mia Ek Ton Chiliadon!
[Einer steht für Tausende; Butazolidin Geigy]
CH/GR, 1964, Aus einer Serie von
12 Faltprospekten, Rückseite von ⊠ 183
Offset, 23.4 × 23.3 cm

⊠ 185
August Maurer
A measurable success [Butazolidin Geigy]
CH/Arab. Emirate, 1965, Aus einer Serie von
12 Faltprospekten
Offset, 11.6 × 23.5 cm

⊠ 186
August Maurer
A measurable success [Butazolidin Geigy]
CH/Arab. Emirate, 1965, Aus einer Serie von
12 Faltprospekten
Offset, 11.5 × 23.2 cm

⊠ 187
August Maurer
Der messbare Erfolg [Butazolidin Geigy]
CH/DE, 1965, Aus einer Serie von
12 Faltprospekten
Offset, 11.5 × 23.2 cm

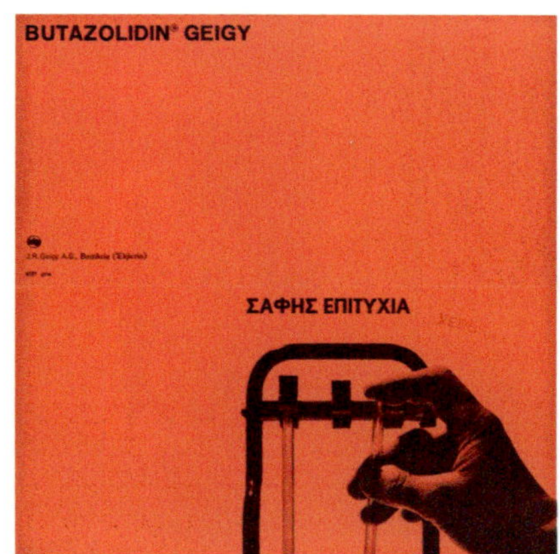

183

184

185

186
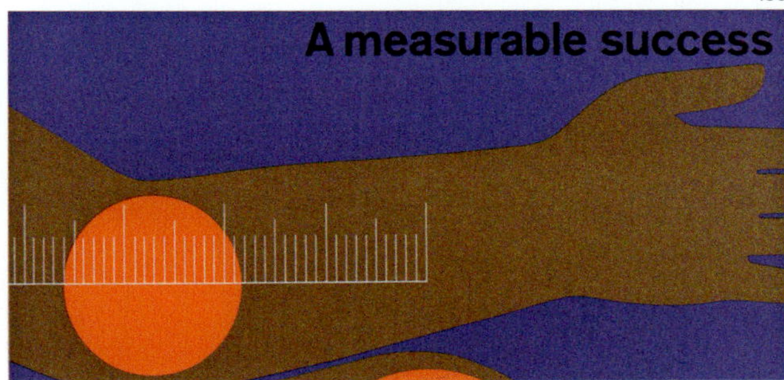

187

Insidon

1961 kam das psychovegetative Harmonisierungsmittel Insidon auf den Schweizer Markt; etwas später wurde es auch in den übrigen europäischen Ländern lanciert. Die Einführungskampagne visualisiert mit dem Symbol des in einer Glaskugel gefangenen Patienten und dessen Selbstbefreiung durch die Sprengung der Kugel den psychischen Zustand des Patienten vor und nach der Einnahme des Medikaments. ⊠65–66 In einem Fall – es handelt sich um eine von Nelly Rudin gestaltete Werbekarte – wird sogar der zweistufige Wirkungsverlauf des Medikaments dargestellt, bei dem auf eine spannungslösende eine stimmungshebende Phase folgt: die Patientin wird entspannt in der Kugel stehend sowie die Kugel sprengend gezeigt. Insgesamt visualisiert die Einführungskampagne mit der einfachen Strichrasterfotografie des Kugelmotivs, der Groteskschrift und der Beschränkung auf eine klare Farbe pro Drucksache das Thema sehr nüchtern.

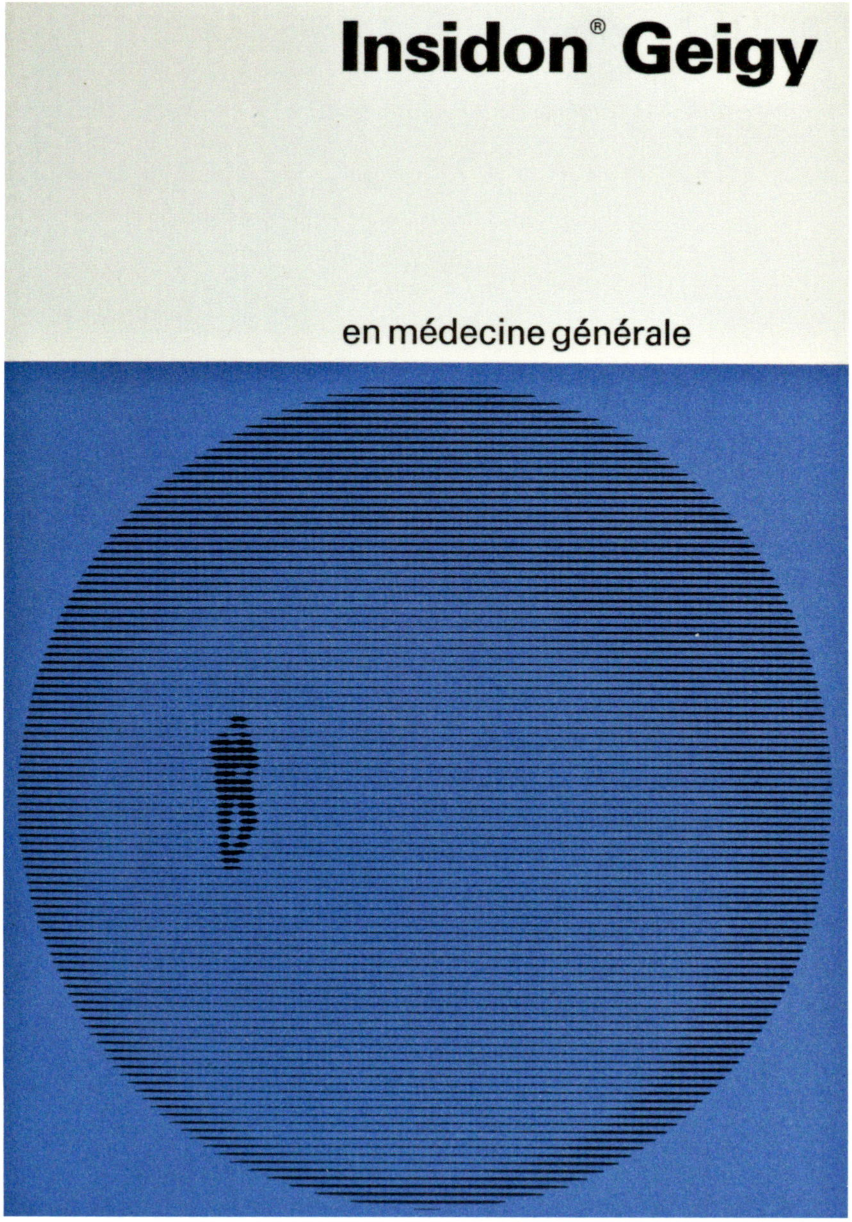

⊠188
Roland Aeschlimann, Nelly Rudin (Motiv)
Insidon Geigy
CH/IT, 1961–63, Ärztemuster
Offset, 7.5 × 10.9 × 2.7 cm

⊠189
Anonym
Insidon Geigy/en médecine générale
[in der Allgemeinmedizin]
CH/CH, ca. 1963, Werbeprospekt
Offset, 23.3 × 16.4 cm

⊠190
Nelly Rudin
[für Ihren Problem-Patienten…] Insidon Geigy/
beruhigend angst- und spannungslösend
stimmungshebend befreiend
CH/CH, 1962, Zeitschrift, Doppelseite mit
zweiseitigem Inserat
Buchdruck und Offset, 29.4 × 41.2 cm

⊠191
Harri Boller
OP Insidon [in: *Muster-Scheckheft* 2/62 Geigy]
CH/DE, 1962, Bestellblock für Ärztemuster
Offset, 8 × 45.7 cm

⊠192
Nelly Rudin
Insidon Geigy/apaise/suprime anxiété et tension/
relève l'humeur/soulage [beruhigend angst- und
spannungslösend stimmungshebend befreiend]
CH/CH, ca. 1962, Werbekarte
Offset, 13.6 × 29.7 cm

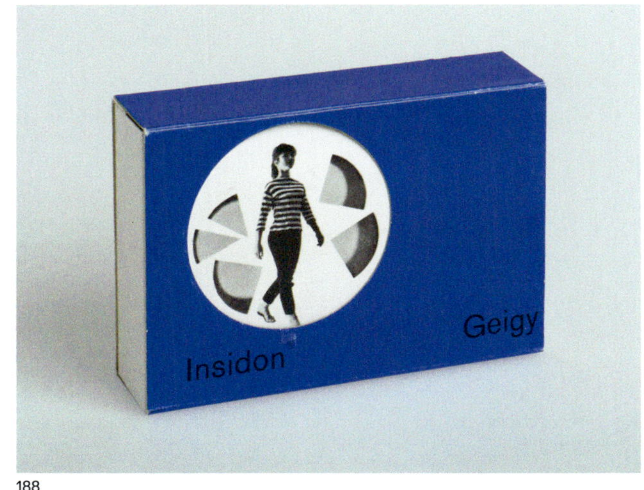

188

189

Insidon® Geigy

en médecine générale

Dans son fameux rapport de 1942, Beveridge n'a du reste pas préconisé un service médical forcément gratuit; il a même expressément demandé qu'au-delà des prestations de base de l'Etat on encourage l'effort personnel des affiliés à prendre pour leur part des mesures de prévoyance. Il visait avant toute chose à une réglementation aussi complète et précise que possible des certificats médicaux, à cause des grosses indemnités de maladie, d'accidents et d'invalidité.

Ainsi que le prouvent les Jewkes, le service d'hygiène selon Beveridge, envisagé déjà par le gouvernement de coalition et introduit ensuite par le gouvernement travailliste parvenu au pouvoir en 1945, reposait d'emblée en partie sur des espérances et prévisions nettement utopiques. On avait déclaré, par exemple, que puisque le service de santé ne tarderait pas à améliorer la santé du peuple, ses dépenses s'en trouveraient réduites dans un avenir pas trop lointain. Or, on sait à quel rythme les frais annuels se sont accrus.

D'après J. et S. Jewkes, une analyse critique du service d'hygiène menée en considérant les tendances évolutives qui se manifestaient déjà avant la deuxième guerre mondiale, oblige à qualifier de plutôt modestes les conquêtes réalisées depuis 1948 – abstraction faite de l'énorme consommation de médicaments qui ne peut donner lieu qu'à des sentiments assez mélangés. L'influence du service de santé sur une répartition plus égale des médecins entre les différentes régions du pays est insignifiante. L'augmentation numérique des «consultants», qui aurait dû constituer un des principaux attraits du service de santé, se révèle en fait être davantage une affaire de titre qu'un véritable accroissement d'effectif. Nombre de médecins qui n'auraient pas atteint autrefois le grade de «consultant» ont été et sont encore institués à ce titre, tout simplement pour pourvoir les nouvelles places créées. Les longues listes d'attente des hôpitaux ne diminuent que lentement, le chiffre des lits de malades mettant du temps à croître; leur augmentation est moins rapide que dans les hôpitaux suisses qui, de toute façon, étaient mieux dotés précédemment déjà: de 1948 à 1959, notre pays a affecté à la construction de nouveaux établissements pour malades des fonds proportionnellement quatre fois plus élevés que le service d'hygiène britannique dont le rayon d'activité englobe pratiquement, comme on sait, tout le système hospitalier.

L'évolution de l'assurance-maladie sociale suisse sous un régime en grande partie volontaire, sa décentralisation très poussée, l'existence d'un corps médical libre et la couverture de la plus grosse partie des frais par les contributions mêmes des assurés ne sont pas sans impressionner les auteurs. En revanche, ils ne constatent pas chez nous une courbe de mortalité plus favorable par rapport à d'autres pays.

L'expansion ininterrompue de l'assurance-maladie privée anglaise (elle comprend déjà près d'un million de personnes) et le fait qu'en 1959 les malades ont acheté plus de médicaments à leurs propres frais qu'à ceux du service de santé, montrent dans quelle mesure la population est prête – en tant qu'elle le peut financièrement – à se faire soigner comme malade privé, tout en assumant les primes et impôts requis pour les charges du service de santé.

Le manque de documentation rend quasi impossible une confrontation exacte des frais d'administration des hôpitaux dans l'avant-guerre et depuis l'introduction du service de santé. Mais le fait est que de 1938 à 1960, dans les hôpitaux qui, autrefois financés et exploités à titre privé et volontaire, ont aujourd'hui caractère public, la moyenne des frais d'administration par semaine et par patient est de six à neuf fois plus élevée, c'est-à-dire qu'elle a progressé partout bien davantage que les frais de soins, eux aussi en augmentation constante. Une centralisation aussi rigoureuse devait forcément donner naissance à une large bureaucratie qui pèse aussi sur le travail des médecins et infirmières. J. et S. Jewkes critiquent également, comme nous l'avons fait de tout temps, l'omnipotence conférée par la loi au ministre de la santé; elle retire notamment à la compétence du juge le droit d'exclure un médecin du service de santé.

Non seulement les médecins, mais aussi les auteurs de l'étude relatée ici, jugent en outre défavorable la subdivision administrative tripartite du service de santé, à cause de la solution de continuité qui en résulte, surtout au détriment des personnes âgées, ce à quoi une vaste décentralisation permettrait de remédier. En 1960, même le ministre de la santé convint devant le Parlement de la lourdeur et de l'inertie de toute l'organisation, déclarant qu'il était opportun que le service de santé, bien que généralisé, n'exclue pas la possibilité de recourir à des soins et secours médicaux en dehors du système gouvernemental institué. Cependant, ni le gouvernement ni les commissions d'études qu'il a mises sur pied ces dernières années ne tendent à des réformes de structure, estimant que l'institution, encore assez neuve, ne doit pas être entravée pour l'instant dans son insertion organique.

Des tableaux statistiques détaillés concernant les frais, la construction d'hôpitaux en Angleterre, aux Etats-Unis et en Suisse, le nombre d'étudiants et de médecins, le nombre d'infirmières, l'évaluation de la durée de la vie, etc., viennent compléter l'étude en question. Nous constatons avec satisfaction que les critiques formulées répondent largement à celles que nous avons émises au cours des années; elles concordent notamment avec les principaux points du rapport de la commission Martin, déléguée en son temps en Angleterre par l'«American Medical Association» (v. n° 2/1951, page 9, de ce Bulletin).

Les médecins anglais ont irrévocablement perdu leur liberté professionnelle d'autrefois. Montrons-nous avisés, face aux tendances de ceux qui, aujourd'hui encore, veulent nous donner en exemple le service d'hygiène britannique.

Leuch

Nr. 5 2.2.1962

83

190

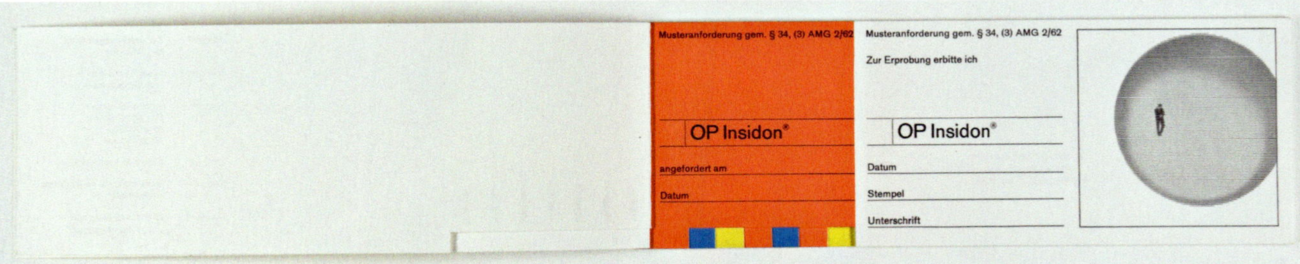

191

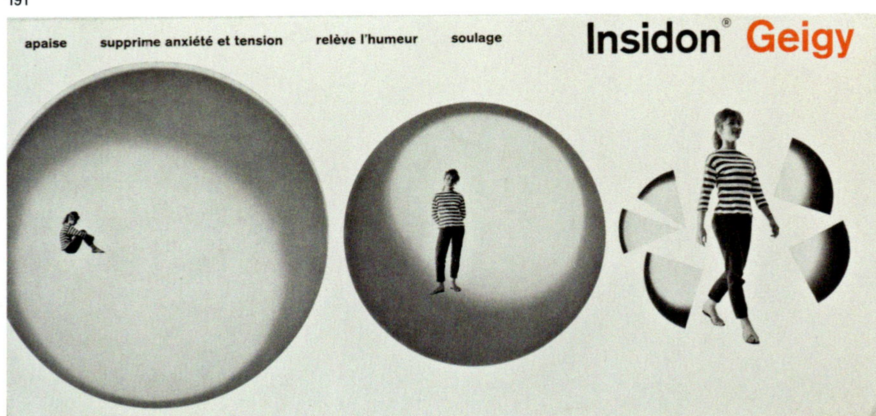

192

Pertofran

In der Kampagne für das Antidepressivum Pertofran stellt Max Schmid einerseits die Krankheit, andererseits die Wirkung des Medikaments symbolisch dar. Die schwere Fusskette mit runder Gewichtkugel zieht sich über alle vier Seiten der Musterpackung und weckt Assoziationen zu Gefangenschaft. Beim Aufreissen des perforierten Bandes in der Mitte der Schachtel wird die Kette gesprengt und der Befreiungsschlag sinnbildlich vorweg genommen, der durch die Einnahme des Medikamentes erfolgen sollte. Die grafische Umsetzung betont die Monumentalität der schwarzen Kugel auf weissem Grund. Auf dem Briefpapier und -umschlag ist das Motiv auf den Moment der erfolgten Befreiung beschränkt. Die Verpackung des 1962 eingeführten Medikaments erhielt 1965 den Schweizerischen Verpackungspreis.

⊠ 193
Max Schmid
Pertofran Geigy
CH/CH, ca. 1962, Ärztemuster
Offset, 22.9 × 5.5 × 5.4 cm

⊠ 194
Max Schmid
Pertofran Geigy/befreit von Hemmung und Depression
CH/CH, ca. 1962, Werbekarte
Offset, 21.1 × 29.6 cm

⊠ 195
Max Schmid
Pertofran Geigy/befreit von Hemmung und Depression
CH/CH, ca. 1962, Versandumschlag
Offset, 22.8 × 32.3 cm

⊠ 196
Max Schmid
Pertofran/befreit von Hemmung und Depression
CH/CH, ca. 1962, Briefpapier
Offset, 29.6 × 21 cm

193

194

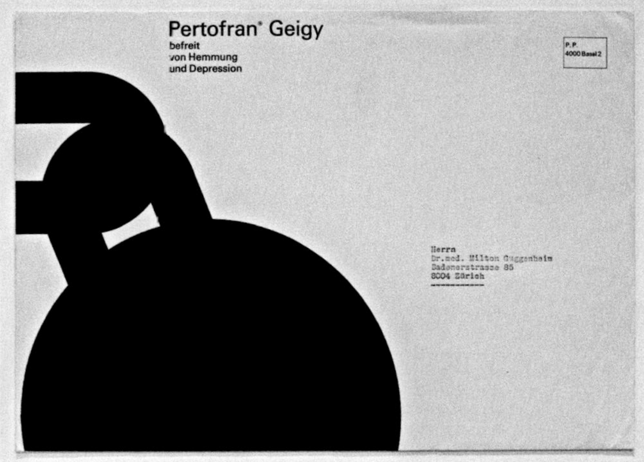

195

Pertofran®
befreit
von Hemmung
und Depression

196

Serien

In der Produktwerbung arbeitete man oft mit mehrteiligen Inseratekampagnen. Besonders augenfällig war dies bei den Farbstoffen der Fall, für die mittels doppelseitigen Einlageblättern geworben wurde: Deren Kunstdruckpapier hob sich von den umgebenden Seiten der jeweiligen Fachzeitschriften ab, die Farben konnten durch den Druck in Basel optimal kontrolliert werden und die Kosten blieben trotz des Transportaufwandes in etwa einem Dutzend Ländern tief; die Gesamtauflage der Einlageblätter lag Anfang der 1960er Jahre bei über einer Million. Eher der langfristigen Kundenbindung dienten hingegen Reihen wie der *Geigy-Berater*, die Begleitpublikationen zu den Filmen oder die wissenschaftlichen bzw. kulturhistorischen *Documenta*-Publikationen. Das Konzipieren solcher Serien, bei denen ein Typenentwurf in eine Folge von Varianten umgesetzt wurde, war eine wesentliche und dankbare Aufgabe der Geigy-Grafiker. Das verwendete Papier, das Format, die Typografie, das Verhältnis von Bild und Text sowie die Art des Einsatzes von Farbe blieben dabei meist konstant – und dies bisweilen über einen Zeitraum von mehreren Jahren. Oft galt es auch, Sprachvarianten zu berücksichtigen – sei es für die mehrsprachige Schweiz, sei es für die internationalen Märkte, in die etwa die *Documenta*-Publikationen verschickt wurden.

Inserate für Gartenprodukte

Geigys Schädlingsbekämpfungsmittel wurden nicht nur in der Landwirtschaft, sondern auch in Haus und Garten verwendet. Adressaten der 1967 lancierten Inserate-Serie waren die Hobbygärtner. Mit der abstrakten Schwarz-Weiss-Darstellung gesunder Pflanzen und dekorativ beschönigter Schädlinge werden positive Assoziationen und Emotionen geweckt; die rhetorisch formulierten Verkaufsargumente hingegen wenden sich an den Verstand. Grafisch spielen die Inserate mit der Positiv-Negativ-Inversion wie sie an den Kunstgewerbeschulen gelehrt wurde und im Inseratwesen noch heute häufig vorkommt. Der Farbverzicht liegt darin begründet, dass Ende der 1960er Jahre auch viele Zeitschriften die Inserate nur schwarz-weiss druckten.

⊠ 197
Roland Aeschlimann
Pflanzen Sie für die Schnecken?/Schneckenkörner Geigy/Gesal Schneckenkörner
CH/CH, 1967, Inserat
Buchdruck, 23 × 21 cm

⊠ 198
Roland Aeschlimann
Achten Sie auf die Gesundheit Ihrer Rosen!/Basudin Emulsion/Zineb Geigy/Netzschwefel Geigy
CH/CH, 1967, Inserat
Buchdruck, 23 × 21 cm

⊠ 199
Roland Aeschlimann
Stäuben mit Gesarex/einfache und wirkungsvolle Bekämpfungsmethode gegen Schädlinge
CH/CH, 1967, Inserat
Buchdruck, 23 × 21 cm

197

198

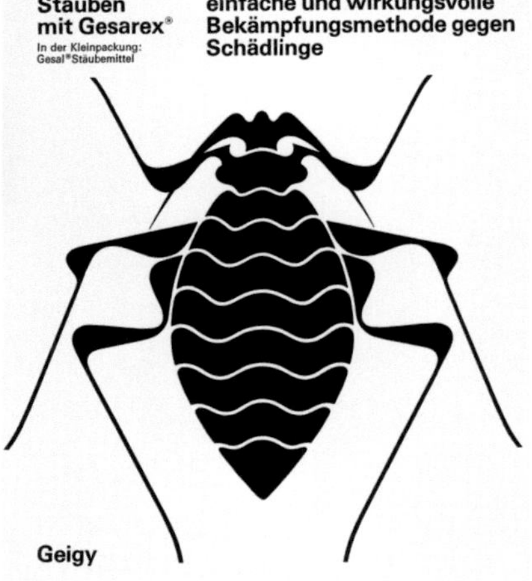

199

Geigy-Berater

In der Nachfolge der 1946/47 erschienenen, kleinformatigen Schriftenreihe *DDT Geigy Nachrichten* wurde 1952, im zehnten Jahr der Marktpräsenz der DDT-Produkte, der *Geigy-Berater* lanciert. Die reich illustrierte Publikation im Zeitungsformat informierte zweimal jährlich Landwirte und Zwischenhändler über neuste Methoden der Schädlingsbekämpfung und den Einsatz der Geigy-Produkte in Form von Spritzplänen. Karl Gerstners Entwurf baut auf einem dichten vierspaltigen Flattersatz auf und zeigt die durchwegs vierfarbig gedruckten anschaulichen Fotografien bevorzugt in Kreisform oder als Rechtecke mit ganzzahligen Seitenverhältnissen. Die kräftigen Linien, grosszügigen Farbflächen und Serifen-Titelschrift der ersten Hefte wichen schon bald einer zurückhaltenderen Gestaltung und einer nur hier verwendeten Grotesk-Titelschrift auf Quadratgrund in zum Pflanzengrün komplementärem Rot. Beibehalten wurde das didaktische Zeigen unansehnlicher und schöner Früchte und damit der Fokus auf dem Pflanzenschutz, während die dafür nötige Schädlingsbekämpfung eher diskret behandelt wurde. Auch die französische Ausgabe *Conseils Geigy* erschien bis 1961.

Geigy

Geigy Berater

für Schädlingsbekämpfung + Pflanzenschutz

Seite 2 und 3:
Kirschenbau, wie er rentiert

März 1952

10 Jahre im Dienste der Landwirtschaft

Seite 3:
Für den Gärtner

Seite 4 und 5:
Der Geigy-Spritzplan

Seite 6:
Fortschritt in der Bekämpfung der Kräuselkrankheit der Reben

Seite 7:
Man achte auf Engerlinge und Drahtwürmer

Seite 8:
Kampf den Ratten und Mäusen in Haus und Hof

Gesarex
mit Blattlauswirkung

Als im Jahre 1942 die ersten DDT-Produkte vom Typ Gesarol und Neocid von unserer Firma herausgebracht wurden, stand man vor einer Umwälzung im Kampf gegen schädliche Insekten. So konnte man auf die Anwendung der giftigeren Mittel verzichten und es währte nicht lange, bis man in der ganzen Welt überraschend neue Bekämpfungsmöglichkeiten von größter Tragweite entdeckte.
Insekten, die als Überträger gefürchteter Krankheiten und Seuchen riesige Landstriche für den Menschen fast unbewohnbar machten und alljährlich viele Opfer forderten, konnten nun mit DDT-Produkten vernichtet werden. Aber auch gegen die Schädlinge, welche die Erträge der verschiedensten Zweige der Landwirtschaft gefährden, waren

200

200
Karl Gerstner
Geigy-Berater/für Schädlingsbekämpfung + Pflanzenschutz [= Nr. 1]
CH/CH, 1952, Zeitschrift, Umschlag
Offset, 37 × 27.6 cm

201
Karl Gerstner
Geigy-Spritzplan 1954 [in: *Geigy Berater*, Nr. 1]
CH/CH, 1954, Zeitschrift, Doppelseite
Tiefdruck, 37 × 54.8 cm

202
Karl Gerstner
*Geigy-Berater/für Schädlingsbekämpfung/*Januar 1953
CH/CH, 1953, Zeitschrift, Umschlag
Lichtdruck, 37 × 27.6 cm

203
Karl Gerstner
*Geigy-Berater/für Schädlingsbekämpfung/*3. Jahrgang Nr. 2 1954
CH/CH, 1954, Zeitschrift, Umschlag
Lichtdruck, 37 × 27.6 cm

Geigy-Spritzplan 1954

Kernobst

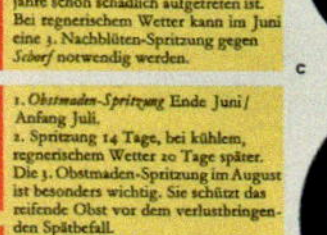

Steinobst

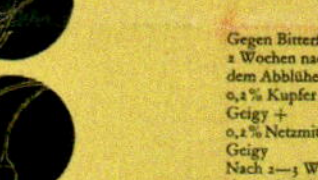

201

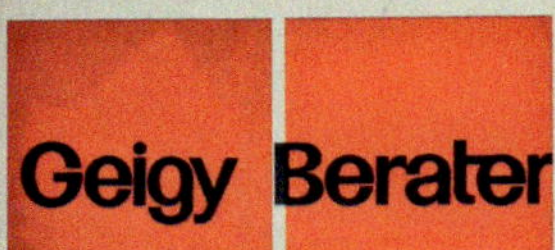

Geigy Berater

für Schädlingsbekämpfung Januar 1953

Inhaltsverzeichnis

Neue Erkenntnisse und neue Mittel für den Weinbau

Stratilon —

202

Geigy Berater

für Schädlingsbekämpfung 3. Jahrgang Nr. 2 1954

Der Ersatz der Winterspritzung

203

Farbmusterkataloge

Neben den wachsenden Sparten Pharma und Schädlingsbekämpfung blieben die Farbstoffe ein wichtiges Standbein für Geigy. Ab der zweiten Hälfte der 1950er Jahre hatten die Musterkataloge für die Fachkundschaft nicht mehr die Form knapper gehefteter Broschüren; sie wurden nun als umfangreiche, aktualisierbare Musterkartensammlungen in Ordnern abgegeben. Das Bildfeld der Katalogdeckel wurde von wechselnden Gestaltern bearbeitet, meistens mit rein grafischen Mitteln – wobei gerade Toshihiro Katayama sein Interesse für farbige Konstellationen auch mit Fotografie verband. Die Teilung in ein buntes Bild- und ein schwarzes, immer in Akzidenz Grotesk gesetztes Textfeld verleiht der Katalogreihe einen ausgeprägten Seriencharakter. Für die verschiedenen Farbstoffe und deren Anwendungsbereiche erschienen so bis in die zweite Hälfte der 1960er Jahre über vierzig Bände, zunächst nur in deutsch, später oft dreisprachig mit französisch und englisch.

☒ 204
Toshihiro Katayama
Geigy/Farbstoffe für Polyamidfasern
CH/CH, 1963–64, Farbmusterkatalog
Siebdruck laminiert, 25 × 18.1 × 5.6 cm

☒ 205
Toshihiro Katayama
Farbstoffe für Sisal/Colorants pour sisal/Dyes for sisal/Geigy, CH/CH, 1963–64, Farbmusterkatalog
Siebdruck laminiert, 25 × 20 × 5.7 cm

☒ 206
Igildo Biesele, Suzanne Fornerod, Max Schmid
Irgastyrol- und Irgaplast-Farbstoffe/Colorants Irgastyrol et pigments Irgaplaste/Irgastyrol and Irgaplast colours/Geigy
CH/CH, 1963–64, Farbmusterkatalog
Siebdruck laminiert, 25 × 18 × 2.2 cm

☒ 207
Toshihiro Katayama
Cuprophenyl-Informationen/Geigy
CH/CH, 1963–64, Farbmusterkatalog
Siebdruck laminiert, 25 × 21 × 5.4 cm

☒ 208
Suzanne Fornerod, Max Schmid
Setacyl-Farbstoffe auf Triazetat Geigy
CH/CH, 1960–66, Farbmusterkatalog
Siebdruck laminiert, 25 × 18.2 × 1.9 cm

☒ 209
Toshihiro Katayama
Geigy/Setaron- und Setacyl P-Farbstoffe auf Polyesterfasern, CH/CH, 1963, Farbmusterkatalog
Siebdruck laminiert, 25 × 21.4 × 5.8 cm

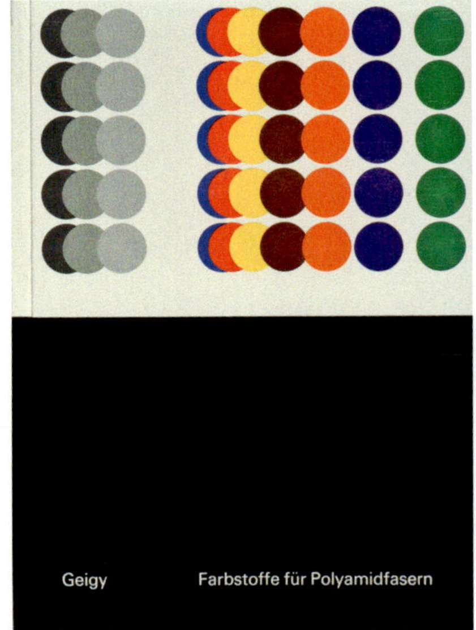

204

205

Irgastyrol- und Irgaplast-Farbstoffe
Colorants Irgastyrol et pigments Irgaplaste
Irgastyrol and Irgaplast colours
Geigy

206

207

208

209

⊠ 210
Suzanne Fornerod, August Maurer, Max Schmid
Irgalith/Geigy
CH/CH, 1963, Farbmusterkatalog
Siebdruck laminiert, 25.4 × 19.5 × 8.3 cm

⊠ 211
Toshihiro Katayama
Cuprophenylrot BL Cuprophenylrubin RL [in: Cuprophenyl-Farbstoffe Geigy]
CH/CH, 1963–64, Farbmusterkatalog, Doppelseite
25 × 45 × 4.5 cm

210

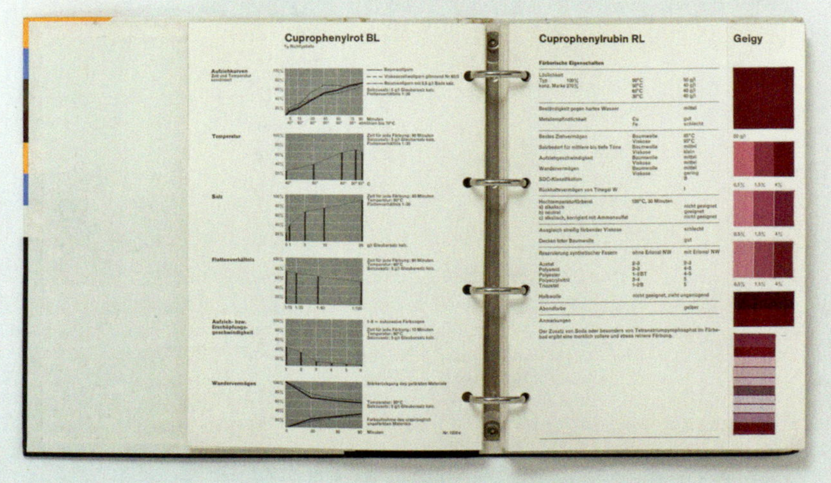

211

Inserate für Irgalan

Geigy publizierte ihre Farbstoff-Inserate in über zwei Dutzend Ländern in Fachpublikationen mit mehreren tausend Auflagen. Die Gestalter schätzten diese Aufträge, da sie hier mit Farben experimentieren durften. In den 1950er Jahren war dies keine Selbstverständlichkeit, da die meisten Fach- und Publikumszeitschriften Inserate nur schwarz-weiss druckten. Karl Gerstners Irgalan-Inserate bauen auf einem exzentrischen Raster auf, der den Satz der Groteskschriftblöcke und die Masse der geometrischen Farbkompositionen präzise festlegt. Ebenso diszipliniert wie die Formensprache ist seine Farbpalette und der Einsatz der Fotomontage, bei der ihm Aufnahmen von Mitarbeiterinnen als Versatzstücke dienten. Gerstner pflegte einen strengen, sich an den Zürcher Konkreten Bill und Lohse orientierenden Stil. Für die damalige Zeit neuartig ist die Verwendung des Flattersatzes innerhalb von Textspalten.

212
Karl Gerstner
Irgalan
CH/UY, vor 1954, Inserat, Einlageblatt
Offset, 32 × 24 cm

213
Karl Gerstner
Irgalane
CH/FR, vor 1954, Inserat, Einlageblatt
Offset, 31.8 × 23.3 cm

214
Karl Gerstner
Irgalane
CH/DE, vor 1954, Inserat, Einlageblatt
Offset, 32 × 24 cm

212

213

Melliand-Textilberichte, deutsch/D, 210/297, 8480

Irgalane

In diesem Jahre ist die Irgalangamme durch folgende neue Farbstoffe ergänzt worden:
Irgalanbraun 7RL
Irgalandunkelbraun 5R
Irgalanrubin RL
Irgalanviolett 5RL
Irgalanviolett 4BL
Irgalanblau GL

die epochemachenden Wollechtfarbstoffe, ergeben auch bei stark gedrehten Garnen und dicht geschlagenen Geweben einwandfreie Färberesultate

Geigy Verkaufsgesellschaft m.b.H.
Frankfurt a/Main, Liebigstr. 53

Inserate für Irgalan und Cuprophenyl

Um der Gestaltung neue Impulse zu verleihen, erteilte die Propagandaabteilung immer wieder Aufträge an externe Grafiker. Numa Rick entwarf um 1954 diese Irgalan-Inseratserie, die weltweit bis Anfang der 1960er Jahre und in unterschiedlichen Sprachen in Fachzeitschriften publiziert wurde. Seine gestalterische Umsetzung zeigt eine verspielte, collageartige Darstellung einmal eines Schmetterlings und ein andermal eines Blattes. Die Motive erhalten ihre Form durch scheinbar planlos übereinander geklebte, farbige Papierschnipsel. Jedes Inserat ist für einen bestimmten Farbton vorgesehen und entsprechend koloriert. Der malerische Stil der Vorderseite steht im Gegensatz zur ruhigen Gliederung der Rückseite, die jeweils technische Informationen und eine Sachaufnahme enthält.

215
Numa Rick
Irgalanbrillantgrün 3 GL
CH/CH, ca. 1954, Inserat, Einlageblatt
Offset, 29.6 × 20.8 cm

216
Numa Rick
Bleu Irgalane GL/Gris Irgalane BL/Olive Irgalane BGL
CH/BE, ca. 1954, Inserat, Einlageblatt
Offset, 29.6 × 20.8 cm

217
Numa Rick
News for the Dyer
CH/AU, ca. 1954, Inserat, Einlageblatt, Rückseite
Buchdruck, 29.6 × 20.8 cm

218
Numa Rick
Cuprophenyl Yellow 3 GL
CH/AU, ca. 1954, Inserat, Einlageblatt, Vorderseite
Offset, 29.6 × 20.8 cm

Irgalanbrillantgrün 3 GL

Lebhaftigkeit der Nuance, sehr gute Echtheiten, ideale Färbbarkeit
sind die Merkmale dieses neuesten Geigy-Metallkomplexfarbstoffes.
Irgalanbrillantgrün 3 GL erlaubt die Herstellung reiner Grüntöne
auf Wolle, Seide und Polyamidfasern.

J. R. Geigy A.G., Basel

Rückseite: «Neues aus der Praxis»

215

Bleu Irgalane GL
Gris Irgalane BL
Olive Irgalane BGL

pour nuances mode : gris bleu et gris olive

La solidité au porter de ces teintures satisfait aux plus hautes exigeances, avec l'avantage d'une méthode de teinture des plus simples. Notre circulaire no. 1247 donne tous les renseignements utiles.

J. R. Geigy S. A., Bâle

Au verso: «Du nouveau pour le teinturier»

216

News for the Dyer

Dischargeable substantive dyestuffs suitable for crease-resist finishes

Special care is needed in the selection of dyestuffs combining good dischargeability with fastness to crease-resist finishes. With the dyestuffs listed below there is a minimum change of shade as a result of treatment with urea formaldehyde.

Polyphenyl Orange SP
Diphenyl Fast Yellow 3GL
Diphenyl Fast Yellow GL
Diphenyl Fast Yellow RL
Diphenyl Fast Yellow TRL
Diphenyl Fast Orange G
Diphenyl Fast Orange 2RL
Diphenyl Fast Orange GRW
Diphenyl Fast Bordeaux G conc.
Diphenyl Fast Blue Red B
Diphenyl Fast Blue GLN
Diphenyl Fast Blue 2GLN conc.
Diphenyl Fast Blue RL
Diphenyl Fast Blue BL conc.
Diphenyl Fast Navy Blue AB
Diphenyl Fast Discharge Brown BR
Diphenyl Fast Discharge Brown 2R
Diphenyl Fast Discharge Brown GR
Diphenyl Fast Black L
Diphenyl Fast Grey B conc.
Solophenyl Yellow 2RL
Formal Fast Black G conc.
Diazophenyl Fast Yellow 3GL (Yellow Developer)
Diazophenyl Fast Orange RL (Yellow Developer and Beta-naphthol)
Diazophenyl Fast Scarlet GL (Beta-naphthol)
Diazophenyl Fast Red 7BL (Beta-naphthol)
Diazophenyl Fast Red BL (Beta-naphthol)
Diazophenyl Fast Red 2BL (Beta-naphthol)
Diazophenyl Blue BRN (Beta-naphthol)
Diazophenyl Blue BRG (Beta-naphthol)
Diazophenyl Fast Blue GL conc. (Beta-naphthol)
Diazophenyl Blue 8GW (Beta-naphthol)
Diazophenyl Brilliant Green G (Yellow Developer)
Diazophenyl Fast Green 4G (Yellow Developer)
Diazophenyl Fast Green 2GL (Yellow Developer)
Diazophenyl Fast Green GLN (Yellow Developer)
Diphenyl Blue Black GHS (Beta-naphthol)
Diazophenyl Black AWG (Beta-naphthol)

The following are dischargeable only in light shades:

Solophenyl Red 4BL
Diphenyl Fast Brown BRL
Solophenyl Blue AGL

Fuller details in Pattern Card D 155

Geigy (Australasia) Pty. Limited
Botany (NSW): Hale Street
Telephone: MU 4411 Sydney
South Melbourne: 189 Clarendon Street
Telephone: MX 2246-7
Wellington, N.Z.: Robert Bryce & Co. Ltd.
19 Lower Tory Street

217

Cuprophenyl Yellow 3GL

a new advance in the copper aftertreatment field

Cuprophenyl Yellow 3GL is a bright after-coppering yellow with a greenish tone. The fastness properties are excellent, some indeed exceptional even for this range. Fastness to light is outstanding, fastness to washing, perspiration, acid and alkali very good. This colour withstands crease-resist finishes. Cuprophenyl Yellow 3GL is eminently suitable for dyeing yarn and piece goods, for direct printing, and for union dyeing. It is recommended specially for furnishing fabrics, clothing materials, sports wear, knitted goods and sewing yarns.

Overleaf: 'News for the Dyer'

Geigy (Australasia) Pty. Ltd.
Hale Street, Botany (NSW)
Australia

218

Inserate «Ring Geigy for Service»

In den USA konnte die Farbstoff-Abteilung in den 1960er Jahren langsam, aber kontinuierlich wachsen. Im hart umkämpften Geschäft musste Geigy jedoch für stetige Präsenz sorgen. Eine zwölfteilige Inserate-Kampagne von Fred Troller, die 1963 lanciert und ein Jahr lang fortgeführt wurde, rückte nun nicht ein Produkt, sondern eine Dienstleistung ins Licht – und damit den Namen der Firma selber. «Ring Geigy for Service» propagierte den Auskunftsdienst, welcher der Fachkundschaft für die vielfältigen und komplexen Fragen des Färbens zur Verfügung stand. ⊠138 Illustriert ist die Kampagne mit stark schematisierten Figuren auf kräftig einfarbigem Grund, die eine bestimmte Berufsgattung symbolisieren und mit einer sinnfälligen Redewendung verbunden sind. Dabei baut die aus der Dialektik von Bild und Text resultierende Ironie auf einer amerikanischen (Werbe-)Kultur auf, die der Sprache tendenziell einen hohen Stellenwert einräumt.

⊠219
Fred Troller
Ring Geigy for Service/Only Santa has us beat/
Geigy Dyestuffs, US/US, 1965, Inserat
Buchdruck, 30.5 × 22.9 cm

⊠220
Fred Troller
Ring Geigy for Service/and tell them Joe sent you/
Geigy Dyestuffs, US/US, 1965, Inserat
Buchdruck, 30.4 × 22.8 cm

⊠221
Fred Troller
Put Geigy on your team/Ring Geigy for Service/
Geigy Dyestuffs, US/US, 1965, Inserat
Buchdruck, 34.9 × 27.9 cm

⊠222
Fred Troller
Don't Sit There Smoldering/Ring Geigy For
Service/Geigy Dyestuffs, US/US, 1965, Inserat
Buchdruck, 30.5 × 23 cm

⊠223
Fred Troller
No need to gamble/Ring Geigy for Service/
Geigy Dyestuffs, US/US, 1965, Inserat
Buchdruck, 30.5 × 22.9 cm

⊠224
Fred Troller
Stop! I'm taking you to headquarters/your
headquarters for dyestuffs – Geigy Dyestuffs/
Ring Geigy for service, US/US, 1965, Inserat
Buchdruck, 35.6 × 28 cm

219

220

221

223

222

224

Broschüren für Delta-Butazolidin

In geometrisierten Ausschnitten gezeigte Röntgenbilder von Gelenken verweisen unmittelbar auf die Wirkungsbereiche des Medikaments gegen chronische Polyarthritis. Eingeheftete Transparentpapiere mit weiteren Röntgenbildern verweisen auf die klinische Praxis und sind zusammen mit dem schimmernden Silberdruck der Umschläge der drei Broschüren zugleich Ausdruck eines Interesses für Materialexperimente, das sich bei Arbeiten aus dem Geigy-Atelier wiederholt feststellen lässt.

⊠ 225
Fritz Schrag
Delta-Butazolidin Geigy/
in all forms of rheumatic disease
CH/UK, ca. 1960, Werbeprospekt
Offset, 23.5 × 16.5 cm

⊠ 226
Fritz Schrag
[Delta-Butazolidine Geigy]
CH/FR, ca. 1960, Werbeprospekt,
Doppelseite aus ⊠ 228
Offset, 23.5 × 33 cm

⊠ 227
Fritz Schrag
Delta-Butazolidin Geigy/
bei allen Formen des Rheumatismus …
CH/DE, ca. 1960, Werbeprospekt
Offset, 23.5 × 16.5 cm

⊠ 228
Fritz Schrag
Delta-Butazolidine Geigy/
dans toutes les formes de rhumatisme
CH/FR, ca. 1960, Werbeprospekt
Offset, 23.5 × 16.5 cm

225

et dans
les arthropathies
dégénératives, la
Delta-Butazolidine®
Geigy
• supprime la raideur matinale
et la douleur au mouvement
• permet des exercices de mobili-
sation intensifs
la menace
invalidité

226

Delta-Butazolidin®
Geigy
bei allen Formen
des
Rheumatismus...

227

Delta-Butazolidine®
Geigy
dans toutes les
formes de
rhumatisme

228

Geheimnisvoller Mond

Die von Gérard Ifert gestalteten sechs schmalen Bulletins enthalten kulturhistorische Betrachtungen zum natürlichen Erdtrabanten. Die Fotos auf den Umschlägen der zeitlich gestaffelt an die Ärzte versandten Broschüren ergeben zusammen eine quasi-filmische Sequenz und erinnern daran, dass der Mond in jeder Nacht da ist – die typografische Gestaltung der letzten Broschüre nimmt denn auch jene der ersten wieder auf. Gegen die schlafraubende Wirkung des Mondes soll das Medikament Medomin helfen, für das mit den Broschüren diskret geworben wurde.
⊠258–268

⊠ 229–234
Gérard Ifert
Geheimnisvoller Mond/1–6
CH/DE, 1952, Serie von 6 Broschüren
Buchdruck, 21 × 10 cm

229

230

231

232

233

234

Documenta Geigy – Tiere im Schlaf

Jedes Heft dieser sechsteiligen *Documenta Geigy*-Serie widmet sich einem speziellen Gebiet der *Tiere im Schlaf*. ⊠3 In wissenschaftlichen Aufsätzen wird der neuste Forschungsstand präsentiert, begleitet von poetischen Schwarz-Weiss-Fotografien schlafender oder gähnender Tiere. Der Umschlag des quadratischen Bulletins ist durch eine Mittelachse in zwei Hälften geteilt, was sich im Innern des Bulletins wiederholt. Der dezente Umschlag in sattem Schwarz und Schwarzbraun mit blau-weisser Serifentitelschrift, das symmetrische Seitenlayout und die harmonisierten Grautöne von Bild und Text ergeben ein ruhiges Gesamtbild. Diskret wird auf der letzten Seite Produktwerbung für das Schlafmittel Medomin ⊠258–268 und das Juckreiz stillende Mittel Eurax ⊠18, ⊠30, ⊠52–58, ⊠365–369 platziert.

⊠ 235–238
Max Schmid
Documenta Geigy. Tiere im Schlaf/1, 3, 4, 6
CH/CH, 1955, Aus einer Serie von 6 Broschüren, Umschläge
Offset, 22 × 22 cm

⊠ 239
Max Schmid
Katze [in: *Documenta Geigy. Tiere im Schlaf*/3]
CH/CH, 1955, Aus einer Serie von 6 Broschüren, Doppelseite
Offset, 22 × 43.9 cm

⊠ 240
Max Schmid
Elefant [in: *Documenta Geigy. Tiere im Schlaf*/4]
CH/CH, 1955, Aus einer Serie von 6 Broschüren, Doppelseite
Offset, 22 × 43.9 cm

235 236
237 238

durch in keiner Weise verständlicher. Das Nilpferd beispielsweise, bei dem ja das Gähnen vielleicht am allerimposantesten in Erscheinung tritt, gähnt, ohne eine irgendwie zusammengerollte Stellung eingenommen zu haben, sozusagen aus seiner freien Schwebelage im Wasser heraus. Manche Tiere, wie Fische und aquatile Amphibien, gähnen sogar, wie wir noch hören werden, unter Wasser. Es ist zum mindesten sehr fraglich, ob durch das Maulaufreißen in diesem ganz anderen Medium gleichfalls eine Sauerstoffanreicherung des Blutes stattfindet wie bei Luftatmern. In seiner Darstellung von Schlaf und Traum äußert sich der Physiologe Hans Winterstein (1932) nur in einer kurzen Fußnote über die Bedeutung des Gähnens, in dem er zunächst ein recht dunkles Symptom der Schläfrigkeit sieht. Er stellt sich die Frage, was die durch das Gähnen bewirkte und durch das Sichstrecken verstärkte Verbesserung der Blutzirkulation für einen Sinn haben könnte. Offenbar nicht den, den Schlaf herbeizuführen, sondern durch günstigere Ernährungsbedingungen für das ermüdete Gehirn ihn überflüssig zu machen oder wenigstens hinauszuschieben. Winterstein kommt zum Schluß, daß wir gähnen, wenn wir müde sind, aber nicht, wenn wir schlafen wollen, sondern wenn wir trotz unserer Müdigkeit gezwungen sind, wach zu bleiben. «Wir gähnen also vielleicht zur Bekämpfung des Schlafes.»
Diese Interpretation mag für den Menschen in vielen Fällen zutreffend sein, doch läßt sie sich kaum auf das Gähnen der Tiere anwenden. Der außerordentlich vielseitige Basler Psychiater Dr. h.c. Hans Christoffel hat dem Gähnen 1951 eine ausführliche Abhandlung gewidmet. Er sieht darin und im Sichdehnen eine respiratorische Urform. Sie kommt intrauterin, als feuchte Ur-Inhalation, zusammen mit Fruchtwassertrinken vor. Das Hungergähnen erfährt aus dieser Koppelung von digestiver und respiratorischer Einverleibung eine neue Deutung. Das Schläfrigkeitsgähnen wird als regressives Phänomen, das Gähnen aus Langeweile und Verstimmung hingegen als Ausdruck mitmenschlicher Ablehnung gedeutet. Die Ansteckungskraft ergibt sich nach dieser Betrachtungsweise aus dem Charakter einer generellen respiratorischen Frühform. Bei vergleichender Betrachtung zeigt es sich, daß im Tierreich das Gähnen noch eine ganz andere Wurzel haben kann: der Tierpsychologe spricht oft von Wutgähnen, d. h. vom Gähnen als einer Drohgebärde, und

239

240

☒ 241
Max Schmid
Rebhuhn [in: *Documenta Geigy. Tiere im Schlaf/6*]
CH/CH, 1955, Aus einer Serie von 6 Broschüren, Doppelseite
Offset, 22 × 43.9 cm

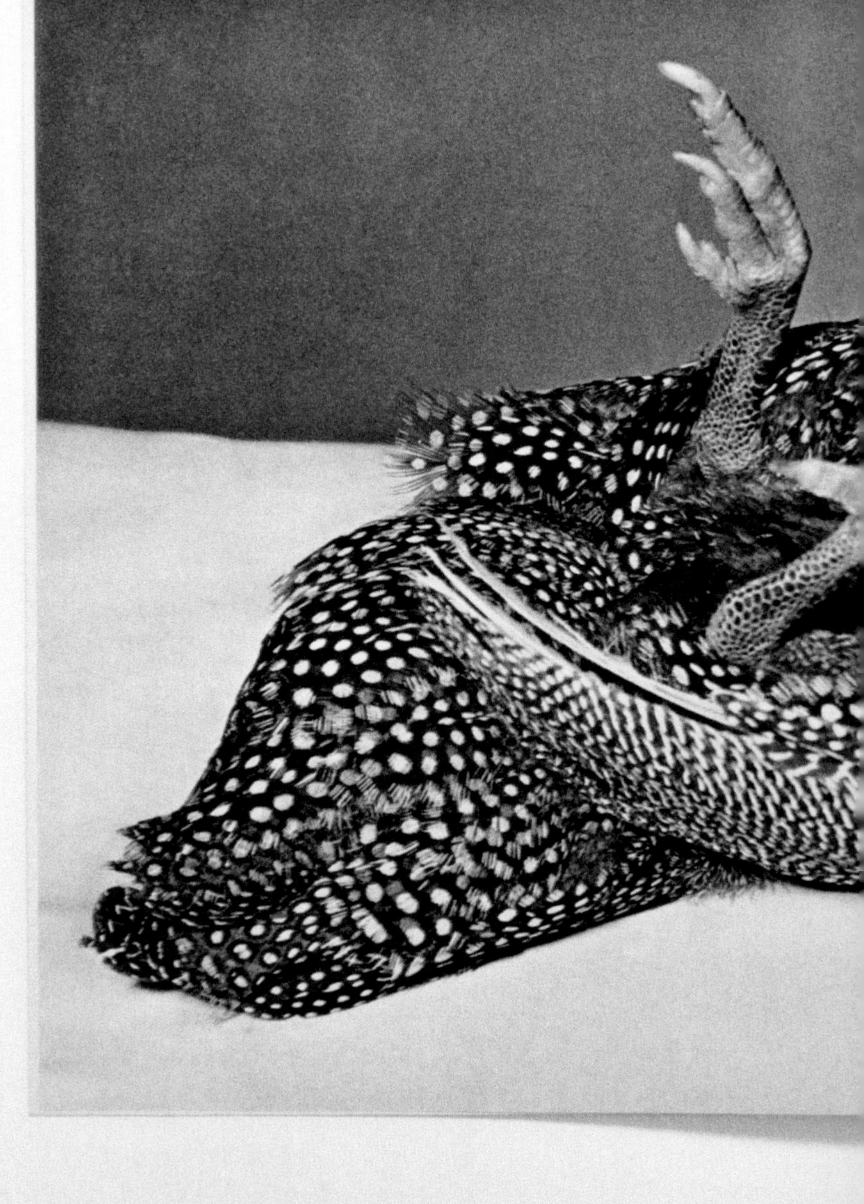

241

⊠ 243
Andreas His
Aldrin Geigy/Vernichtet Engerlinge und Drahtwürmer in Wiesen und Aeckern
CH/CH, ca. 1956, Plakat
Siebdruck, 100 × 70 cm

⊠ 244
Max Schmid
Etilon/Vernichtet Blattläuse Blutläuse Blattsauger Rote Spinnen Sägewespen
CH/CH, 1950er Jahre, Kleinplakat
Lithografie, 42 × 27.6 cm

⊠ 245
Max Schmid
Gesakupfer gegen Kartoffelkäfer und Krautfäule
CH/CH, o. J., Kleinplakat
Fotochrom, 42 × 27.5 cm

243

Etilon
vernichtet
Blattläuse
Blutläuse
Blattsauger
Rote Spinnen
Sägewespen
Geigy
244

Gesakupfer
gegen
Kartoffelkäfer und Krautfäule
Geigy
245

DDT Geigy DDT
CONTENU 1 kg
Ne doit être vendu qu'en emballage d'origine.
Herstellung der Brühe (10 l)
Préparation de la bouillie (10 l)
Gesarol
contre des insectes nuisibles
J.R. GEIGY S.A. BÂLE
En collaboration avec Dr R. Maag S.A. Dielsdorf-Zurich

246

⊠ 246
Ferdi Afflerbach, Willi Günthart (Verpackung)
Gesarol contre des insectes nuisibles
[Gesarol gegen schädliche Insekten]
CH/CH, 1946, Plakat
Lithografie, 127 × 90 cm

⊠ 247
Willi Günthart
Gesarol
CH/CH, 1959, Plakat
Lithografie, 128 × 90.5 cm

⊠ 248
Willi Günthart
Gesarol 50/Gegen schädliche Insekten
CH/CH, 1949, Plakat
Lithografie, 127 × 90 cm

247

248

Löschkartons

Als Werbegeschenke an die Ärzte adressiert, sollten diese zweischichtigen Löschkartons der frühen 1950er Jahre auf neue Medikamente aufmerksam machen oder bereits bestehende in Erinnerung rufen. Dem Arzt dienten sie in doppelter Hinsicht: Als Löschblatt und als Monatskalender. Die Gestalter verwendeten nicht nur unterschiedliche Techniken – reine Grafik oder Fotografik –, sondern erfanden für die Visualisierung der Wirkung der beworbenen Medikamente neue Symbole oder Varianten bereits bewährter Symbole. Die bewegte Gliederpuppe, die es in verschiedenen Varianten gab, wurde ausschliesslich für die Bewerbung von Irgapyrin verwendet. Nelly Rudin verwendete bei der Gestaltung der Irgafen-Kartons einmal nur rein grafische Elemente, das andere Mal kombinierte sie diese mit Fotografie. Typisch für die Geigy-Grafik der 1950er Jahre war, dass die Fotografie der Grafik meistens untergeordnet wurde.

☒ 249
Anonym
Dragées Irgapyrine
CH/BE, ca. 1952, Löschkarton
Buchdruck, 14.5 × 21 cm

☒ 250
Max Schmid
Irgapyrin
CH/UK, ca. 1952, Löschkarton
Buchdruck, 15 × 21 cm

☒ 251
Anonym
Irgafène pommade ophtalmique Geigy
CH/FR, 1950er Jahre, Löschkarton
Buchdruck, 15 × 21 cm

☒ 252
Enzo Roesli
Medomin Geigy/Beruhigend am Tage – Schlafbringend in der Nacht
CH/CH, 1956, Löschkarton
Buchdruck, 15 × 21 cm

249

250

Irgafène pommade
ophtalmique
Geigy
Le traitement par
excellence des affections
bactériennes de l'oeil
et de la paupière.
Son excipient parfait met
encore mieux en valeur
les hautes qualités
thérapeutiques de la pommade.
2379 f

251

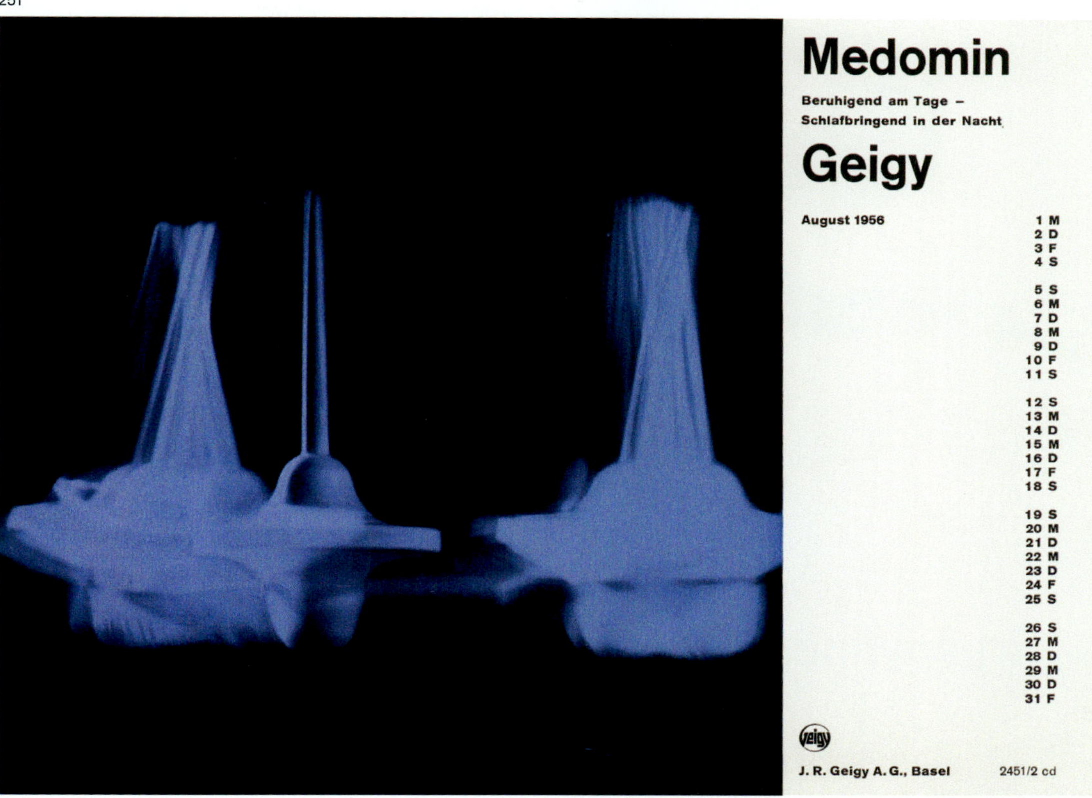
Medomin
Beruhigend am Tage –
Schlafbringend in der Nacht
Geigy
August 1956
1 M
2 D
3 F
4 S
5 S
6 M
7 D
8 M
9 D
10 F
11 S
12 S
13 M
14 D
15 M
16 D
17 F
18 S
19 S
20 M
21 D
22 M
23 D
24 F
25 S
26 S
27 M
28 D
29 M
30 D
31 F
J. R. Geigy A. G., Basel
2451/2 cd

252

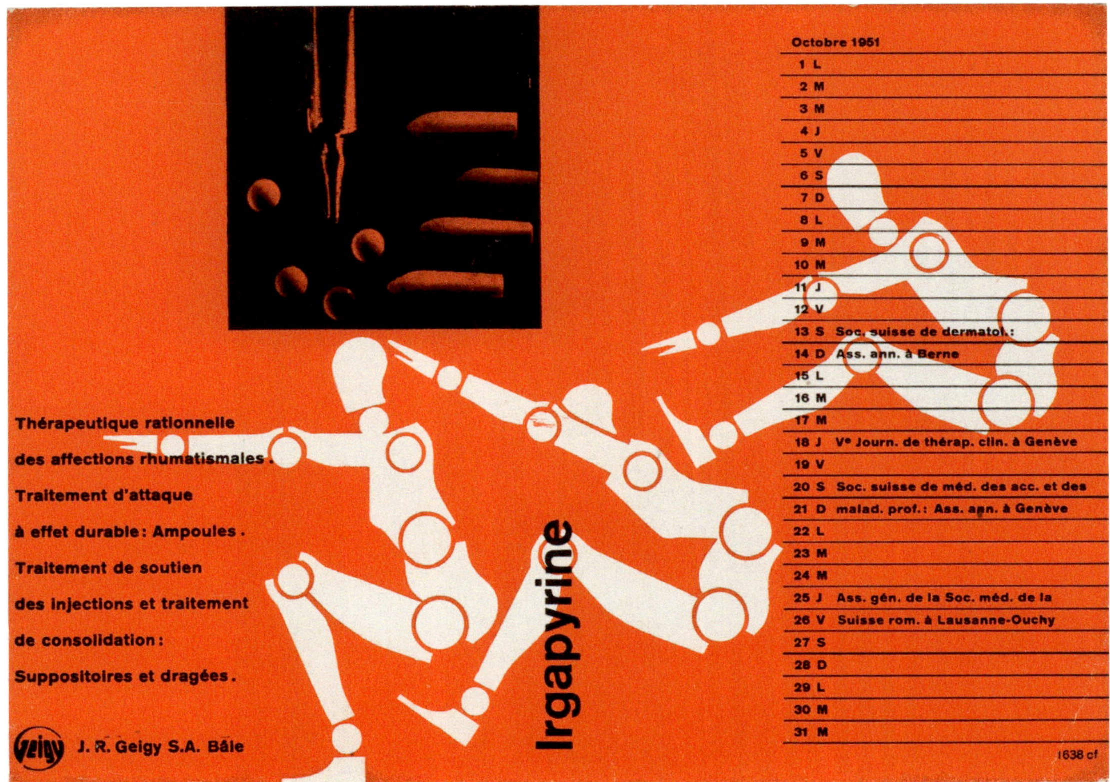

253

Des mouvements aisés,
le rêve de tout rhumatisant.
Irgapyrine,
le traitement rationnel
du rhumatisme.

Geigy

Janvier 1955

1 S
2 D
3 L
4 M
5 M
6 J
7 V
8 S
9 D
10 L
11 M
12 M
13 J
14 V
15 S
16 D
17 L
18 M
19 M
20 J
21 V
22 S
23 D
24 L
25 M
26 M
27 J
28 V
29 S
30 D
31 L

J. R. Geigy S. A., Bâle (Suisse)
Département pharmaceutique
Concessionnaires pour
la Belgique, le Luxembourg,
le Congo belge
et le Ruanda-Urundi:
Produits pharmaceutiques
A. Christiaens S. A., Bruxelles

2743 Belg f

Irgapyrine

Geigy

254

253
Max Schmid
Irgapyrine
CH/CH, 1951, Löschkarton
Buchdruck, 14.2 × 20.3 cm

254
Andreas His
Irgapyrine
CH/BE, 1954–55, Löschkarton
Buchdruck, 14.7 × 21 cm

255
Nelly Rudin
Sterosan Pasta
CH/ES, 1952, Löschkarton
Buchdruck, 14.4 × 20.3 cm

256
Nelly Rudin
Irgafen
CH/CH, 1952, Löschkarton
Buchdruck, 14.1 × 20.2 cm

257
Armin Hofmann
Irgamide
CH/TR, 1952, Löschkarton
Buchdruck, 14.1 × 20.3 cm

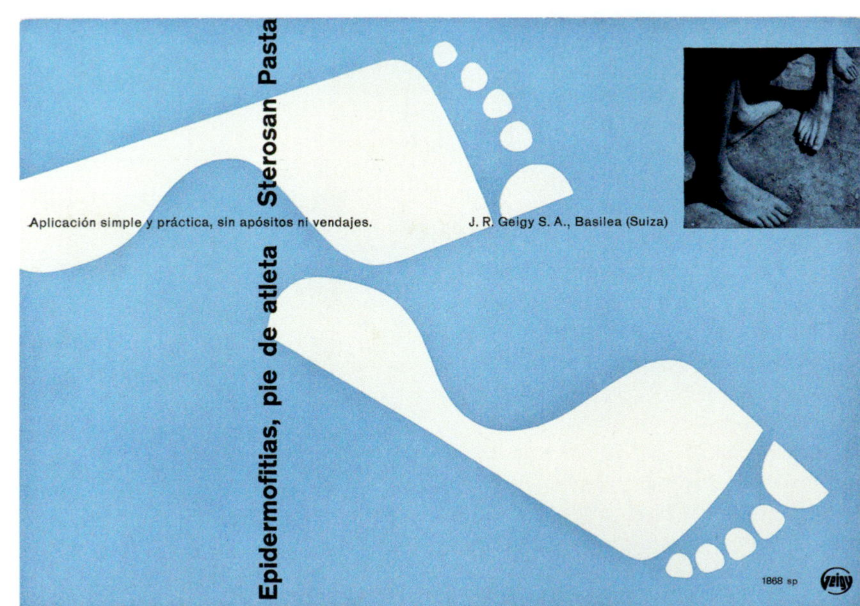

255

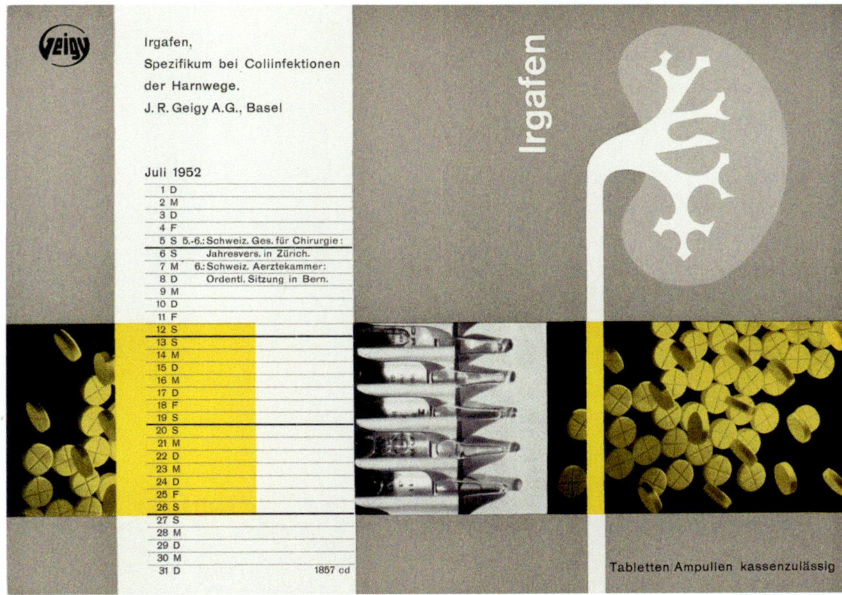

256

257

Medomin

Das 1942 lancierte Beruhigungs- und Schlafmittel Medomin war bis in die 1960er Jahre ein internationaler Umsatzgarant, der aber wiederholt von Basel aus in Erinnerung gerufen werden musste. Während Nelly Rudin die rhomboiden Formen der frühen Verkaufspackung zu einer prägnanten Figur arrangierte, ⊠[264] streute Michael Engelmann in einer seiner wenigen Arbeiten für Geigy Stundenkörner über ein monumentalisiertes schlafloses Augenpaar. ⊠[267] Zu bekämpfende Hektik und Aufregung wurden mal fotografisch ⊠[266], mal mittels pointilistischer Grauwerte ⊠[265] umgesetzt. Solch handwerklich-ästhetische Differenz konnte auch technisch begründet sein: Beim Aktivität symbolisierenden Kreiselmotiv steht eine fotografische Lösung ⊠[252], ⊠[262] für die Schweiz und Deutschland neben einer rein grafischen, bewusst grob gehaltenen Lösung ohne Halbtöne ⊠[263] für weiter entfernte Länder, die eine dort möglicherweise geringere und jedenfalls kaum kontrollierbare Druckqualität antizipierte. Gottfried Honegger wiederum schob offene bunte Blüten in schwarzweiss bedruckte Umschläge aus Transparentpapier: in der Nacht sind nicht nur die Katzen, sondern auch die geschlossenen Blumen grau, um tags dann in erneuerter Frische zu erstrahlen.

⊠ 258–261
Gottfried Honegger
Medomin Geigy/
Ruhiger Schlaf – Frisches Erwachen
CH/DE, 1954–58, Serie von 4 Werbekarten
Offset, 19 × 19 cm

258

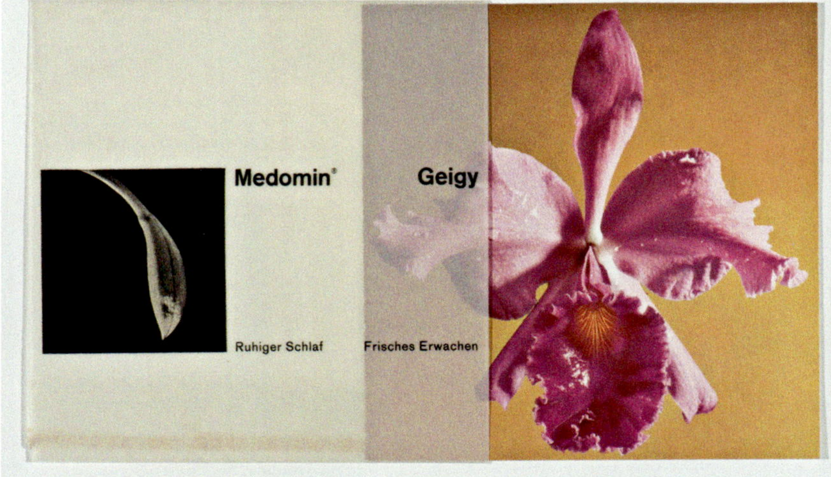

259

260

Medomin®

Geigy

Ruhiger Schlaf

Frisches Erwachen

261

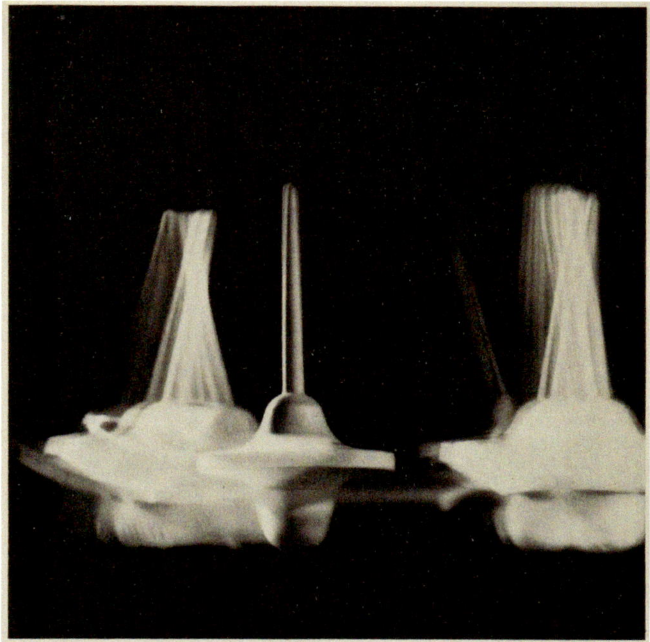

Der Schlaf – von dem Shakespeare
sagt: «Zweite Form des Seins,
Hauptnährer bei des Lebens Mahl» –
lenkt die Lebensgeister wieder
in das heilsame Gleichgewicht,
das wir so dringend benötigen.
Ist es die Hetze des Tages,
ist es der Wirrwarr der Sorgen –
Der Schlaf beruhigt
die kreisenden Gedanken,
schliesst Augen und Ohren,
und führt uns in das Vergessen, das
die Natur uns zur Erholung verleiht.
Der Arzt, Tag und Nacht besorgt
um das Wohl seiner Patienten,
gibt dem Kranken,
dem die heilsame Kraft
des Schlafes genommen ist,
das Mittel, das ihm ohne Gefahr
den physiologischen Schlaf
schenkt und ihn jedesmal erholt
erwachen lässt – Medomin

Medomin
Geigy
Acid. Cycloheptenylaethylbarbituricum

J. R. Geigy A. G., Basel
Pharma-Vertrieb und Herstellung
für Deutschland:
Dr. Karl Thomae GmbH
Biberach an der Riss

262

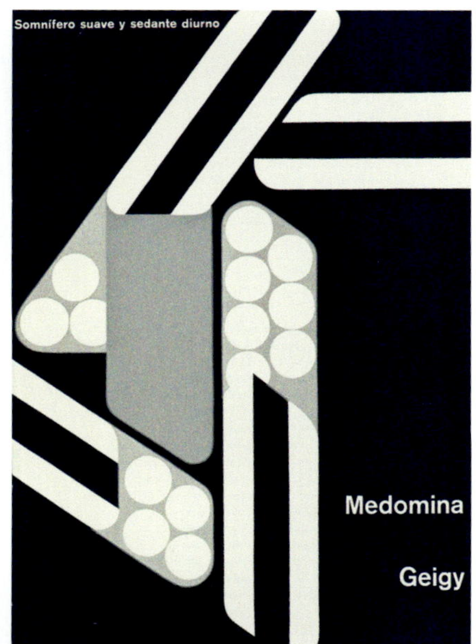

264

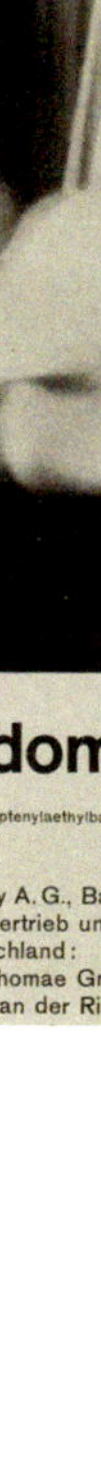

Medomin
hypnotikum og sedativum,
virkningen varer 6-8 timer,
táles godt, kumuleres ikke
Pakninger:
Æske á 10 tabletter, Glas á 100 tabletter

J.R.Geigy A.G., Basel/Svejts, Farmaceutisk afdeling

Enerepræsentation for Danmark:
H.A.Møller, Vestre Boulevard 4, København V.
Telefon: Central 650

Geigy

263

Medomin®
Geigy

Vom Lärm
des Tages zur
Ruhe
der Nacht

265

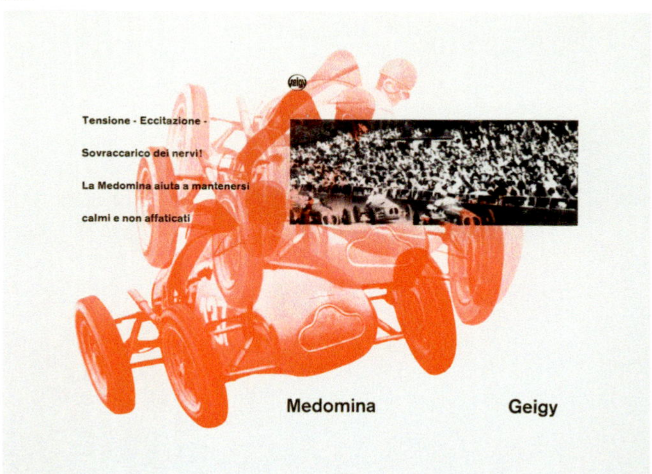

266

262
Enzo Roesli
Medomin
CH/DE, 1954–55, Inserat
Buchdruck, 27.5 × 21.8 cm

263
Enzo Roesli
Medomin
CH/DK, 1954–55, Inserat
23.9 × 18.1 cm

264
Nelly Rudin
Medomina Geigy
CH/ES, ca. 1952–53, Werbeprospekt
Buchdruck, 21 × 14.8 cm

265
Rolf Willimann
Medomin Geigy/
Vom Lärm des Tages zur Ruhe der Nacht
CH/CH, 1957–63, Aus einer Serie
von 6 Werbeprospekten
Offset (gespritzt mit Aerograf), 14.9 × 21 cm

266
Enzo Roesli
Medomina Geigy/Tensione – Eccitazione – Sovraccarico dei nervi! [Anspannung – Aufregung – Überlastung der Nerven!]
CH/IT, 1953–55, Werbeblatt
Buchdruck, 21 × 28.9 cm

267
Michael Engelmann
Medomina/Ore notturne senza sonno, ore diurne perdute [Nachtstunden ohne Schlaf, verlorene Tagstunden]
CH/IT, 1953–55, Werbeblatt
Buchdruck, 15.1 × 21.1 cm

268
Anonym
Schlaf [Medomin]
CH/CH, ca. 1961, Broschüre, Umschlag
Offset, 23.5 × 16.5 cm

267

268

Tanderil

Das vielseitig einsetzbare Medikament ergänzte ab 1960 die erfolgreichen Antirheumamittel von Geigy. Es wurde sowohl zur Heilung rheumatischer Beschwerden «Ein neuer Punkt für Tanderil» ⊠274–275 wie auch als Entzündungs- und Schmerzhemmer nach Unfällen und Operationen angepriesen. Die vierteilige Einführungskampagne ⊠271–273 wirbt für Tanderil nach Arbeits-, Haushalts- und Verkehrsunfällen, wobei die letzte (braune) Faltkarte der Serie alle Unfälle nochmals zusammenfasst. Die grafisch monumentalisierten Knochen, kombiniert mit den im Kodalithverfahren ⊠104, ⊠118–119 gezeigten Unfallsituationen, erzeugen eine plakative Wirkung auf breitem Format. Im Gegensatz hierzu zeigt eine der Sportverletzung gewidmete Broschüre – ebenfalls in Kodalithmanier – die im Gleichtakt mit der Typografie kurzschwingenden Skifahrer als Miniaturen auf fast quadratischem Format. ⊠270 Wiederum mit plakativen Symbolen – diesmal der Formenwelt des russischen Konstruktivismus entlehnt (Doppel-T mit rotem Punkt) – spielt eine Kampagne der frühen 1960er Jahre, die für Tanderil als Entzündungshemmer wirbt. ⊠276–279 Für jedes Verkaufsargument, manchmal aber auch für ein und dasselbe – wie die unterbrochene Flamme ⊠281 als Symbolvariante für Entzündungshemmung belegt – wurde ein neues Symbol geschaffen und das Format variiert.

⊠269–270
Anonym
Tout le monde fait du ski... [Das ganze Volk fährt Ski ...] [Tandéril], CH/CH, o. J., Umschläge
Aus einer Serie von 4 Broschüren
Offset, 21 × 22.4 cm

⊠271–272
Fritz Schrag
Tanderil Geigy/Después de accidentes ... [Nach Unfällen ...]/Luxaciones [Verrenkungen], CH/ES, ca. 1960, Werbeleporello
Offset, 14.8 × 20.8 cm (geschlossen)/ 14.8 × 65.1 cm (geöffnet)

⊠273
Fritz Schrag
Tanderil Geigy/Contusiones Fracturas Luxaciones [Prellungen Brüche Verrenkungen]
CH/ES, ca. 1960, Werbeleporello
Offset, 14.8 × 65.1 cm (geöffnet)

269

270

Después
de
accidentes
Tanderil® Geigy

271

Luxaciones
Tanderil® domina la inflamación
En los traumatismos
Tanderil abrevia el período
de incapacidad funcional
Tanderil® Geigy

272

Contusiones
Tanderil® domina la inflamación
En los traumatismos
Tanderil acelera el restablecimiento
Fracturas
Tanderil® domina la inflamación
En los traumatismos
Tanderil asegura la pronta
remisión de las molestias
Luxaciones
Tanderil® domina la inflamación
En los traumatismos
Tanderil abrevia el período
de incapacidad funcional
Tanderil® Geigy

273

⊠ 274
Stephan Geissbühler
Ein neuer Punkt für Tanderil
CH/CH, 1964–66, Werbeprospekt
Offset, 23.5 × 16.6 cm

⊠ 275
Stephan Geissbühler
Another point for Tanderil
CH/IL, 1964–66, Werbeprospekt
Offset, 16.5 × 23.5 cm

⊠ 276
Rolf Willimann (zugeschrieben)
Major non-hormonal anti-inflammatory agent/
Tanderil Geigy
CH/UK, ca. 1963, Werbekarte
Offset, 19.1 × 19 cm

⊠ 277
Rolf Willimann (zugeschrieben)
In trauma and in surgery control inflammation
with Tanderil Geigy
CH/UK, ca. 1963, Werbekarte
Offset, 17.5 × 17.5 cm

⊠ 278
Rolf Willimann (zugeschrieben)
Tanderil Geigy
CH/CH, ca. 1963, Werbeblatt
Offset, 30.5 × 21 cm

⊠ 279
Roland Aeschlimann
Tanderil in der Allgemeinpraxis/Geigy
CH/CH, ca. 1963, Broschüre, Umschlag
Offset, 23.5 × 16.5 cm

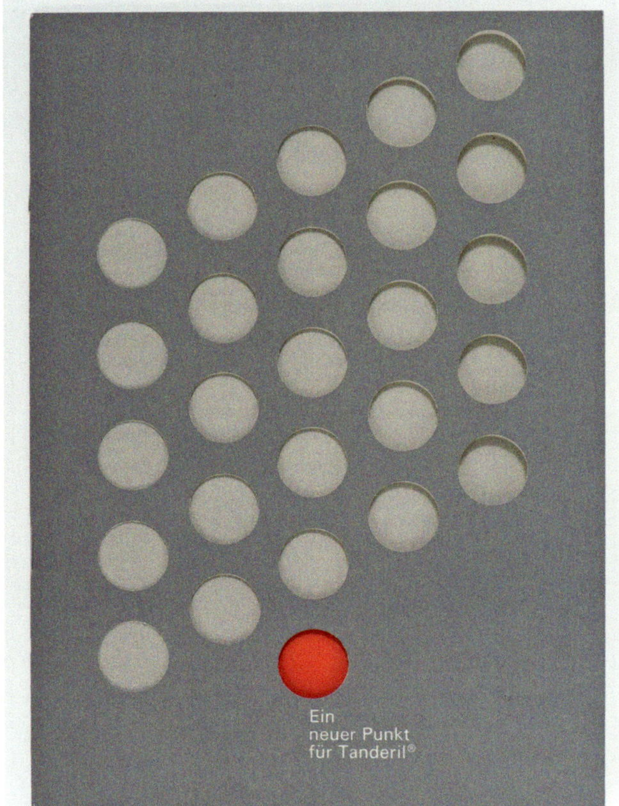

274

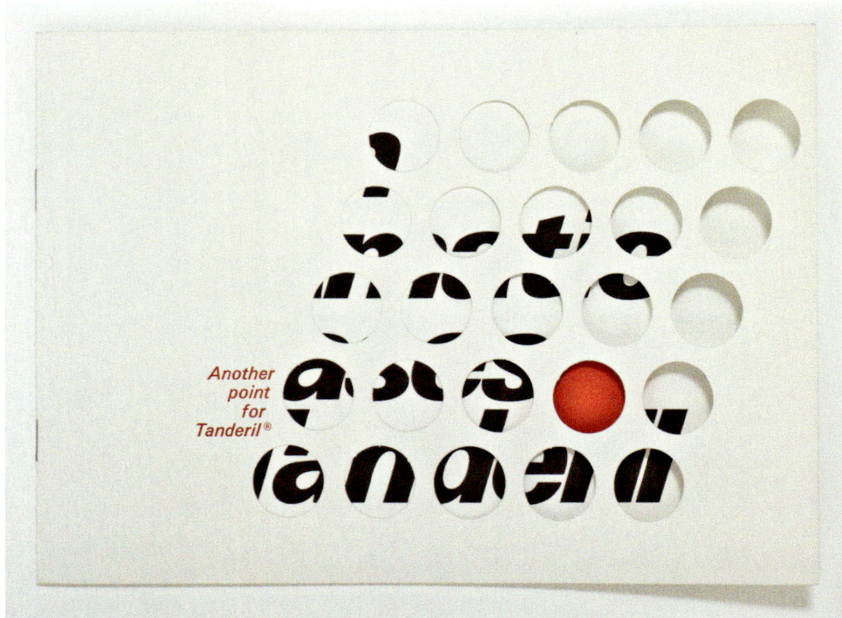

275

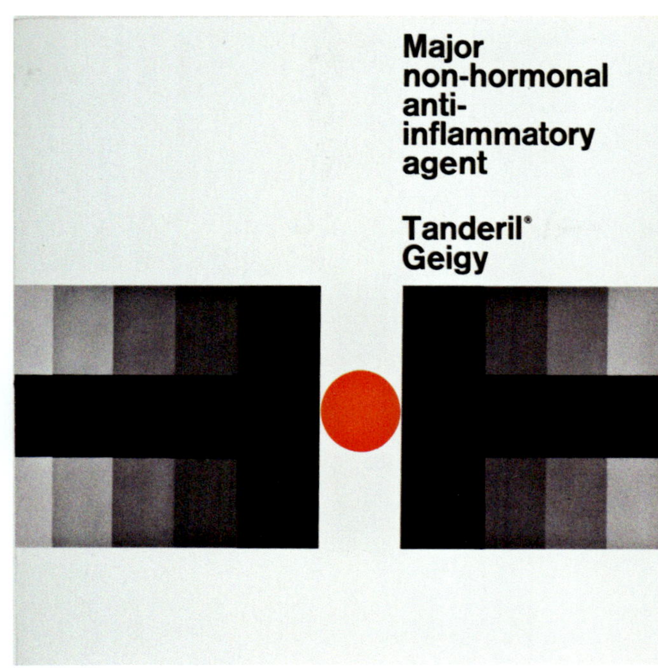

276

277

278

279

Steroidfreie
antiphlogistische
Therapie:
Tanderil®
Geigy

280

280
Roland Aeschlimann
Tanderil Geigy
CH/CH, ca. 1970–71, Werbefaltprospekt
Offset, 44 × 44 cm

281
George Giusti
Tandéril
CH/FR, 1962–63, Werbeprospekt
Offset, 21 × 14.8 cm

282
George Giusti
sans Tandéril
CH/FR, 1962–63, Werbeprospekt,
281 einmal aufgeklappt
Offset, 21 × 29.6 cm

283
George Giusti
avec Tandéril
CH/FR, 1962–63, Werbeprospekt,
281 zweimal aufgeklappt
Offset, 21 × 44.2 cm

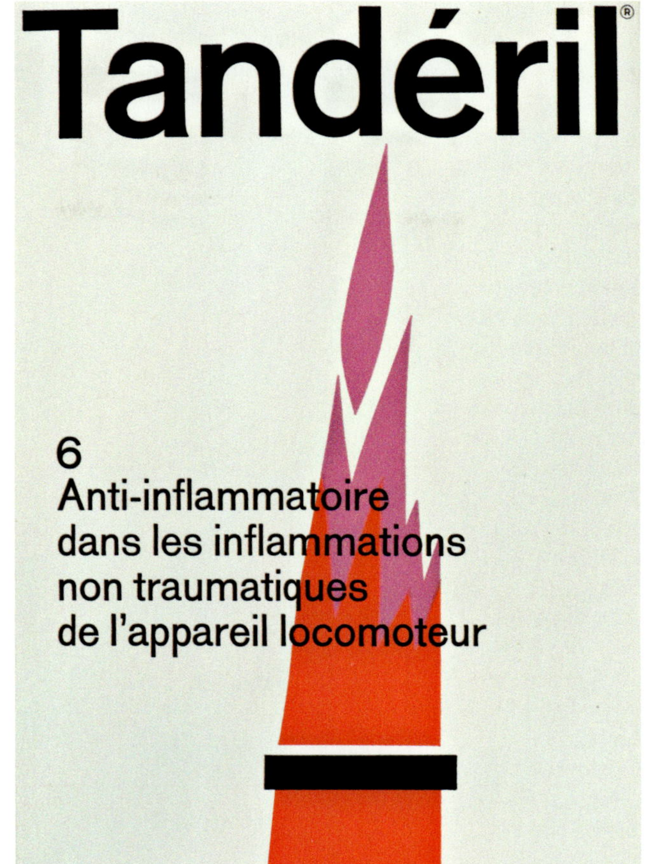

281

282

283

avec Tandéril
Diminution de la réaction
inflammatoire
Rapide disparition de l'œdème
Rapide atténuation
des troubles désagréables
Amélioration de la motilité

Insidon

Das breite Wirkungsspektrum von Insidon führte dazu, immer wieder neue Facetten dieses psychovegetativen Umstimmers hervorzuheben und zu bewerben. Jede Kampagne hatte, dem Verkaufsargument entsprechend, einen eigenen Slogan. ⊠65–66, ⊠188–192 Einzelne Kampagnen lancierte Geigy jedoch auch mit einer gemeinsamen Überschrift wie «Problem-Patient», «Das bunte Bild» oder «Aus dem bunten Bild». Die Gestaltung ist sehr unterschiedlich, da Geigy auch freie Künstler engagierte. So zeigt die Problem-Patienten-Werbung von Warja Lavater Honegger und Alain Le Foll ⊠67–68 aus den Jahren 1962–1963 einzelne Krankheitsgeschichten in einer sehr eigenwilligen, expressiven Handschrift. Die «bunte Bild»-Kampagnen um 1965 hingegen sind grafisch abstrakt und als vielfarbige Serien konzipiert, womit sie die vielfältigen Anwendungsbereiche von Insidon betonen. Mit Pop Art-Elementen wiederum spielt eine Serie von 1966, bei der es um «Nur ein bisschen Liebe ...» geht, und bei der die Fotografie bisweilen in überraschender Überkopfstellung gekonnt mit Farbdruck und Slogan kombiniert ist. ⊠290–292

⊠284–285
Max Schmid
Das bunte Bild psychovegetativer Störungen mit Insidon entscheidend beeinflussen
CH/CH, 1965, Aus einer Serie von 3 Werbeprospekten, geschlossen und aufgeklappt
Offset, 22.3 × 13.6 cm/44.8 × 40.6 cm

⊠286
Warja Lavater Honegger
Der Problem-Patient/2 [Insidon]
CH/CH, ca. 1962, Aus einer Serie von 12 Werbeleporellos
Offset, 14.5 × 98.5 cm

⊠287
Alain Le Foll
Ingénieur, né en 1915, chargé de la réalisation de grands projets impliquant de très lourdes responsabilités [Ingenieur, geboren 1915, mit der Realisation grosser Projekte betraut, die sehr grosse Verantwortung mit sich bringen] [Insidon]
FR/CH, 1963, Broschüre, Umschlag
Offset, 16 × 16 cm

⊠288–289
Alain Le Foll
[Insidon]
FR/CH, 1963, Broschüre, Doppelseiten
Offset, 16 × 32 cm

284

285

286

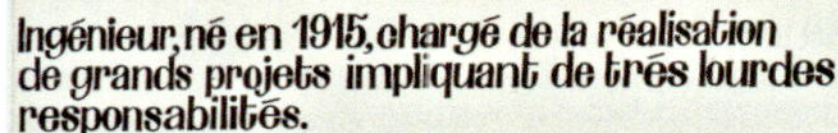

287

Peu avant de consulter il souffre d'un zona.
Fin novembre 1961, il présentait un tableau
clinique qui pouvait se résumer comme suit :
état organique normal mais surmenage,
insomnies, sensation d'être "chargé d'électricité",

288

défaut de concentration,
fatigue, absence d'esprit de décision, irritabilité,
violentes colères au bureau.

La prise quotidienne de 4 dragées d'Insidon – dont 2
le soir – pendant une semaine, fait disparaitre les
troubles, ou tout au moins les atténue fortement.
Cas cité par M. Düggelin, Praxis 51, 795–797 (1962)

289

290

291

En plein désarroi

292

290
Roland Aeschlimann
Nur ein kleines bisschen Liebe... [Insidon]
CH/DE, 1966, Werbekarte, Andruck
Offset, 29.5 × 21 cm

291
Roland Aeschlimann
Stummer Schrei um Hilfe... [Insidon]
CH/DE, 1966, Werbekarte
Offset, 29.5 × 21 cm

292
Roland Aeschlimann
En plein désarroi [In grosser Verzweiflung] [Insidon]
CH/FR, 1966, Werbekarte
Offset, 29.5 × 21 cm

293
Anonym
Insidon Geigy
CH/CH, ca. 1962, Werbekarte
Offset, 21 × 14.9 cm

294
Stephan Geissbühler
Insidon Geigy/Ruhig und innerlich ausgeglichen guter Stimmung und vegetativ stabil...
CH/CH, 1965–67, Werbekarte
Offset, 23.5 × 16.5 cm

293

294

Tofranil

Bei Tofranil handelte es sich um ein so genanntes Thymoleptikum, einen psychischen Aufheller, der 1957 auf einem Fachkongress vorgestellt und 1958 zur Marktreife gebracht worden war. Bis dahin wurden schwere Depressionsfälle meist mit Elektroschocks behandelt. Tofranil war vorab für die Verschreibung durch den Allgemeinpraktiker oder Hausarzt gedacht, der sich einer zunehmenden Anzahl von psychisch bedingten Krankheiten gegenübergestellt sah. Eine Inserateserie aus dem Atelier Müller-Brockmann (Nelly Rudin) sowie eine internationale Kampagne aus dem Basler Geigy-Atelier (George Giusti) stellen stark symbolisiert die Befindlichkeiten des depressiven Patienten – Gefühle der Enge, Last, Ausweglosigkeit – dar. Stilistisch und motivisch andere Töne schlägt die Tofranil-Werbung Felix Muckenhirns Ende der 1960er Jahre in den USA an. ⊠[132] Die verschiedenen Manifestationen der Krankheit werden hier in die Bildsprache des Surrealismus (Horror Trip) resp. in eine latent gesellschaftskritische Collage (Suizid) übersetzt. Beim Öffnen des letztgenannten Prospekts wird ein Familienbild zerrissen und so das Motto der Werbung «When loss leads to depression» kinetisch-narrativ visualisiert. ⊠[298]

⊠ 295
Atelier Josef Müller-Brockmann/Nelly Rudin
Tofranil 10 mg Geigy
CH/CH, ca. 1959, Inserat, Andruck
Buch- oder Lichtdruck, 45.5 × 16.5 cm

⊠ 296
Atelier Josef Müller-Brockmann/Nelly Rudin
Altern – ein komplexes Problem [Tofranil]
CH/CH, ca. 1959, Broschüre, Umschlag
Offset, 23 × 16.5 cm

⊠ 297
Atelier Josef Müller-Brockmann/Nelly Rudin
Tofranil 10 mg Geigy
CH/CH, ca. 1959, Inserat, Andruck
Buch- oder Lichtdruck, 38 × 46.2 cm

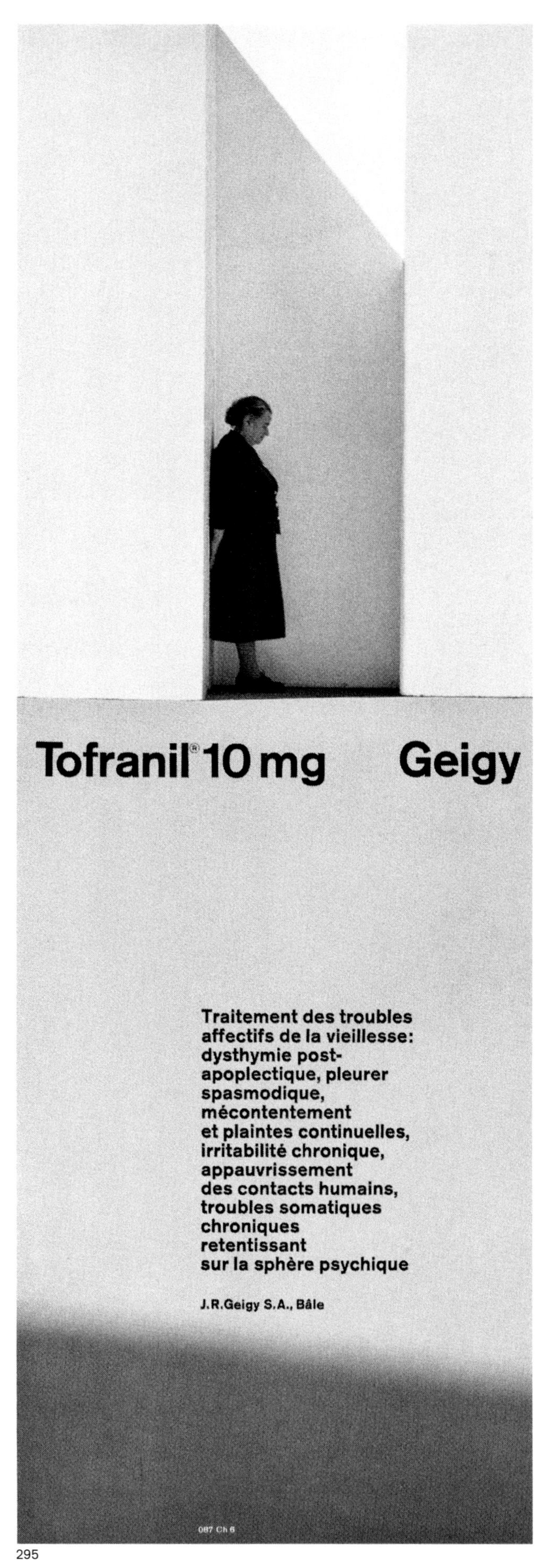

295

Altern – ein komplexes Problem

296

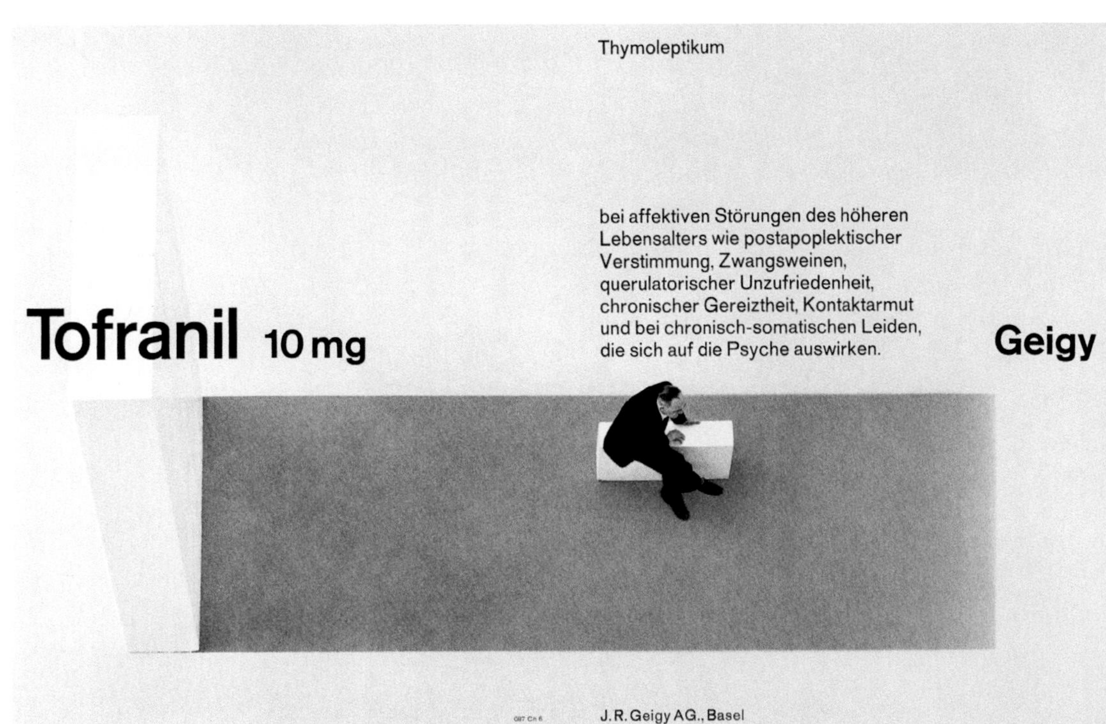
Thymoleptikum
bei affektiven Störungen des höheren Lebensalters wie postapoplektischer Verstimmung, Zwangsweinen, querulatorischer Unzufriedenheit, chronischer Gereiztheit, Kontaktarmut und bei chronisch-somatischen Leiden, die sich auf die Psyche auswirken.
Tofranil 10 mg
Geigy
J. R. Geigy AG., Basel

297

Loss
When loss leads to depression
MISSING
KATHY MILLER
$500 REWARD
Loss
of sexual drive
Loss of vigor
Loss of youth
Loss
of family ties
Loss of health

298

In depression: the standard of comparison

299

In depression
Tofranil®
Geigy

300

⊠ 298
Felix Muckenhirn
Werner Muckenhirn (Foto)
Loss/When loss leads to depression [Tofranil]
US/US, 1966–70, Werbeleporello
Offset, 25 × 13.3 cm (geschlossen)

⊠ 299
George Giusti
Geigy Tofranil 25mg tablets/in depression:
the standard of comparison
CH/US, 1965–67, Ärztemuster
Offset, 13.9 × 13.9 × 1.5 cm

⊠ 300
George Giusti
In depression Tofranil Geigy
CH/US, 1965–67, Werbekarte
Buchdruck, 24.5 × 18.3 cm

⊠ 301
Felix Muckenhirn (Grafik, Foto)
[Tofranil]
US/US, 1966–70, Broschüre, Umschlag
Offset, 22.9 × 22.9 cm

⊠ 302
Felix Muckenhirn (Grafik, Foto)
Inadequate Personality/and Associated Depression
[Tofranil]
US/US, 1966–70, Broschüre, Doppelseite
Offset, 22.9 × 46 cm

⊠ 303
Felix Muckenhirn (Grafik, Foto)
Sociopathic Disturbance/and Associated
Depression [Tofranil]
US/US, 1966–70, Broschüre, Doppelseite
Offset, 22.9 × 46 cm

301

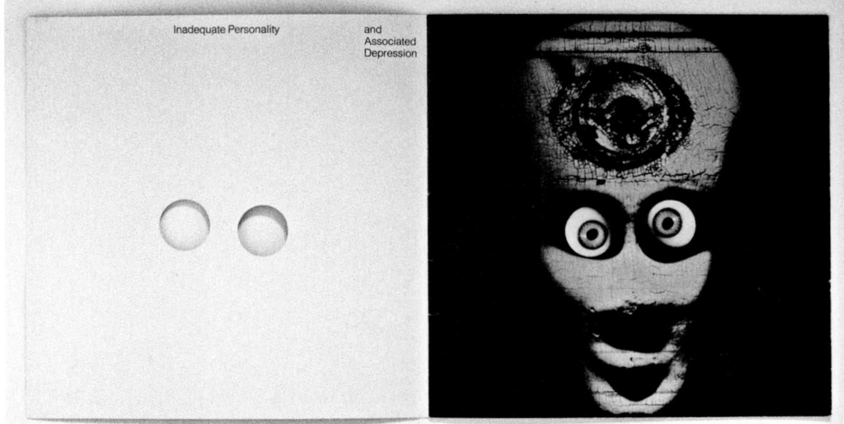

302

303

Verpackungen

Die Propaganda-Abteilung gestaltete Packungen für alle vier Verkaufsabteilungen, wobei die anspruchsvollsten Aufträge von der Pharma und der Schädlingsbekämpfung kamen. Bei den Medikamentenpackungen ist zwischen zwei Gattungen zu unterscheiden: Die Ärztemuster sind reine Werbemittel, die Verkaufspackungen rezeptpflichtiger Medikamente hingegen richten sich an eine breite Öffentlichkeit und dürfen noch heute von Gesetzes wegen nur informieren und nicht werben. Dies wirkt sich auch auf die Gestaltung aus: Anders als die ‹verspielten› Ärztemuster müssen sich die Verkaufspackungen als Träger der Produkt- und Firmenmarke an die farblichen und formalen Konventionen halten und – ähnlich dem Firmensignet – Bestand und Dauer haben. Klare Information und praktische Handhabung sind die obersten Gebote. Dies gilt auch für die Packungen der Schädlingsbekämpfung und die Behälter für Chemikalien und Farbstoffe, bei denen das Sicherheitsbedürfnis des Benutzers im Vordergrund steht. Ökonomische und technische Kriterien wie Stapelbarkeit und Materialbeständigkeit spielen in der Packungsfrage ebenfalls eine entscheidende Rolle.

Pharma-Verkaufspackungen

Ab 1950 begann Geigy sukzessive die Pharma-Verkaufspackungen, die wie das Siosteran-Röhrchen noch uneinheitliche Serifenschriften aufwiesen, zu überarbeiten und solche für neue Medikamente zu entwerfen. Die visuelle Konzeption von Max Schmid beruhte auf kräftigen Farben ⊠69 sowie – analog zur Bauhaus-Typografie – geometrischen Elementen und asymmetrisch auf die Flächen gesetzten Groteskschriften. Am Beispiel von Siosteran lässt sich die weitere Entwicklung festmachen: ab ca. 1954 wird die Packung in eine Produktfarben- und eine weisse Namenfläche aufgeteilt, ⊠305 mit der 1959 eingeführten gelb-weissen Einheitspackung tritt eine Firmenfarbe an die Stelle der Produktfarbe. ⊠71, ⊠306 Um Verwechslungen zu vermeiden, wird 1962 für jedes Produkt ein farbiger Kennstreifen eingeführt und der Produktname grösser gesetzt. ⊠72, ⊠307 Nach der Fusion mit CIBA 1970 kommt die reine Einheitspackung erneut zum Zug.

⊠304
Anonym
Siosteran Geigy
CH/CH, vor 1950, Glasröhrchen
Offset auf Papier, 6.3 × 1.8 (Ø) cm

⊠305
Enzo Roesli
Siosteran Geigy
CH/CH, 1953–55, Verkaufspackung, Faltschachtel
Offset, 3.6 × 5.5 × 3.6 cm

⊠306
Max Schmid
Siostéran Geigy
CH/CH, 1959, Verkaufspackung, Faltschachtel
Offset, 6.9 × 2.6 × 2.5 cm

⊠307
Max Schmid
Siosteran Geigy
CH/CH, nach 1962, Verkaufspackung, Faltschachtel
Offset, 2.5 × 7.3 × 2.5 cm

304

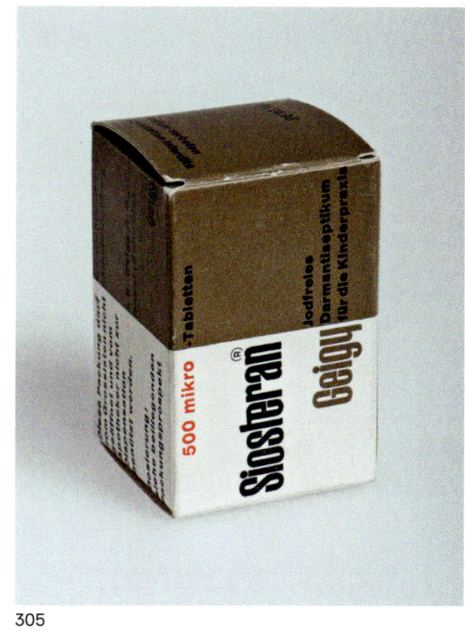

305

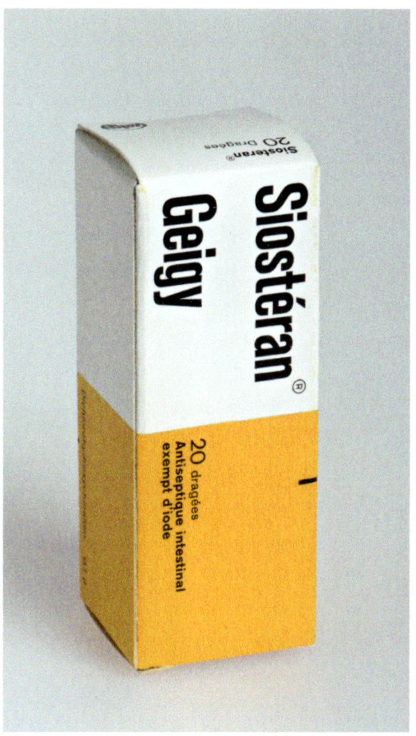

306

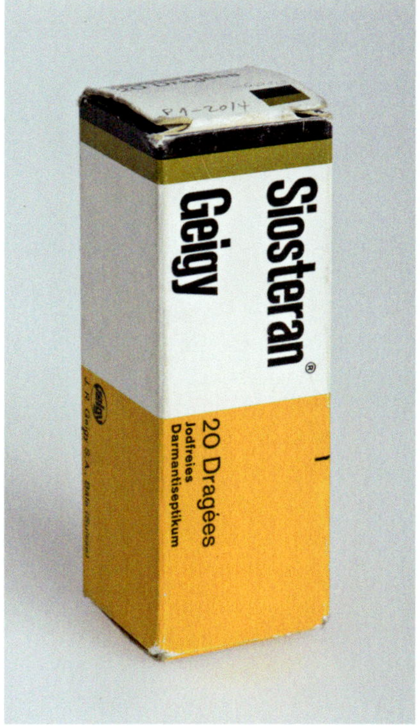

307

☒ 308
Anonym
Varsyl
CH/CH, ca. 1948, Verkaufspackung, Faltschachtel
Offset, 6.3 × 8.6 × 1.9 cm

☒ 309
Anonym
Ircodine
CH/CH, ca. 1955–57, Verkaufspackung, Faltschachtel
Offset, 7.5 × 7.5 × 4.4 cm

☒ 310
Elisabeth Dietschi
Tebafen
CH/CH, vor 1955, Verkaufspackung, Faltschachtel
Buchdruck, 8 × 4 × 4 cm

☒ 311
Armin Hofmann
Netrin
CH/CH, 1953, Verkaufspackungen
Offset, Karton und Aluminium, 7 × 2 × 2 cm, 5.6 × 2 × 2 cm, 4.3 × 2.9 × 0.8 cm, 7.3 × 4.9 × 1 cm

☒ 312–313
Karl Gerstner (zugeschrieben)
Micoren Perlen
CH/CH, 1957, Tablettenschachtel
Offset, Aluminium, 4.9 × 7.3 × 0.9 cm, 4.9 × 10.6 × 0.9 cm

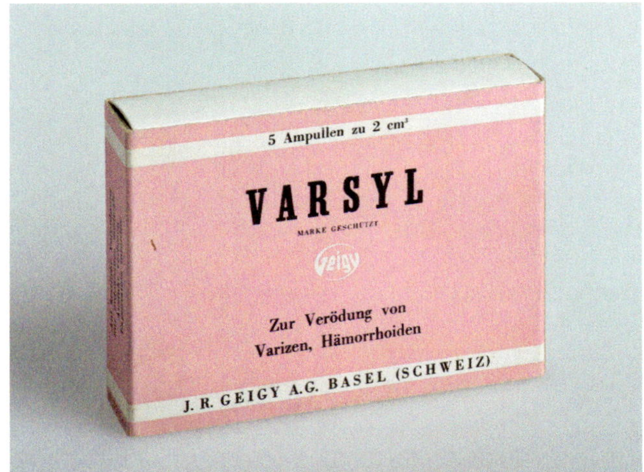

308

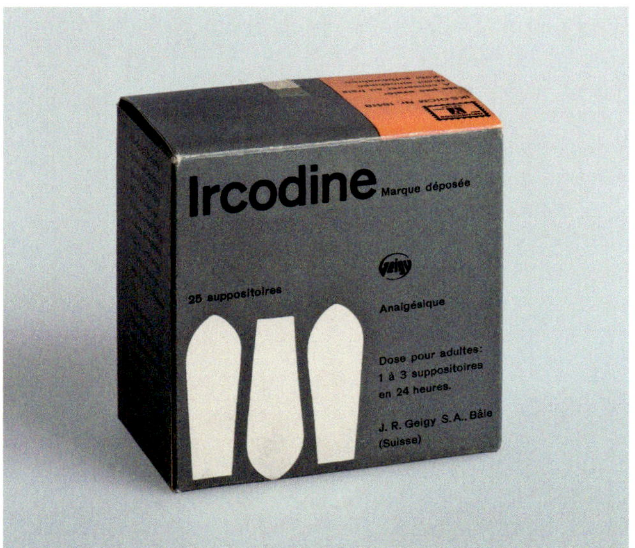

309

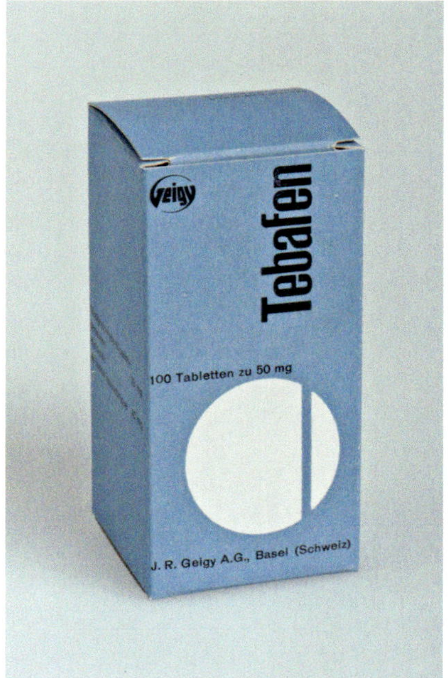

310

311

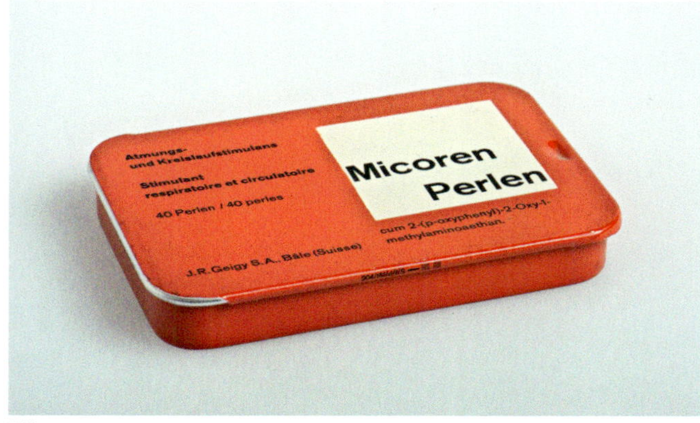
Atmungs- und Kreislaufstimulans
Stimulant respiratoire et circulatoire
40 Perlen / 40 perles
Micoren Perlen
cum 2-(p-oxyphenyl)-2-Oxy-1-methylaminoaethan.
J.R.Geigy S.A. Bâle (Suisse)

312

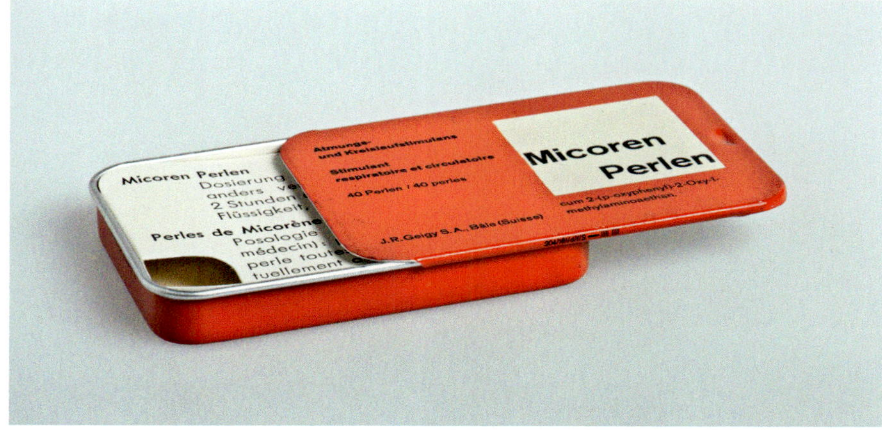
Micoren Perlen
Atmungs- und Kreislaufstimulans
Stimulant respiratoire et circulatoire
40 Perlen / 40 perles
Micoren Perlen
cum 2-(p-oxyphenyl)-2-Oxy-1-methylaminoaethan.
J.R.Geigy S.A. Bâle (Suisse)

313

Ärztemuster

Die Hüllen der Ärztemuster hatten bei Geigy – wie meistens auch bei der Konkurrenz – nicht die Firmen- und Produktmarke der Verkaufspackung zu vertreten, sondern wurden in die Motivwelt der jeweiligen Einführungs- oder Erinnerungskampagne eingebunden. Grafische (George Giusti ⊠299, Igildo Biesele) oder fotografische Lösungen ⊠325–326 waren ebenso möglich wie rein typografische. ⊠316–317, ⊠319–320 Gemeinsam sind ihnen eine reduzierte Farbigkeit und oft ein Überraschungsmoment beim Vordringen zum eigentlichen Pharmamuster im Innern. ⊠322–323 In manchen Ländern durften die Muster unaufgefordert zugesandt werden, in anderen konnte dies nur auf Bestellung des Arztes geschehen. ⊠179, ⊠191 Das Verbot von Produktwerbung auf der Packung – wie es etwa während einiger Jahre in den USA galt – führte zu allgemeinen Lösungen wie «The sample you requested» (Fred Troller).

⊠314–315
Igildo Biesele
Siosteran Geigy
CH/CH, 1958, Ärztemuster
Offset, 7.5 × 10.8 × 3.2 cm, 7.5 × 17.9 × 3.2 cm

⊠316–317
Roland Aeschlimann
Dosulfin
CH/CH, 1960–63, Ärztemuster
Offset, 8.2 × 12.9 × 2.9 cm

⊠318
Fred Troller
the samples you requested/Geigy
US/US, ca. 1964–65, Ärztemuster
Buchdruck, 14 × 30.8 × 4 cm

⊠319–320
Harri Boller
Insidon
CH/CH, 1964, Ärztemuster
Offset, 5.4 × 15.2 × 2.9 cm

⊠321
Albe Steiner
Siogen Geigy
CH/SE, ca. 1961, Ärztemuster
Offset, 5.1 × 19.4 × 1.6 cm

314

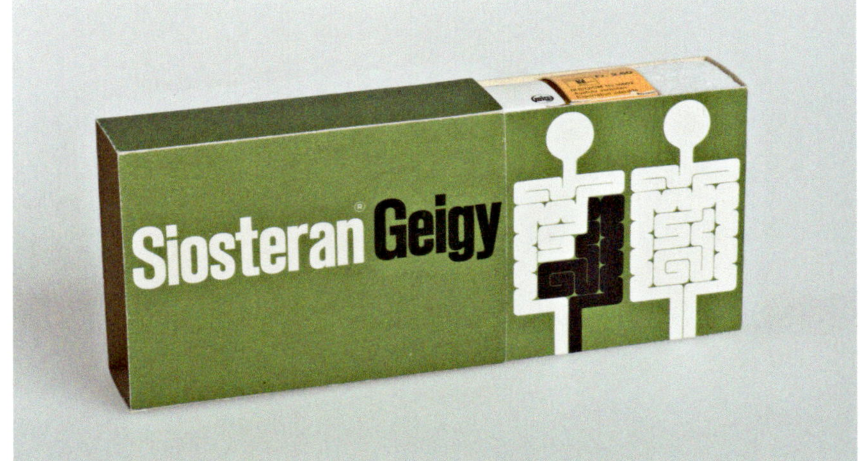

315

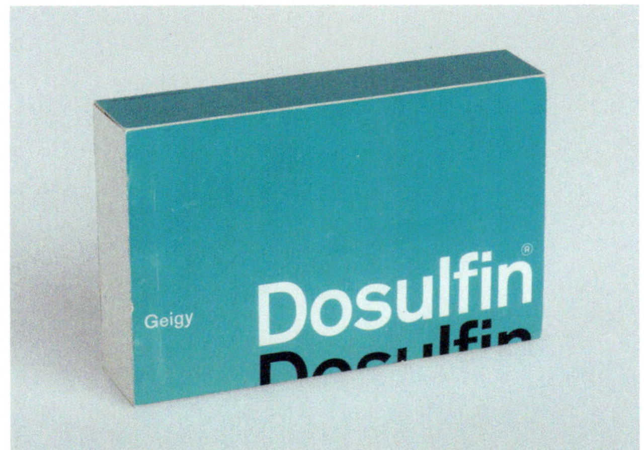

316

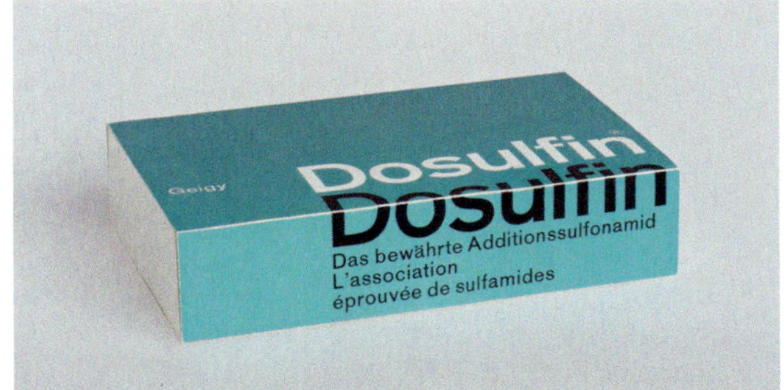

317

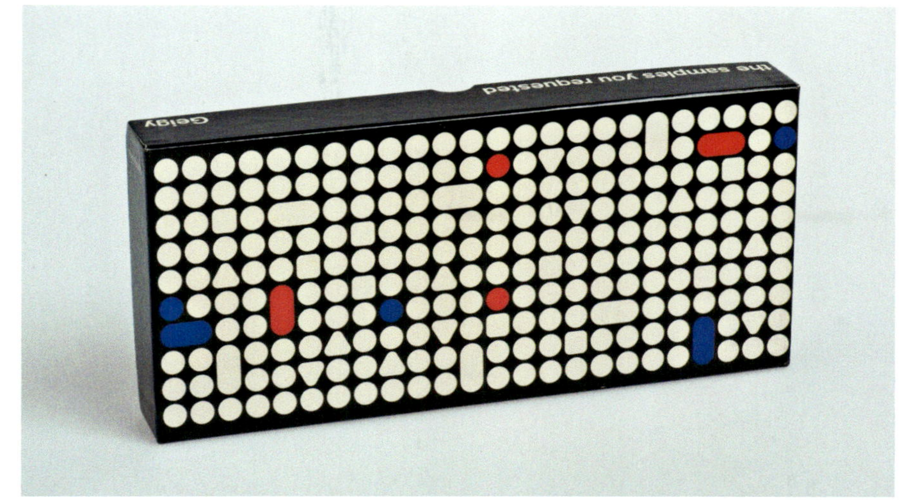

318

319

320

321

⊠ 322–323
Enzo Roesli, Gérard Ifert (Motiv)
[Eurax]
CH/ES, 1953–55, Ärztemuster
Offset, 8.4 × 10 × 2.2 cm, 8.4 × 14.5 × 2.2 cm

⊠ 324
George Giusti
Hygroton-Réserpine Antihypertenseur
[Blutdrucksenker]
CH/CH, 1960–63, Ärztemuster
Offset, 6.8 × 11.1 × 2.9 cm

⊠ 325
Roland Aeschlimann
Irgapyrin Geigy/gegen Schmerz und Schwellungen
CH/CH, o. J., Ärztemuster
Offset, 9 × 17.8 × 1.5 cm

⊠ 326
Roland Aeschlimann
Alkoholtupfer
CH/DE, 1960–63, Ärztemuster
Offset, 8.3 × 12.5 × 3.7 cm

⊠ 327
Stephan Geissbühler
Butazolidine Pommade Geigy
CH/BE, 1964–67, Ärztemuster
Buchdruck, 24.2 × 7.7 × 3.5 cm

⊠ 328
Roland Aeschlimann
Siosteran 200 mg/Geigy
CH/UK, 1955–63, Ärztemuster
Offset, 4 × 21.2 × 2.8 cm

322

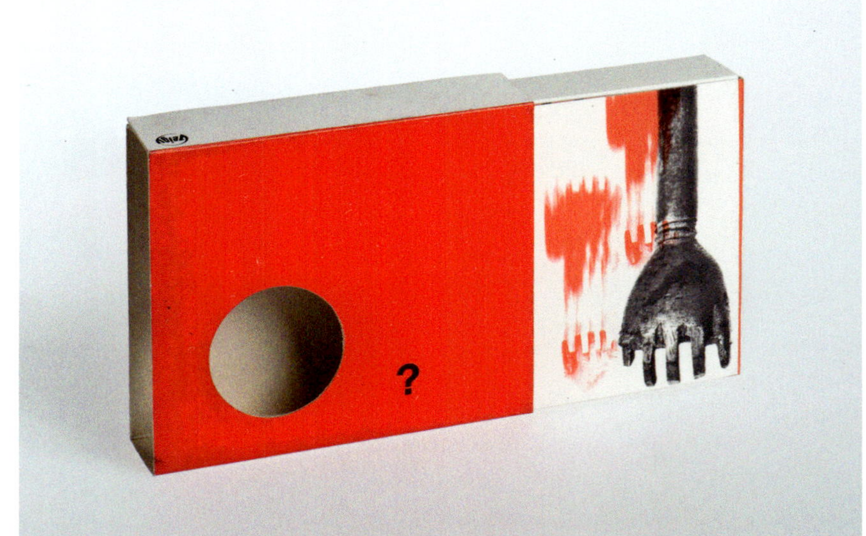

323

324

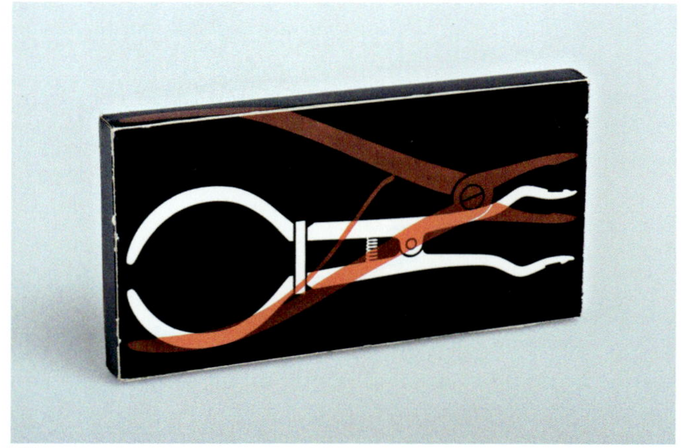

325

326

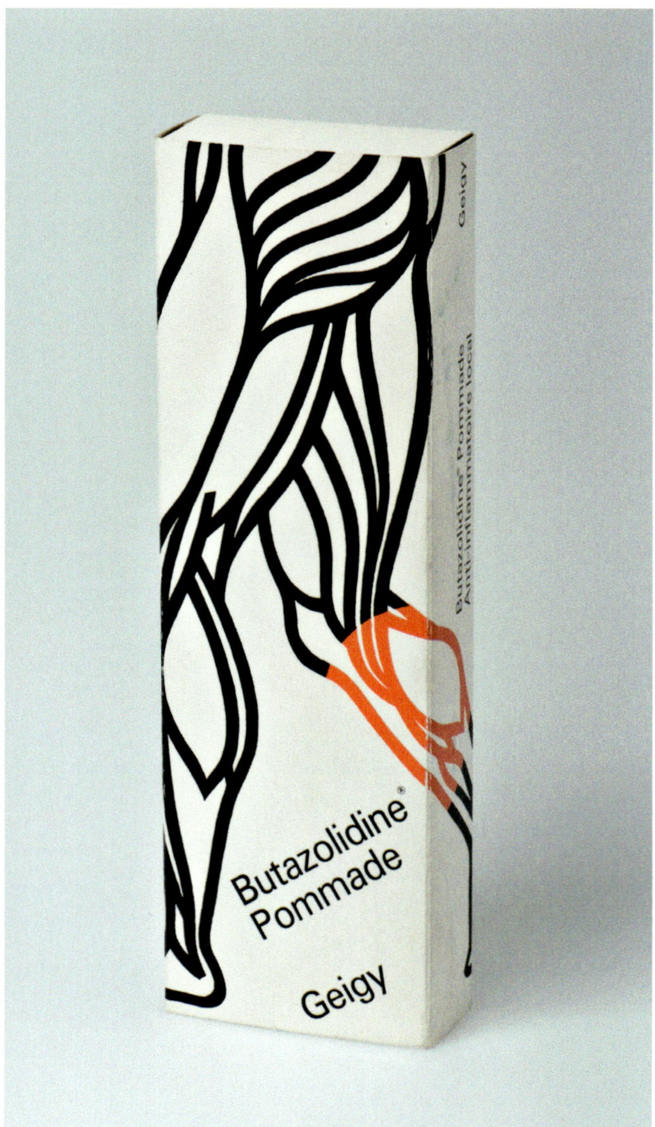

327

328

Insektizid- und Herbizid-Packungen für den Schweizer Markt

In der ersten Hälfte der 1950er Jahre wurden – analog zur Pharma – auch die Packungen für die Schädlingsbekämpfungsmittel überarbeitet. Die meisten Insektizide auf DDT-Basis – so Gesarol und Gesarex – aber auch das Herbizid Gesin waren schon in den 1940er Jahren auf dem Markt. In den 1950er Jahren kamen die Insektizide Stratilon und Basudin sowie die Schneckenkörner dazu. Typografisch klar gegliedert und jede in einer anderen Produktfarbe, ersetzten die neuen, von Andreas His gestalteten Packungen ihre uneinheitlichen Vorgänger. Der Produkt- und der Firmenname sind linksbündig gesetzt und zwar so, dass sich der Produktname der linken über den Firmennamen der rechten Textspalte schiebt. Auf den meisten Packungen ist zudem der jeweilige Schädling stilisiert abgebildet. Das Packungskonzept bekam 1957 den Schweizerischen TARA-Preis. Hervorgehoben wurden der giftige Charakter der Farben, der sich klar von jenen für die Lebensmittel unterscheidet, sowie der ausgesprochene Seriencharakter.

329
Andreas His
Mesulfan Geigy
CH/DE, ca. 1956, Faltschachtel
Offset, 12.6 × 8.6 × 4.9 cm

330
Andreas His
Gesarex Geigy
CH/DE, ca. 1954, Faltschachtel
Offset, 16.1 × 9.1 × 4.6 cm

331
Andreas His
Gesin Geigy
CH/DE, ca. 1954, Faltschachtel
Offset, 13.9 × 8.4 × 3.3 cm

332
Andreas His
Gesarol Geigy
CH/CH, ca. 1956, Faltschachtel
Offset, 16.1 × 9 × 4.5 cm

333
Andreas His
Gesakupfer Geigy
CH/DE, ca. 1956, Faltschachtel
Offset, 18.1 × 12.5 × 6.2 cm

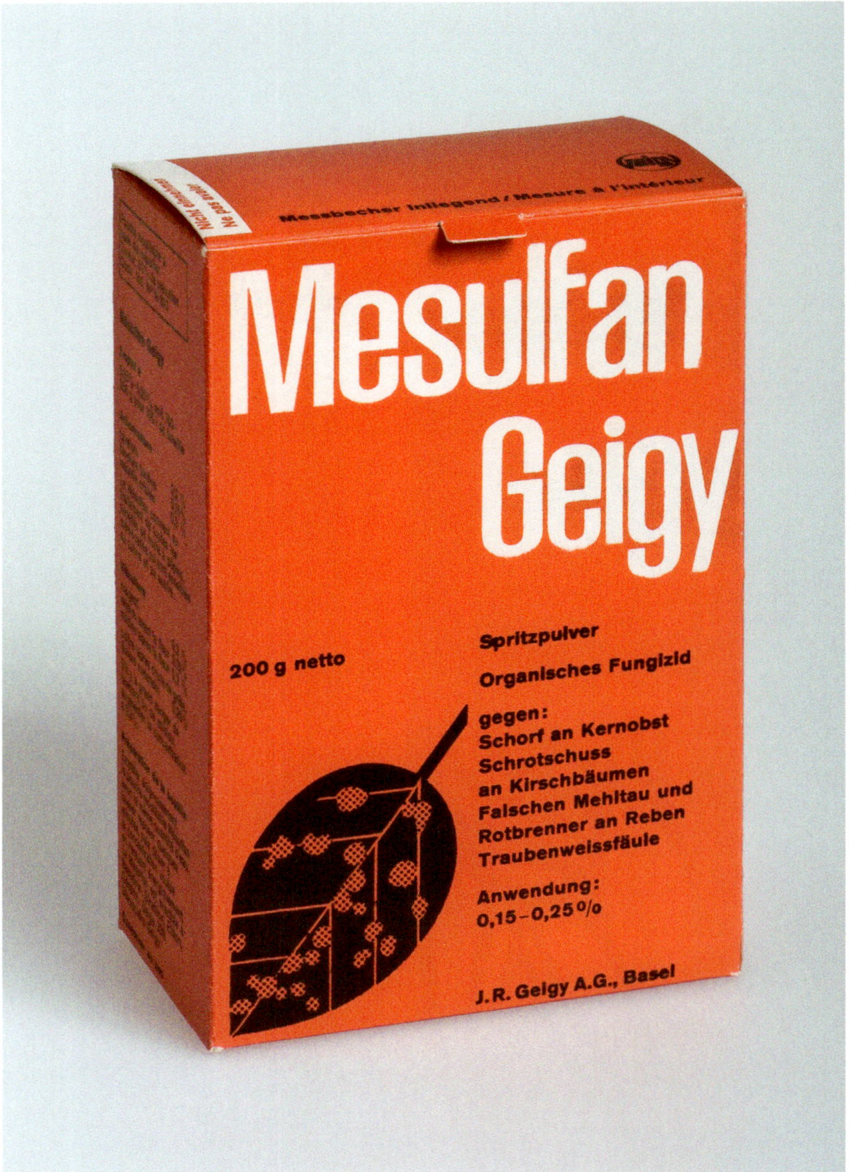

329

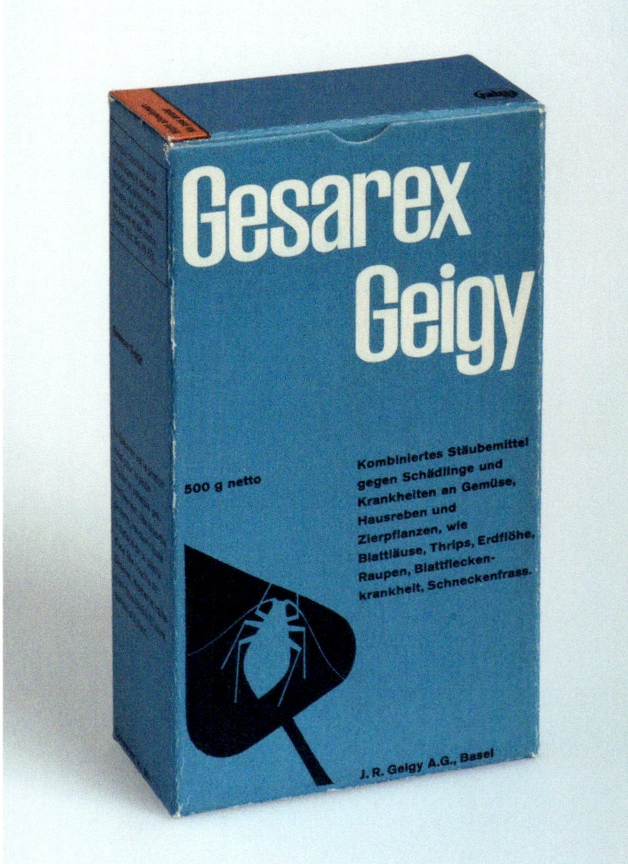

330

332

331

333

334
Andreas His
Gesarol 50 Geigy
CH/DE, ca. 1954, Faltschachtel
Offset, 12.6 × 8.7 × 5.1 cm

335
Andreas His
Stratilon Geigy
CH/CH, ca. 1956, Faltschachtel
Offset, 12.8 × 8.7 × 5 cm

336
Andreas His
Basudin Geigy
CH/DE, ca. 1954, Faltschachteln
Offset, 21.1 × 14.5 × 7 cm, 17 × 9.1 × 5.5 cm, 13 × 8.1 × 3.6 cm, 11.5 × 5 × 3.9 cm

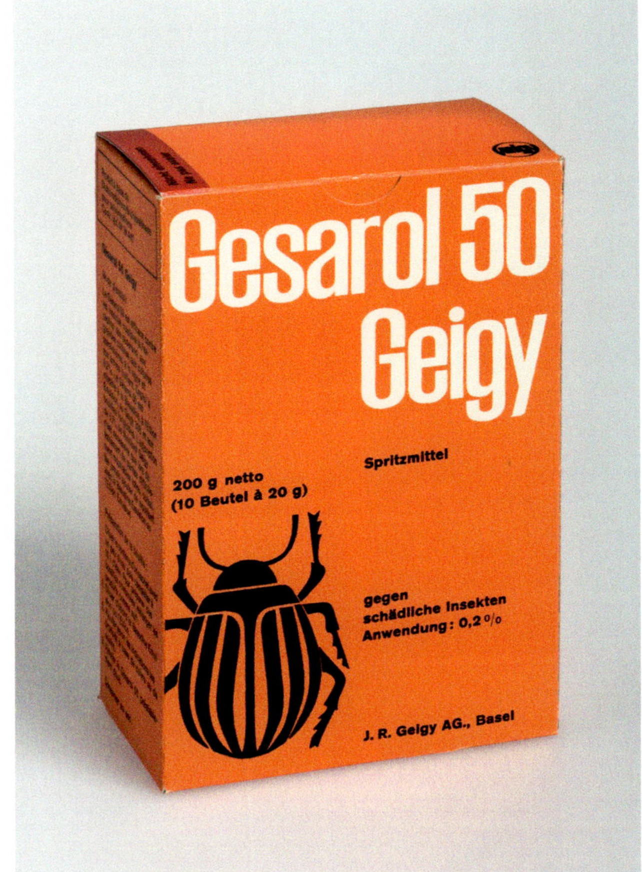

334

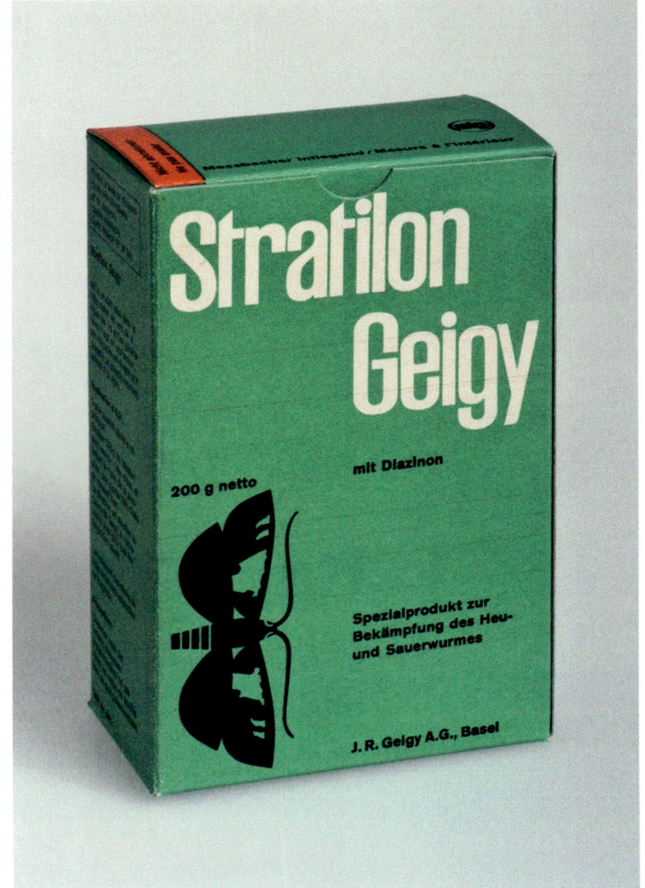

335

Basudin
Geigy
Diazinon-Präparat
Spritzpulver
Eidg. Kontr. Nr. W 729
Basudin Spritzpulver
Spritzpulver
mit Diazinon
Gegen Rote Spinnen,
Blutläuse, Blattsauger,
Sägewespen, Obst-
maden und
andere Raupen
Anwendung: 0,1%
J. R. Geigy A.G., Basel
Trocken lagern
Basudin
Geigy
Emulsion auf Basis von Diazinon
50 g netto
J. R. Geigy A.G., Basel

Insektizid- und Herbizid-Packungen für die USA

Die Agrochemikalien stellten bei Geigy USA in den 1960er Jahren den umsatzstärksten Produktbereich dar. Für die Werbung dieser Abteilung war jedoch nicht das Art Department, sondern eine spezialisierte amerikanische Firma zuständig. Trotzdem übernahm Markus Löw als verantwortlicher Grafiker 1962 die Neugestaltung der gesamten agrochemischen Produktpalette. Neue gesetzliche Vorschriften verlangten, dass die Dosen nicht mehr nur vorne, sondern rundherum zu kennzeichnen seien; Textmenge und Schriftgrössen wurden ebenfalls festgeschrieben. Der gestalterische Spielraum war also äusserst eng. Erste, von Basel ausdrücklich gewünschte Varianten mit stilisierten Schädlingen blieben deshalb Makulatur. Als Resultat der langjährigen Bemühungen – die über 100 verschiedenen agrochemischen Verpackungen kamen 1967 auf den Markt – entstand schliesslich eine überaus einheitliche und einprägsame Produktlinie für die Grossisten, die in der minimalistischen Tradition der «Schweizer Grafik» wurzelt.

⊠ 337
Markus Löw
Sequestrene Zinc
US/US, ca. 1967, Papierbeutel
Offset, 34.9 × 15.3 cm

⊠ 338
Markus Löw
Diazinon 50W
US/US, ca. 1967, Papierbeutel
Offset, 39.8 × 18.5 cm

337

For additional uses see booklet in bottom flap of bag.

Diazinon®

50 W

Insecticide

For control of certain insects on fruits, nuts, vegetables, field crops, and ornamentals; and for residual fly control in farm buildings and food processing plants

Active Ingredient:

0,0-diethyl 0-(2-isopropyl-4-methyl-6-pyrimidinyl) phosphorothioate	50%
Inert Ingredients:	50%
Total	100%

Diazinon® 50 W is a 50% wettable powder.

Warning:

Keep out of reach of children. See additional warning statements on back of bag.

Five Pounds

Net Weight

Geigy

339–345

Markus Löw
Acaralate 25E Geigy
US/US, ca. 1967, Farbmuster
Offset, 23.5 × 15.9 cm

Acaralate™

brand of
Chloropropylate™
miticide

25 E

Miticide

For control of mites
on apples and pears

One Gallon
U.S. Standard
Measure

Active ingredients	
Isopropyl 4,4'-Dichlo-robenzilate	25.2%
Xylene	61.1%
Aromatic Petrol-eum Derivative Solvent	6.8%
Inert Ingredients	6.9%
Total	100%

Acaralate 25 E contains 2 lb. Chloropropylate per gallon.

Caution:
Keep out of reach of children. See additional caution statements on back of container.

Geigy

339

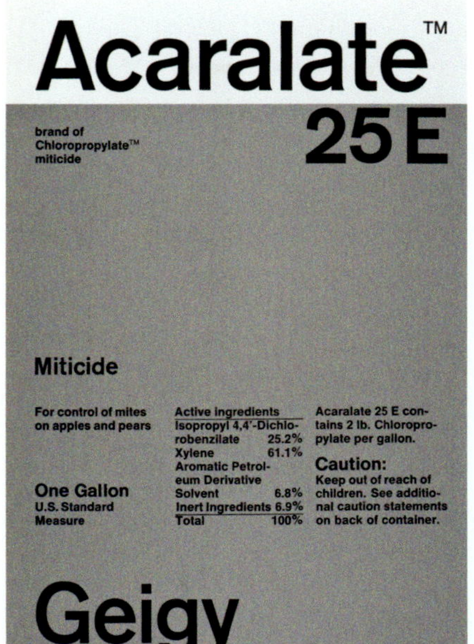

340

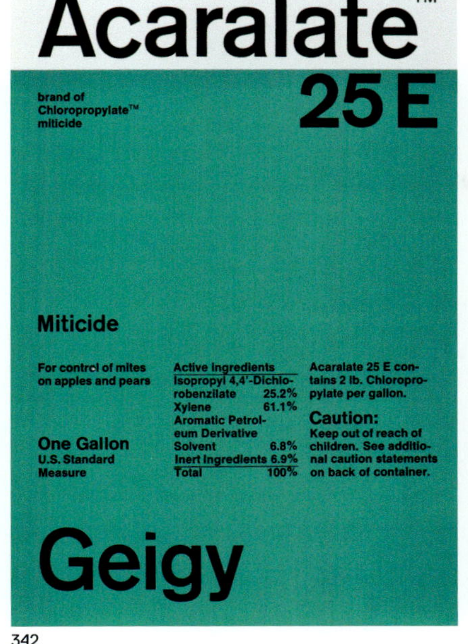

342

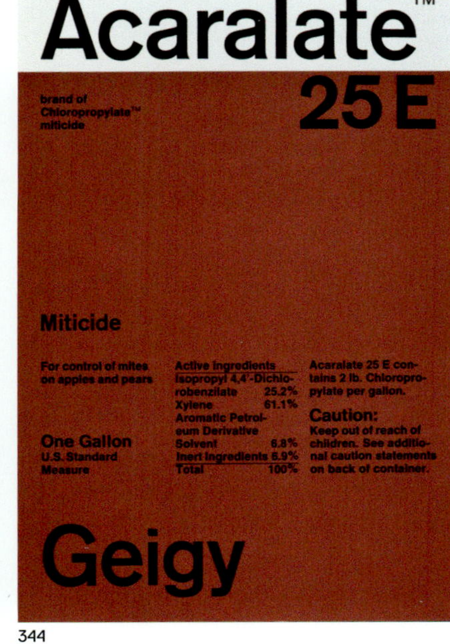

344

Acaralate™
brand of Chloropropylate™ miticide
25 E
Miticide
For control of mites on apples and pears
Active ingredients
Isopropyl 4,4'-Dichlorobenzilate 25.2%
Xylene 61.1%
Aromatic Petroleum Derivative Solvent 6.8%
Inert Ingredients 6.9%
Total 100%
Acaralate 25 E contains 2 lb. Chloropropylate per gallon.
Caution:
Keep out of reach of children. See additional caution statements on back of container.
One Gallon
U.S. Standard Measure
Geigy

341

Acaralate™
brand of Chloropropylate™ miticide
25 E
Miticide
For control of mites on apples and pears
Active ingredients
Isopropyl 4,4'-Dichlorobenzilate 25.2%
Xylene 61.1%
Aromatic Petroleum Derivative Solvent 6.8%
Inert Ingredients 6.9%
Total 100%
Acaralate 25 E contains 2 lb. Chloropropylate per gallon.
Caution:
Keep out of reach of children. See additional caution statements on back of container.
One Gallon
U.S. Standard Measure
Geigy

343

Acaralate™
brand of Chloropropylate™ miticide
25 E
Miticide
For control of mites on apples and pears
Active ingredients
Isopropyl 4,4'-Dichlorobenzilate 25.2%
Xylene 61.1%
Aromatic Petroleum Derivative Solvent 6.8%
Inert Ingredients 6.9%
Total 100%
Acaralate 25 E contains 2 lb. Chloropropylate per gallon.
Caution:
Keep out of reach of children. See additional caution statements on back of container.
One Gallon
U.S. Standard Measure
Geigy

345

DIAZINON
4E
Diazinon
4e

346

Diazinon®
4E
For Use
by Pest Control
Operators Only
Insecticide
For control of cock-
roaches, other house-
hold pests, and turf
and ornamental pests.
One Gallon
U.S.Standard
Measure
Active Ingredients:
0,0-diethyl 0-(2-
isopropyl-4-methyl-
6-pyrimidinyl) phos-
phorothioate 47.5%
Aromatic petroleum
derivative solvent 26.2%
Inert Ingredients: 26.3%
Total 100.0%
Diazinon 4E contains
4 lbs. Diazinon per gal.
Warning:
Keep out of reach of
children. See addition-
al warning statements
on side of container.
Geigy

347

Diazinon®
4S
For Use
By Pest Control
Operators Only
Insecticide
For control of cock-
roaches and other
household pests
One Gallon
U.S.Standard
Measure
Active Ingredients:
0,0-diethyl 0-(2-isopro-
pyl-4-methyl-6-pyrim-
idinyl) phos-
phorothioate 48.7%
Aromatic petrol-
eum derivative
solvent 39.5%
Inert Ingredients: 11.8%
Total 100.0%
For dilution with
insecticide base oils
Diazinon 4S contains
4 lbs. Diazinon per gal.
Warning:
Keep out of reach of
children. See addition-
al warning statements
on back panel.
Geigy

348

☒ 346
Markus Löw
Diazinon 4E
US/US, 1964–67, Entwurf für Kanister
Diapositiv

☒ 347
Markus Löw
Diazinon 4E Geigy
US/US, ca. 1967, Kanister
Offset, Aluminium, 26 × 16.9 × 11.6 cm

☒ 348
Markus Löw
Diazinon 4S Geigy
US/US, ca. 1967, Kanister
Offset, Aluminium, 26 × 16.9 × 11.6 cm

☒ 349
Markus Löw
Acaralate 2E Geigy
US/US, ca. 1967, Kanister
Offset, 26 × 16.9 × 11.6 cm

349

Polyäthylendosen

Die Niederdruck-Polyäthylendosen – oder Polydosen – für pulverförmige Farbstoffe und Industriechemikalien wurden in zunächst acht, später zehn verschiedenen Grössen von einem bis zehn Liter Fassungsvermögen produziert. Ihre Einführung erfolgte Ende 1966, nach vier Jahren Entwicklungszeit. ⊠356 Der versenkte Verschluss und die modular aufeinander abgestimmten Aussenmasse ermöglichen ein optimales Stapeln. Die drei verschiedenen Dosenbreiten und die Randlage der Öffnung sind so gewählt, dass für das restlose Entleeren nur eine Hand benötigt wird. Neuartig war ebenfalls der Garantieverschluss, der zudem ein leichtes Öffnen und Wiederverschliessen gewährleistete. Diese Zweckmässigkeit wird von der grafischen Gestaltung unterstützt: die klaren und strengen Linien, das produktunabhängige neutrale Grau der Dose und der weisse Deckel betonen die kompakte und sachliche Einheit. Nach schweizerischen und europäischen Auszeichnungen erhielten die Polydosen 1970 die World Star-Auszeichnung der World Packaging Organisation, sowohl für die grafische Gestaltung als auch für die technisch-ökonomische Konzeption.

⊠ 350
Max Schmid
Alpla-Werke, Hard/Vorarlberg (Hersteller)
Polyäthylendose
CH/CH, 1967
Kunststoff, 27.8 × 20 × 13.5 cm

⊠ 351
Max Schmid
Alpla-Werke, Hard/Vorarlberg (Hersteller)
Polyäthylendosen
CH/CH, 1967
Kunststoff, von 14 × 7 × 12 cm bis 27.5 × 13.7 × 28 cm

350

351

Prestige

Zum «Firmengesicht» als Summe aller Äusserungen einer Firma gehören nicht nur die visuelle Erscheinung der unmittelbar produktgebundenen Gestaltung, sondern auch jene Medien, mit denen firmenübergreifende oder allgemeine Themen einer breiten Öffentlichkeit, dem Fachpublikum oder aber den Mitarbeitenden der Firma selber nahe gebracht werden sollten. Ein herausragendes Ereignis, bei dem alle drei genannten Gruppen angesprochen wurden, war das 200-jährige Jubiläum der J. R. Geigy A. G., das 1958 vor allem in Basel ausführlich begangen wurde. Dazu gehörten unter anderem eine zweibändige Festschrift, wissenschaftliche Tagungen, die Ausstellung *Kunst und Naturform* im Basler Kunstmuseum (die später auch in Buchform erschien), das eigens komponierte *Geigy Festival Concerto* von Rolf Liebermann (dessen Uraufführung unmittelbar danach auf Schallplatte gepresst wurde) ein Film sowie Firmeninserate in Zeitungen. ⊠48 Bücher sowie Broschüren erschienen auch bei anderen Gelegenheiten und mehrere Tochterfirmen unterhielten Hauszeitschriften für die interne Kommunikation. ⊠154 Die *Documenta*-Publikationen, die Firmen- und Produktwerbung verbanden, wurden ebenso weltweit verschickt wie der jeweils in mehreren hunderttausend Exemplaren gedruckte Wandkalender.

Geigy-Werbeabteilung

Anlässlich der Eröffnung des Neubaus für die nun Werbeabteilung genannte vormalige Propaganda-Abteilung erschien 1966 ein festschriftartiges grossformatiges Magazin. Neben der Präsentation des Gebäudes thematisiert es die wesentlichen Tätigkeiten der Abteilung wie Konzeption internationaler Kampagnen, Gestaltung, Redaktion, Übersetzung, Packungen oder Film. Verschiedene Mitarbeiter des Grafikateliers konnten eine Doppelseite entwerfen und verliehen so dem bei Geigy traditionell hohen Stellenwert der – auch ohne Signatur erkennbaren – individuellen gestalterischen Handschrift unmittelbaren und programmatischen Ausdruck. ⊠83, ⊠136 Solch postmodern anmutender Haltung entspricht die spielerische Typografie des Umschlags, bei der Stephan Geissbühler zwei Fotografien von Hans Weyermann verwendete (die Rückseite zeigt das gleiche Motiv fotografisch ins Negativ gewendet). Für die internationale Verbreitung wurde auch eine englische Ausgabe mit dem Titel *Geigy Publicity* realisiert.

352

⊠352
Stephan Geissbühler
Hans Weyermann (Foto)
Geigy-Werbeabteilung
CH/DE, 1966, Broschüre, Umschlag vorne
Offset, 34.5 × 27 cm

353
Stephan Geissbühler
Hans Weyermann (Foto)
Geigy-Werbeabteilung
CH/DE, 1966, Broschüre, Umschlag hinten
Offset, 34.5 × 27 cm

354
August Maurer
Zentral gesteuert/Weltweit gestreut
[in: *Geigy-Werbeabteilung*]
CH/CH, 1966, Broschüre, Doppelseite
Offset, 34.5 × 54 cm

355
Anonym
Drehscheibe des Wissens: die Redaktion
[in: *Geigy-Werbeabteilung*]
CH/DE, 1966, Broschüre, Doppelseite
Offset, 34.5 × 54 cm

353

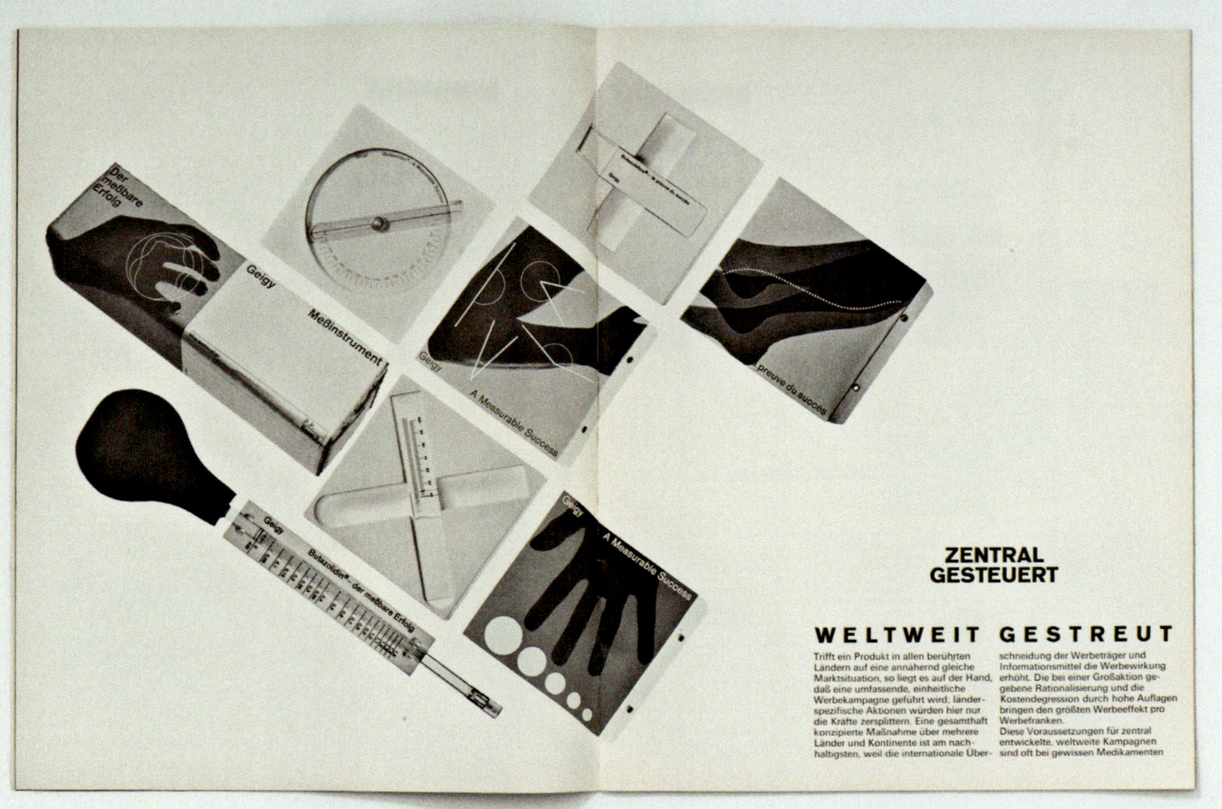

354

Drehscheibe des Wissens: die Redaktion

Unsere Firma zählt Experten von über 80 Berufsgruppen. Viele davon schreiben regelmäßig oder gelegentlich Texte für Publikationen. Alle diese internen Autoren und die beigezogenen externen Fachleute sind nicht in erster Linie Sprach- und Schriftgelehrte, sondern Chemiker aller Sparten, Biologen, Physiologen, Ärzte aller Richtungen, Botaniker, Zoologen, Farbstoff- und Pigmentspezialisten, Textil- oder Lederfachleute, Kaufleute oder Juristen usw. Für die meisten ist das Hauptziel ihrer Arbeit ein anderes als einen Text so zu schreiben, daß er auf Anhieb verständlich ist. Sie haben oft nicht Zeit, sich beim Schreiben genügend in die Situation des Lesers zu versetzen und die Gesamtpublikation genau zu überblicken; oft wird selbst der vereinbarte Umfang nicht eingehalten, und an die Schwierigkeit des späteren Übersetzens wird erst recht selten gedacht. Wer eine größere Publikation vorbereitet, steht plötzlich vor dem Berg zeitraubender Klein- und Kleinstarbeit, die es kostet, um einen «fertigen» Text wirklich druckreif zu machen – und er verläßt sich gern auf einen sorgfältig arbeitenden Redaktionsstab. Seine Aufgabe ist es, die erhaltenen wissenschaftlichen und technischen Texte in eine publikationsreife und vom Leser assimilierbare Form umzugießen. Kommen noch verlegerische Funktionen hinzu, weitet sich seine Tätigkeit erst recht zum Umschlagplatz des Wissens aus.

Planung der Publikationen auf Grund eigener und fremder Anregung, Mobilisierung der geeigneten Autoren und sachliche Prüfung der Manuskripte sind schon entscheidende Präliminarien. Wenn irgendwer, bekommt dabei die Redaktion zu spüren, wie sehr auch Wissenschaft und Forschung und ihre praktische Anwendung nicht einfach eine stetig wachsende Masse exakten Wissens sind. Erfahrungen, Hypothesen, Versuche, Beweise, Interpretationen und Fragmente schlagen sich nur zu einem kleinen Teil als anerkannter, konsolidierter «Fortschritt der Wissenschaft» nieder – es ist nicht mehr leicht, Fachwissenschafter zu sein.

Von ihm aber bezieht die Redaktion das Manuskript. Der Name Geigy und das Erscheinen im Rahmen unserer Schriftenreihen auferlegen entsprechende Sorgfaltspflichten. Zur sprachlichen tritt oft eine gedankliche Manuskriptbearbeitung, die nicht selten im Gespräch mit dem Autor eine entscheidende Klärung bringt. Dazu kommen Kontrolle und Ergänzung der Literaturangaben, Ausrichten auf einheitliche Nomenklatur und Maßeinheiten, Nachprüfen und Ergänzen von Zahlen, Tabellen, Zitaten usw. – die Redaktion hat auf den kritischen Leser abzustellen, der jede verborgene Schwäche merkt. Damit steht sie unausweichlich im Spannungsfeld von Qualität und Zeitnot. Die gediegenste Publikation nützt nichts, wenn sie vor lauter Sorgfalt nie erscheint. Umgekehrt ist der ganze Aufwand vertan, wenn der Inhalt wegen Ungenauigkeit nicht ernst genommen wird. Auch sind gute Autoren vielbeschäftigte Männer und brauchen zum Schreiben meist länger, als sie selber dachten; inzwischen taucht Neues auf, das auch wieder verarbeitet werden müßte – der Einbruch des Wissens ist überwältigend, der Wettlauf um die Aktualität endlos.

Nur zwei Zahlen aus unseren 750seitigen «Wissenschaftlichen Tabellen»: In ihrer 6. Auflage steht im Abschnitt über Vitamin B_{12}: «Über die Biochemie des Vitamins B_{12} ist noch nichts Genaues bekannt. Man kennt weder Enzyme noch Coenzyme, die es als Bestandteil haben.» Drei Jahre später waren bereits 200 Arbeiten publiziert, die sich ausschließlich mit B_{12}-Coenzymen befassen. Seit Erscheinen der 6. Auflage wurden von der Redaktion selbst allein aus wissenschaftlichen Zeitschriften für die Neubearbeitung etwa 22000 Arbeiten auf Registerkarten aufgenommen.

Die in den letzten Jahren publizierten 55 über hundertseitigen Documenta-Monographien und 65 medizinischen Berichte in Zeitungsform belegen weiter die Leistungsfähigkeit der Redaktionsgruppe.

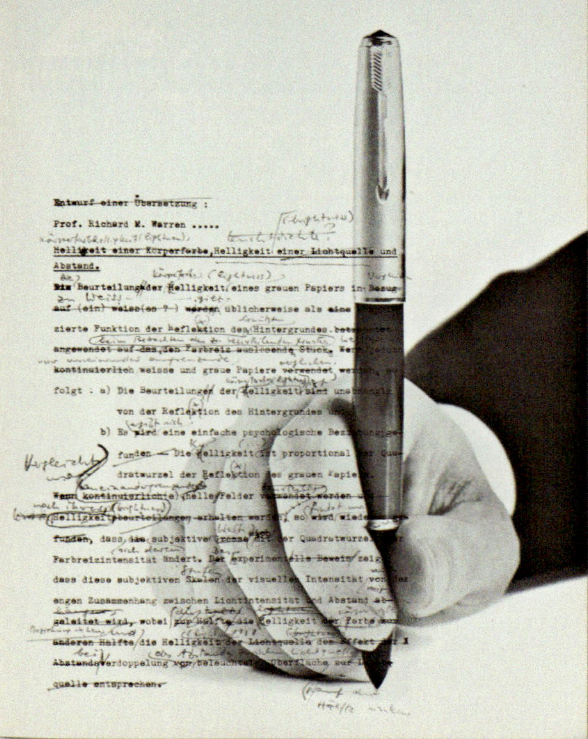

355

⊠ 356
Max Schmid
Nur eine neue Farbstoffbüchse.
[Polyäthylendose, in: *Geigy-Werbeabteilung*]
CH/DE, 1966, Broschüre, Doppelseite
Offset, 34.5 × 54 cm

Nur eine neue Farbstoffbüchse. Ihre so selbstverständlich wirkende Form ist nur eine unter ungezählten Möglichkeiten. Nach sorgfältiger Prüfung aller Aspekte von der Herstellung bis zur Restentleerung wurde sie als die zweckmäßigste und gefälligste Lösung bezeichnet.
Sie entstand in enger Zusammenarbeit mit den Planungs- und Einkaufsstellen der Firma und mit den Farbstoff- und Chemikalienmagazinen.

Modellreihe / Kriterien		früheres Al-Büchsensortiment 14 Grössen			heutiges Al-Büchsensortiment 12 Grossen			
max.	Füllöffnung							
20	- Exzentrität (-0,5/-1,0/-1,5/+1,5)	11/3/-/-/		17	12/-/-/-/		20	5/
10	- Füll-ϕ	60/76/110	3	3	70/90/110	3	3	10
5	- Oberteile	-1,75 asymetrisch		3	Quadr./Rechteck		4	2 T
	Standfestigkeit							
10	- Anzahl Türme H:S ≥ 2	8,0	1	9	8,0	1	9	
	Handlichkeit							
10	- Kleinstabmessung ≥ 140 mm	alle über 4,0	6	4	alle über 4,0	5	5	
	Masch. Abfüllen							
5	- Anschlagverstellg.		5	2		5	2	bi
	Kombinierbarkeit							
10	- versch. Grössen	70/<u>53</u>		0	60/<u>44</u>		2	65
	gleiche Grössen							
5	- 6er L:B > 2		2	3		2	3	
5	- 10er L:B > 2		3	2		3	2	
	Palettabstimmung							
5	- Ausnützung 6er	beschränkt		1	beschränkt		1	un
5	10er	beschränkt		1	beschränkt		1	un
10	- Kombination verschiedener Boxen	mittelmässig		3	mittelmässig		3	ur
	Kundengesichtspunkte							
2	- Aufbewahrung Stapelung	ungünstig		0	ungünstig		0	gu
2	Grundfl.	mittel		0	mittel		0	m
2	Tiefe	ja		2	ja		2	ne
5	- Entnahme/Restentleerung	ungünstig		0	ungünstig		0	gu
	Herstellung							
5	- Kombinationswerkzeug	z. T.	4	2	z. T.	6	1	ne
10	Form/Aussehen	unregelmässig, mittel		5	gut		7	sel
126	Total			57			65	

356

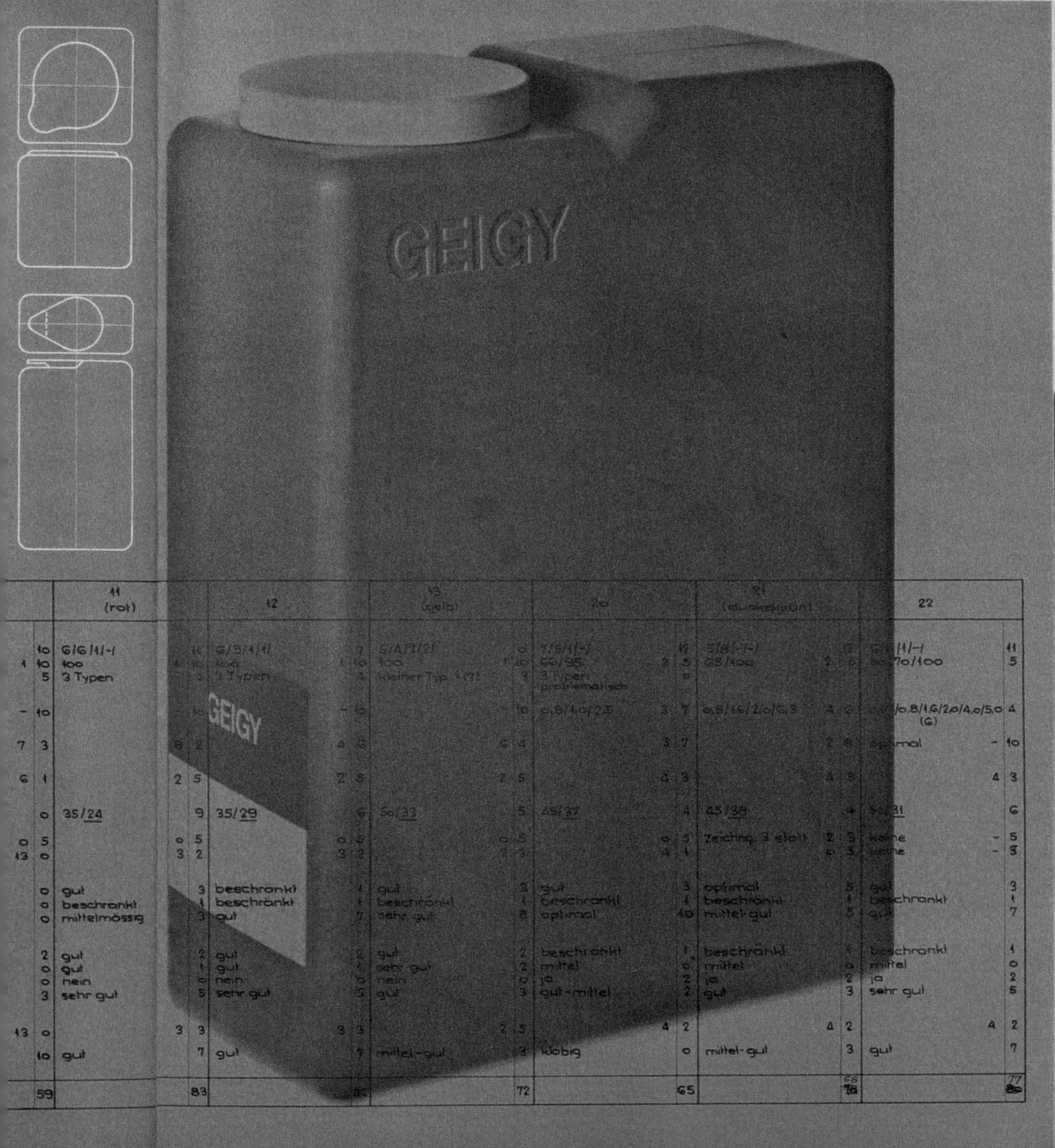

		11 (rot)			12			13 (gelb)			20			21 (dunkelgrün)			22		
	10	G/G/1/-/		10	G/9/1/1/		7	5/4/2/2/		o	7/5/1/-/		12	5/8/-/-/		12	G/[illegible]/1/-/		11
1	10	100	4	10	100	1	10	100	1	10	66/95	2	5	65/100	2	5	[illegible]/70/100		5
	5	3 Typen		3	3 Typen		4	kleiner Typ 1(?)		3	3 Typen problematisch		o						
-	10		-	10		-	10		-	10	0,8/1,0/2,5	3	7	0,8/1,6/2,0/3,5	4	2	[illegible]/0,8/1,6/2,0/4,0/5,0 (G)		4
7	3		8	2		4	5		6	4		3	7		2	8	optimal	-	10
6	1		2	5		2	5		2	5		4	3		4	3		4	3
	o	35/24		9	35/29		6	50/33		5	45/37		4	45/38		4	50/31		6
o	5		o	5		o	5		o	5		o	5	Zeichng. 3 statt	2	3	keine	-	5
13	o		3	2		3	2		2	3		4	1		o	5	keine	-	5
	o	gut		3	beschränkt		1	gut		3	gut		3	optimal		5	gut		3
	o	beschränkt		1	beschränkt		1	beschränkt		1	beschränkt		1	beschränkt		1	beschränkt		1
	o	mittelmässig		3	gut		7	sehr gut		8	optimal		10	mittel-gut		5	gut		7
	2	gut		2	gut		2	gut		2	beschränkt		1	beschränkt		1	beschränkt		1
	o	gut		1	gut		1	sehr gut		2	mittel		o	mittel		o	mittel		o
	o	nein		o	nein		o	nein		o	ja		2	ja		2	ja		2
	3	sehr gut		5	sehr gut		5	gut		3	gut-mittel		2	gut		3	sehr gut		5
13	o		3	3		3	3		2	5		4	2		4	2		4	2
	10	gut		7	gut		7	mittel-gut		3	klobig		o	mittel-gut		3	gut		7
	59			83			82			72			65			68 / 78			77 / 80

Geigy – Eine Firma und ihre Produkte

Die 56-seitige Broschüre in handlichem Format bietet einen Überblick über die Sparten und die Produkte der Firma. Die grosszügige Gestaltung von Max Schmid baut auf wenigen Prinzipien auf: die Textseiten sind jeweils halbiert in eine Blocksatz-Spalte und eine weitgehend leere Spalte für die Zwischentitel und Produktnamen; randabfallende schwarzweisse Aufnahmen – meist von Peter Heman – nehmen die rechte oder linke Seite ein oder sind doppelseitig. Das die Bilder bestimmende Mittel der Fotomontage prägt bereits den Umschlag: ein Labor-Utensil und ein Chemiker ‹spiegeln› sich in einem riesenhaften Auge, das ja eigentlich den Fotografen betrachtet – und doch zugleich auch jeden Betrachter. Solche lebhaften Anklänge von ‹unseriöser›, beinahe surrealistischer Poesie setzen sich fort in der umgekehrt proportionalen Diskrepanz zwischen kleiner menschlicher Figur und grossem Laubblatt oder dem quasi-filmischen Augenaufschlag.

☒ 357
Max Schmid
Peter Heman (Foto)
Geigy – Eine Firma und ihre Produkte
CH/CH, 1955, Buch, Umschlag
Buchdruck, 23.5 × 16.5 cm

☒ 358
Max Schmid
Peter Heman (Foto)
Schädlingsbekämpfungsmittel
[in: *Geigy – Eine Firma und ihre Produkte*]
CH/CH, 1955, Buch, Doppelseite
Buchdruck, 23.5 × 33.7 cm

☒ 359
Max Schmid
Werkaufnahme (Foto)
Medikamente
[in: *Geigy – Eine Firma und ihre Produkte*]
CH/CH, 1955, Buch, Doppelseite
Buchdruck, 23.5 × 33.7 cm

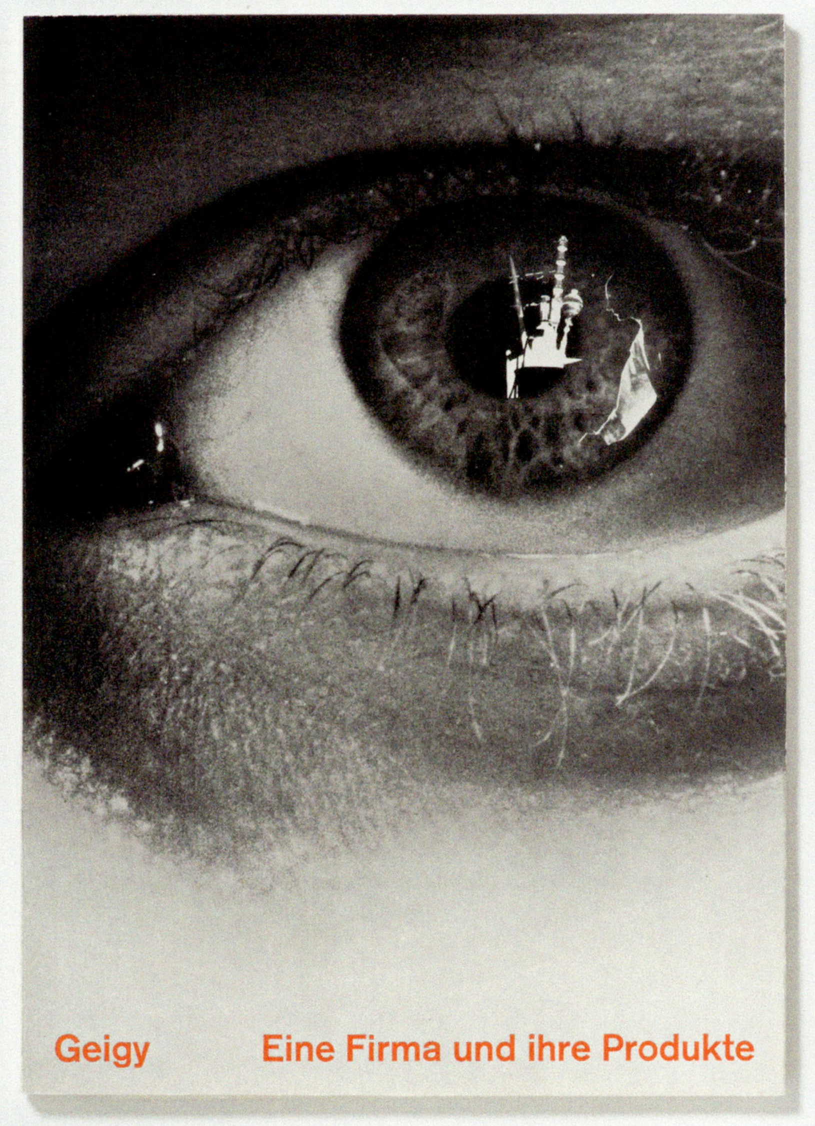

357

Schädlingsbekämpfungsmittel

Schicksal und Wachstum der heutigen Schädlingsbekämpfungsmittelabteilung sind geradezu Schulbeispiel dafür, wie in der chemischen Industrie die wissenschaftliche Forschung Grundlage und Voraussetzung des bleibenden Erfolges ist. Aus der im Forschungslaboratorium aufgewendeten Mühe kam der große Wurf, und aus dem großen Wurf wuchs in wenigen Jahren eine in sich geschlossene Abteilung, die von der Forschung, der Fabrikation und der technischen Beratung bis zum Verkauf über alle notwendigen Organe verfügt.

1935 beginnen die Pflanzenschutzarbeiten

In der Mitte der dreißiger Jahre entschloß sich Geigy, seine Aktivität auch auf das Gebiet des Pflanzenschutzes auszudehnen. Seit 1935 arbeiteten Chemiker am Aufbau eines im Pflanzenschutz verwendbaren Insektizides, doch führte die Bearbeitung ganz verschiedener Körperklassen vorerst zu keinem praktisch brauchbaren Produkt. Erst im Herbst des Jahres 1939 gelangte Dr. Paul Müller zu einer Reihe interessanter Verbindungen, als er Chloral mit Kohlenwasserstoffen und Chlorsubstitutionsprodukten kondensierte. Er synthetisierte zuerst Diphenyltrichloräthan, eine Substanz, die bei der Prüfung eine geringe Kontaktwirkung zeigte. Die weitere Bearbeitung dieser Gruppe von Substanzen ergab sodann durch Kondensation von Chloral mit Chlorbenzol das 4,4'-Dichlordiphenyltrichloräthan – eine Substanz, die alle bisher hergestellten Verbindungen an Wirksamkeit übertraf. Die ersten Versuche an Fliegen bestätigten ihre insektizide Kontakt- und Dauerwirkung, und die ersten Kleinversuche zeigten dieselben ermutigenden Resultate. Nachdem sie zu applizierbaren Pflanzenschutzpräparaten aufgearbeitet worden war, wurde sie im Frühjahr 1941 bei den eidgenössischen Versuchsanstalten in Wädenswil und Oerlikon zur offiziellen, nach den geltenden Vorschriften obligatorischen Prüfung und Bewilligung angemeldet: die ersten DDT-Insektizide waren geschaffen und traten ihren in der Geschichte der industriellen Chemie fast einmaligen Lauf durch die Welt an.

1941 ist der Erfolg da

Die DDT-Präparate

Die DDT-Präparate bildeten den Kern, aus dem die Geigy-Schädlingsbekämpfung wuchs. Sehr bald erkannte man die verschiedenen Anwendungsmöglichkeiten dieser Produkte und richtete die im Entstehen begriffene Abteilung dementsprechend ein. Sie umfaßt heute zwei hauptsächliche Arbeitsfelder: den eigentlichen Pflanzenschutz und die sogenannten Humanprodukte, das heißt, Produkte, die für die Schädlingsbekämpfung in Haus und Hof, in der Hygiene, beim Vorrats- und Materialschutz gebraucht werden.

Gesarol, Gesakupfer, Gesapon und Gesarex

Auf der ursprünglichen Forschungsleistung aufgebaut und darum für Geigy so gut wie klassisch sind die DDT-Präparate. Im Pflanzenschutz umfassen sie vor allem die – wie man sie heißen könnte – Gesarolgruppe mit dem Gesarol selber, dem Gesakupfer, dem Gesapon und dem Gesarex. Sie alle enthalten, zu verschiedenen Anwendungsformen aufgearbeitet, als Aktivsubstanz Dichlordiphenyltrichloräthan, teilweise, wie das Gesarex und das Ge-

46

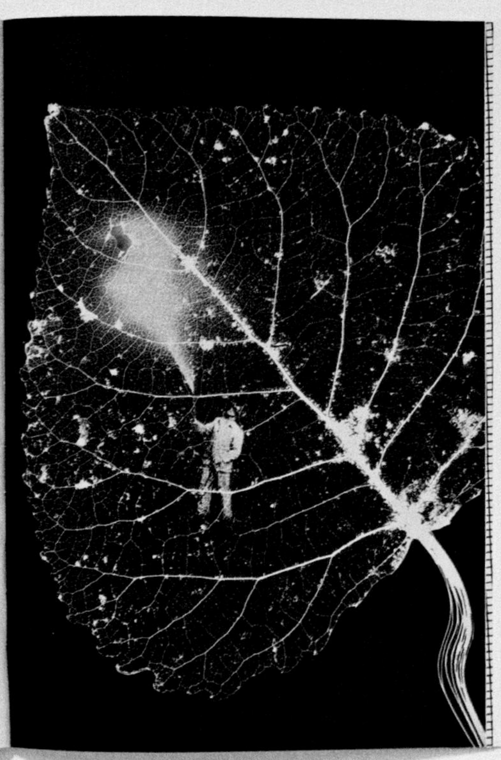

358

hütung sowie Heilung von Überempfindlichkeitszuständen, hervorgerufen durch Staub, besonders Blütenstaub, Arznei- und Nahrungsmittel usw. Die Synopen-Salbe hilft bei Stichen von Insekten, Bienen und Wespen und sollte daher in keiner Haus- oder Reiseapotheke fehlen. An den gleichen Platz gehört das Schlafmittel Medomin. Seine Vorzüge liegen darin, daß es vom Körper leicht abgebaut wird, nicht zu Sucht führt und dem Schlaflosen zu einem erholsamen Schlaf verhilft, aus dem er am Morgen frisch und ausgeruht erwacht.

Medomin

Selgin

Einer stets wachsenden Beliebtheit erfreut sich die auf einer Salzgrundlage aufgebaute Zahnpaste Selgin. Salz war schon bei den alten Völkern ein bekanntes Reinigungsmittel für die Zähne; diese Erkenntnis machte man sich bei der Schaffung des Selgin zunutze und erzielte gute Erfolge bei der Festigung lockeren und der Heilung entzündeten oder blutenden Zahnfleisches.

Varsyl, Ircodin, Meliobal

Tebafen

Tromexan

Sintrom

Varsyl, ein kleineres Präparat, bringt bei Einspritzung in die Venen Krampfadern zum Verschwinden. Ircodin, eine Kombination verschiedener Wirksubstanzen, unter ihnen auch Medomin und Butazolidin, dient zur Schmerzlinderung und Beruhigung nach operativen Eingriffen. Meliobal, ebenfalls ein Kombinationspräparat, senkt das Fieber und hat eine ausgeprägte schmerzstillende, beruhigende sowie entzündungshemmende Wirkung. Mit dem Tebafen hat Geigy ein Mittel geschaffen, das gute Dienste bei der chemotherapeutischen Bekämpfung der Tuberkulose leistet. Ein wissenschaftlich hochinteressantes Präparat ist dann das Tromexan, ein sogenanntes Antithromboticum. Unter gewissen Voraussetzungen kann sich irgendwo in einer Vene ein Pfropfen von geronnenem Blut, Thrombus genannt, bilden. Reißt sich dieser Thrombus los, dann eilt er mit dem strömenden Blut weiter und gerät zum Beispiel in die Lunge, was zu lebensgefährlichen Zuständen führt. Tromexan hemmt die Bildung solcher Thromben und baut sie ab, wenn sie schon entstanden sind. Eines der neueren Geigyschen Präparate, das Sintrom, gehört in die gleiche Stoffklasse wie das Tromexan und wird ebenfalls zur Bekämpfung von Thromben eingesetzt.

Die Antirheumatica Irgapyrin und Butazolidin

Endlich müssen hier noch die beiden Antirheumatica Irgapyrin und Butazolidin erwähnt werden. Der Rheumatismus in allen seinen Formen ist wohl eine der verbreitetsten Plagen der Menschheit, und die durch ihn verursachten gesundheitlichen und wirtschaftlichen Schäden lassen sich kaum abschätzen. Hier gelang nach jahrelangem Ringen im Laboratorium der große Wurf. Unter den vielen hergestellten neuen Verbindungen war eine Substanz – später der Einfachheit halber Butazolidin genannt –, die bei der pharmakologischen und auch bei der klinischen Prüfung sich nicht nur analgetisch wirksam erwies, sondern auch ausgesprochen fiebersenkende und entzündungshemmende Eigenschaften zeigte. Mit den Präparaten Irgapyrin und Butazolidin war die pharmazeutische Abteilung in der Lage, dem Arzt

36

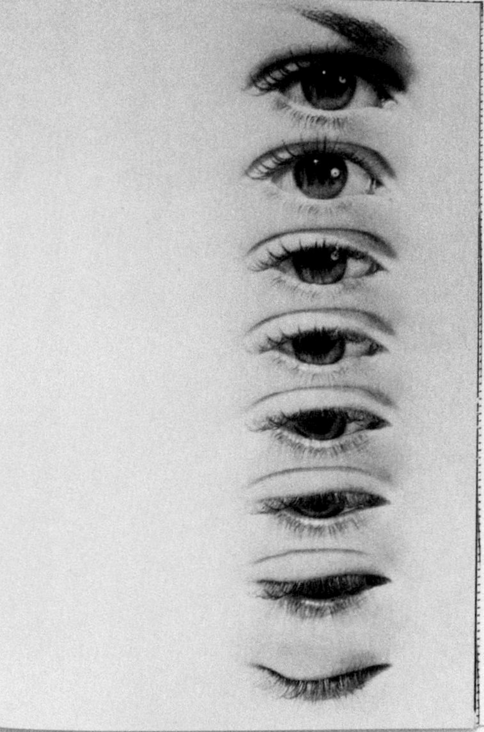

359

360
Max Schmid
Peter Heman (Foto)
[*Geigy – Eine Firma und ihre Produkte*]
CH/CH, 1955, Buch, Doppelseite
Buchdruck, 23.5 × 33.7 cm

360

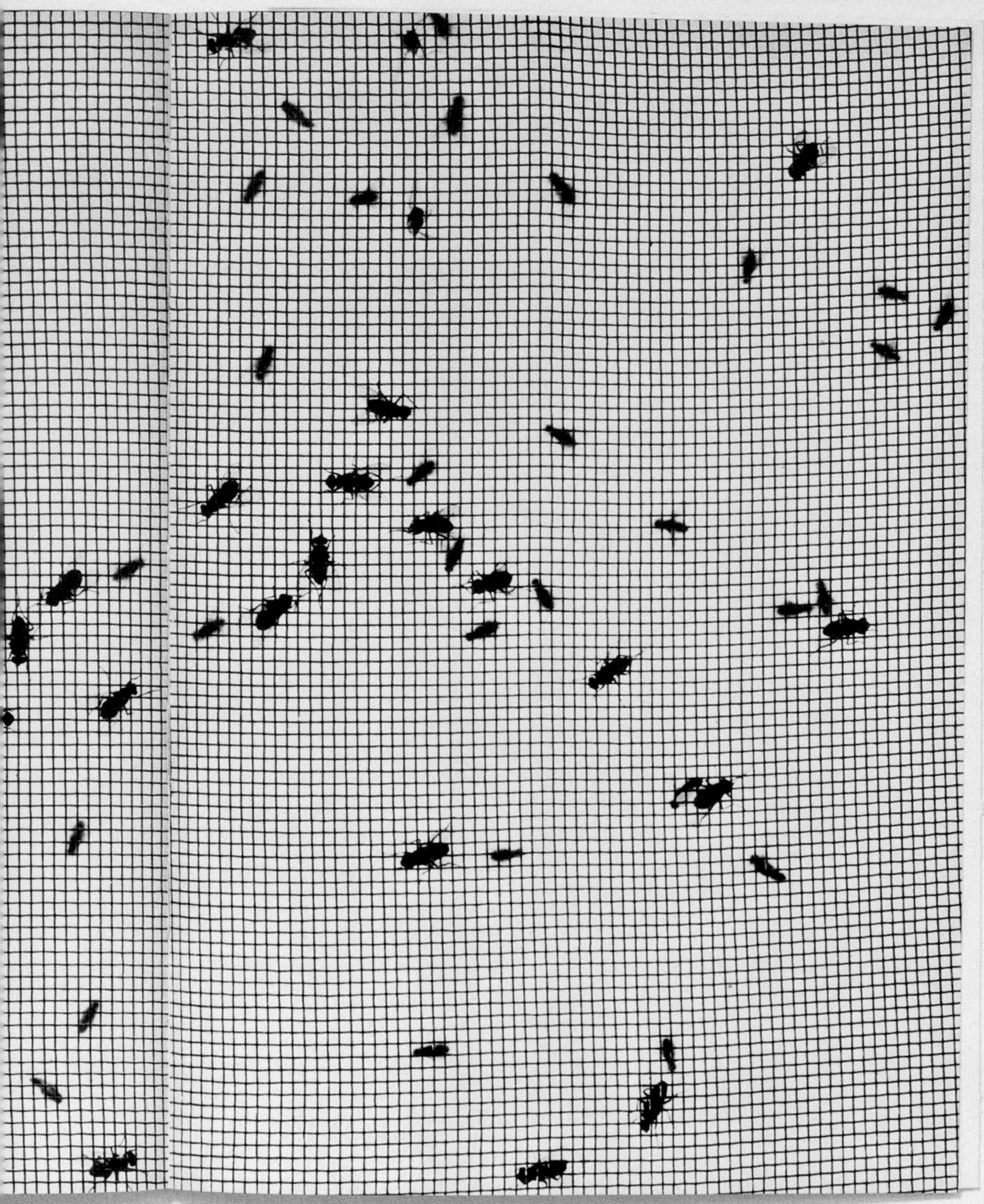

Inserate «Geigy forscht für morgen»

Mit dem zukunftsorientierten Slogan «Geigy forscht für morgen» wird in diesen Zeitungsinseraten jeweils für eine der vier Unternehmenssparten – Pharmazeutik, Farbstoffe, Chemikalien und Schädlingsbekämpfung – geworben. Nelly Rudin fügte Halbton- und grafisch wirkende Fotografie mit Geigy-Signeten in einem auf weissem Hintergrund schwebenden Kreis zusammen und legte darüber ein angedeutetes Fadenkreuz, das die Kreisform im Gesamtformat verankert und das Bild einer zielgerichtet forschenden Firma suggeriert. Ein informativer Text sowie ein grosses Geigy-Signet vervollständigen die ausgewogene Komposition. Die Firmenwerbung zeigt in Bild und Text den direkten Nutzen der Forschung für die Menschheit auf.

⊠ 361
Nelly Rudin, Hans Neuburg (Mitarbeit)
Geigy forscht für morgen/
Morgen braucht der Arzt neue Medikamente
CH/CH, 1960–62, Aus einer Serie von 4 Inseraten, Andruck
Buchdruck, 50 × 35 cm

⊠ 362
Nelly Rudin, Hans Neuburg (Mitarbeit)
Die Welt von morgen braucht neue Farbstoffe/
Geigy forscht für morgen
CH/CH, 1960–62, Aus einer Serie von 4 Inseraten, Andruck
Buchdruck, 50 × 35 cm

⊠ 363
Nelly Rudin, Hans Neuburg (Mitarbeit)
Geigy forscht für morgen/
Täglich 130.000 neue Esser
CH/CH, 1960–62, Aus einer Serie von 4 Inseraten, Andruck
Buchdruck, 50 × 35 cm

⊠ 364
Nelly Rudin, Hans Neuburg (Mitarbeit)
Geigy forscht für morgen/Die Industrie von morgen braucht neue Chemikalien
CH/CH, 1960–62, Aus einer Serie von 4 Inseraten, Andruck
Buchdruck, 50 × 35 cm

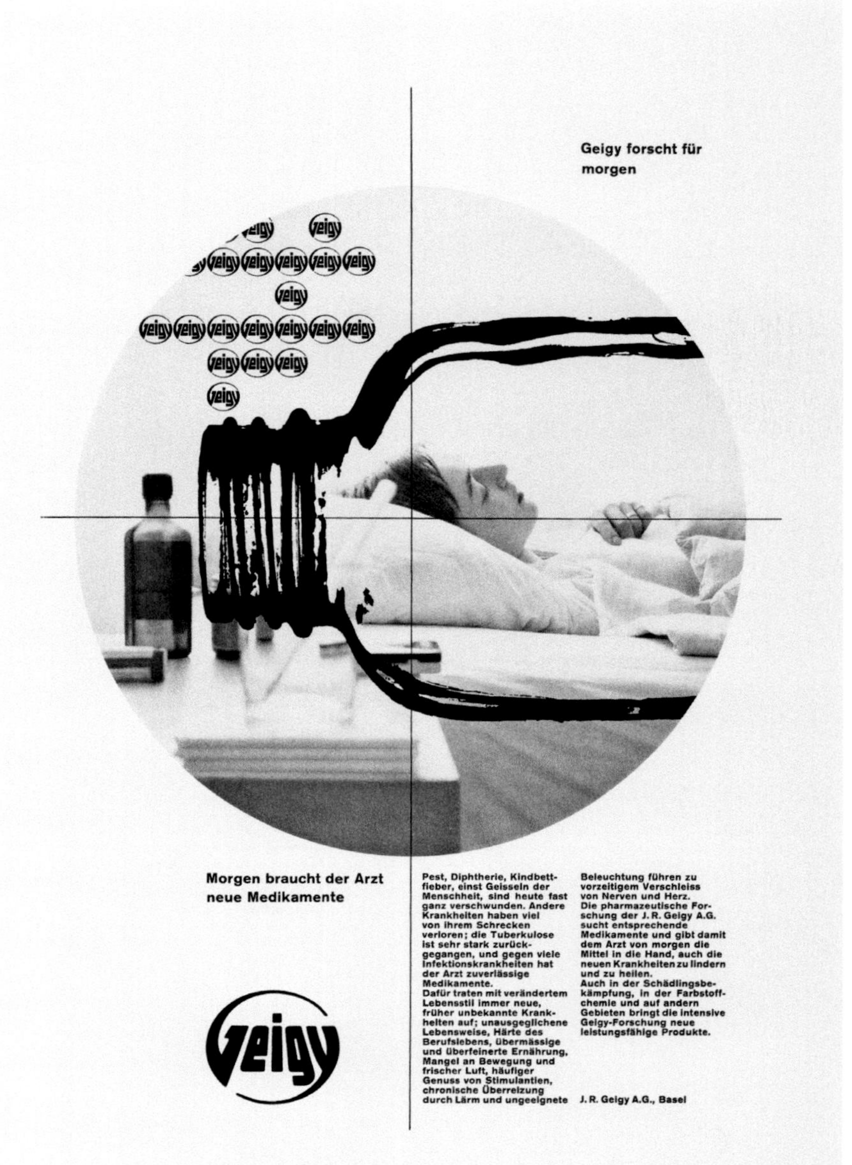

361

So weit unser Blick in die Geschichte zurückreicht, bediente sich der Mensch der Farbe, sowohl zu kultischen und praktischen Zwecken wie vor allem zum Ergötzen des Auges.
Bis vor etwas mehr als hundert Jahren war er ausschliesslich auf solche tierischen und pflanzlichen Ursprungs, farbige Erden und Russ, angewiesen.

Die synthetischen Farbstoffe nun brachten eine Umwälzung, die heute noch lange nicht abgeschlossen ist. Neuartige Textilfasern und Werkstoffe verlangen auch neuartige Farbkörper, bessere und wirtschaftlichere Färbeverfahren.

Die J. R. Geigy A.G. gehört zu den Pionieren der Farbstoffgewinnung. Ihre Forschung hilft mit, die Umwelt von morgen zu gestalten.
Auch in der Pharmazeutik, in der Schädlingsbekämpfung und auf anderen Gebieten bringt die intensive Geigy-Forschung neue leistungsfähige Produkte.

J. R. Geigy A.G., Basel

Geigy forscht für morgen

Geigy

362

364

Geigy forscht für
morgen

Geigy

Täglich
130 000 neue Esser

Bei allem Fortschritt in Wissenschaft und Technik behält die Landwirtschaft auf dem Gebiet der Ernährung ihre grundlegende Bedeutung. Die Erdbevölkerung wächst jeden Tag um etwa 130 000 Menschen. Finden diese immer wieder genügend Nahrung? Nach Schätzungen der Organisation der Vereinten Nationen für Ernährung und Landwirtschaft verursachen Schädlinge allein an Brotgetreide und Reis einen jährlichen Verlust von über 33 Millionen Tonnen. Damit könnten mehr als 150 Millionen Menschen ein Jahr lang ernährt werden.

Die J. R. Geigy A.G., Schöpferin der weltbekannten DDT-Insektizide, leistet mit ihrer Forschung auf dem Gebiet des Pflanzenschutzes und der Schädlingsbekämpfung einen wesentlichen Beitrag zur Sicherstellung der Ernährung von morgen.
Auch in der Pharmazeutik, in der Farbstoffchemie und auf anderen Gebieten bringt die intensive Geigy-Forschung neuartige leistungsfähige Produkte.

J. R. Geigy A.G., Basel

363

Über Juckreiz und Kratzinstrumente

Die 1952 von Gérard Ifert gestaltete fünfteilige Serie *Über Juckreiz und Kratzinstrumente* stellt die kulturhistorische Bedeutung von Kratzinstrumenten dar. Die grafisch wirkenden schwarzweissen Abbildungen von kunstvoll verzierten Kämmen – meist auf schwarzem oder weissem Grund fotografiert – werden von Texten zum unterschiedlichen kulturellen Umgang mit dem Problem des Juckreizes begleitet. Auf der Rückseite der Broschüre ist schliesslich diskrete Produktwerbung für das Juckreiz stillende Medikament Eurax platziert. ⊠[18],⊠[30], ⊠[52–58], ⊠[322–323], Bei den Ärzten waren solche Prestigepublikationen sehr geschätzt, sie stärkten das Vertrauen in die Firma und wirkten verkaufsfördernd.

⊠ 365
Gérard Ifert
Über Juckreiz und Kratzinstrumente/2 [Eurax]
CH/DE, 1952, Aus einer Serie von 6 Broschüren, Umschlag
Buchdruck, 22 × 22 cm

⊠ 366
Gérard Ifert
Eurax hilft wo kratzen schadet/J. R. Geigy A. G. Basel
CH/DE, 1952, Aus einer Serie von 6 Broschüren, Umschlag hinten
Buchdruck, 22 × 22 cm

⊠ 367
Gérard Ifert
[*Über Juckreiz und Kratzinstrumente*/4]
CH/DE, 1952, Aus einer Serie von 6 Broschüren, Doppelseite
Buchdruck, 22 × 44 cm

⊠ 368
Gérard Ifert
[*Über Juckreiz und Kratzinstrumente*/2]
FR/DE, 1952, Aus einer Serie von 6 Broschüren, Doppelseite
Buchdruck, 22 × 44 cm

⊠ 369
Gérard Ifert
[*Über Juckreiz und Kratzinstrumente*/5]
CH/DE, 1952, Aus einer Serie von 6 Broschüren, Doppelseite
Buchdruck, 22 × 44 cm

365

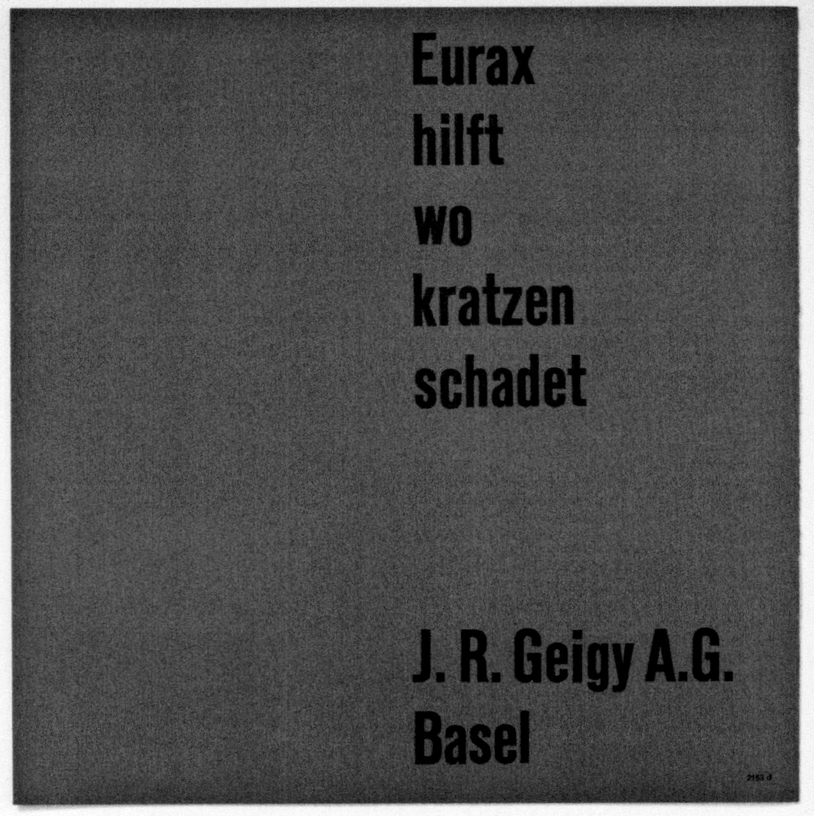

366

Von China bis nach Westeuropa ist ein eigenartiges Instrument bekannt, das funktionell den Rückenkratzern der Eskimos und der Ostindonesier gleichzusetzen ist: es sind metallene, oder aus Jadeit und Knochen geschnitzte kleine Nachbildungen von Menschenhänden, die einem Stabe aufgesetzt werden und mit denen man dem Juckreiz unter der Kleidung zu wehren trachtet.
Wenn man weiß, wie schmutzig das Volk etwa in China lebt, wo im Winter einfach ein Kleidungsstück über das andere getragen wird und natürlich niemand daran denkt, sich dieser zur Körperreinigung zu entledigen, so wird man den Gebrauch dieser Instrumente verständlich finden. Immerhin wird sich die Volksmasse hier mit einfacheren Mitteln beholfen haben, denn die sorgfältig ausgeführten Kratzhändchen sind nicht anders denn als Luxusinstrumente der Vornehmen denkbar. Eine sich im Basler Museum für Völkerkunde befindliche Kratzhand aus Indien besteht aus Messing und Messingblech (Abb. 22).
In Turkestan sind Läuse trotz individueller Sauberkeit häufig, und auch da wird die chinesische Kratzhand viel benützt, um sich den Rücken zu kratzen. Für den Kopf gibt es ein besonderes Instrument, nämlich eine Eisennadel mit geschnitztem Holzgriff. Es erinnert sehr an die bei Naturvölkern vielfach verwendeten Haarnadeln.
Schließlich tritt die «chinesische» Kratzhand auch in Europa auf; Belege aus dem 18. und 19. Jahrhundert finden sich sogar aus Basel und Umgebung. Das Material ist Elfenbein; bei dem einen Stück aus dem Basler Historischen Museum ist nicht eine Hand dargestellt, sondern als Zweckform ist ein gezackter Bügel am Griff befestigt worden. Das Gerät ist übrigens noch nicht ausgestorben, konnte doch eine aus Plastikmaterial gefertigte Kratzhand noch 1952 in Paris erworben werden. Die Fingernägel des offenbar in Serien fabrizierten Instrumentes sind knallrot gefärbt. Die Kratzhand dient natürlich weniger zum Fang von Ungeziefer als eben zum Kratzen, und wo sie nicht zur Hand ist, wird auch bei uns immer wieder spontan Ersatz gefunden. So erzählt man von einem Basler Richter, der noch vor wenigen Jahren an den Gerichtssitzungen mit schwungvoller Bewegung sein Lineal in den Nacken zu stecken pflegte.
Ein anderes Gerät, das wir als Läusefalle schon bei den Eskimos gefunden hatten, wird in Europa zum Fang von Flöhen verwendet: die Flohfalle. Ein Exemplar befindet sich im Basler Historischen Museum (Abb. 33). Es stammt aus dem Thermalbad Warmbrunn im Riesengebirge und besteht aus Holz. Das Haushaltlexikon aus

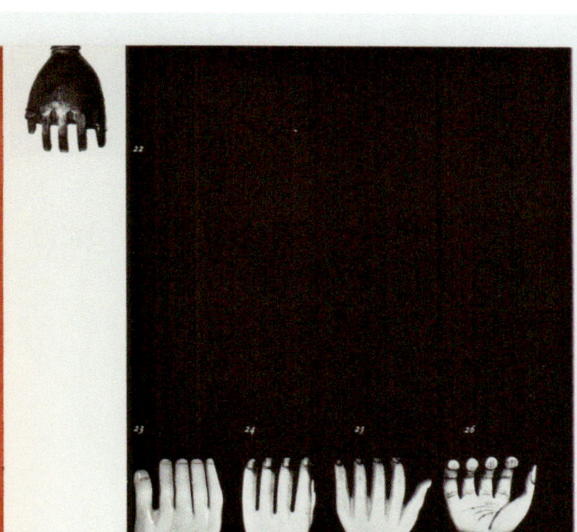

367

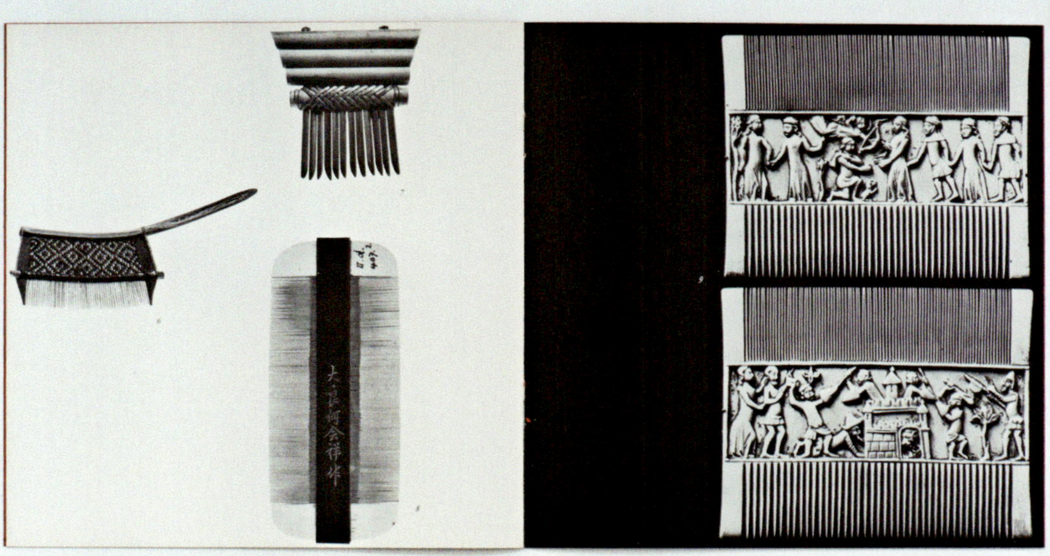

368

369

Documenta Geigy – Goma

Ein bewährtes, international eingesetztes Mittel der Kundenbindung waren die unter dem Sammelbegriff *Documenta Geigy* in mehreren Sprachen herausgegebenen Publikationsreihen. Goma, das Gorillakind aus dem Basler Zoo, ist das Thema einer Serie von acht Bulletins: Ärztliche Berichte, illustriert mit schwarzweissen Fotografien des Affen, begleiten dessen Entwicklung von der Geburt im September 1959 bis 1961. Die informativen Broschüren waren in erster Linie an die Ärzte adressiert und dienten zugleich, wenn auch diskret, als Werbeträger: am Ende ist jeweils Medikamentenwerbung eingestreut – hier für das Darm-Antiseptikum Siosteran. ⊠314–315, ⊠328
Der Erfolg bei der Ärzteschaft war so gross, dass die Schweizerische Gesellschaft für Public Relations die Goma-Serie als vorbildliches Beispiel der kombinierten Firmen- und Produktwerbung an alle ihre Mitglieder verteilte. Gestalterisch überzeugen vor allem die Titelblätter mit der monumentalen Grotesk-Überschrift auf kleinem, quadratischem Format sowie – im Innern der Bulletins – die sorgfältig gesetzten Textblöcke, deren Grauwerte mit jenen der Fotografie übereinstimmen.

⊠370
Igildo Biesele
Documenta Geigy/Goma das Basler Gorillakind/
Bulletin Nr. 4 [Siosteran]
CH/CH, 1959, Aus einer Serie von 8 Broschüren, Umschlag
Buchdruck, 15.8 × 15.8 cm

⊠371–372
Igildo Biesele
[*Documenta Geigy/Goma das Basler Gorillakind/*
Bulletin Nr. 4/Siosteran]
CH/CH, 1959, Aus einer Serie von 8 Broschüren, Doppelseiten
Buchdruck, 15.8 × 31.6 cm

⊠373
Igildo Biesele
Siosteran Geigy [in: *Documenta Geigy/*
*Goma das Basler Gorillakind/*Bulletin Nr. 4]
CH/CH, 1959, Aus einer Serie von 8 Broschüren, Doppelseite
Buchdruck, 15.8 × 31.6 cm

Documenta Geigy
Goma
das Basler Gorillakind
Bulletin Nr. 4

370

Hände zu Fäustchen geschlossen neben dem Kopf, die Beine mit gebeugtem Knie gegen den Bauch gezogen. Als charakteristische Besonderheiten des Gorillasäuglings seien noch erwähnt: die relative Größe der Hände, der Einbezug der ersten Fingerglieder in die Handfläche, die auffällig vielseitige Beweglichkeit des Fußgelenks, die opponierbare große Zehe, schließlich die Schmächtigkeit der Oberarme und Oberschenkel und besonders ihrer Streckmuskulatur.

Einem Nestflüchter gelingt schon in den ersten Lebenstagen koordiniertes Hinausgreifen in die Welt mit Rezeptoren und Effektoren. Die Sinnesorgane können gezielt und unter sich koordiniert eingesetzt werden. Zielsicherheit, das heißt Orientiertheit und Kontrolle durch die Sinne, verrät auch das Wirken der Effektoren. – Bei «Goma» war über mehr als sieben Wochen keine einzige eindeutige Reaktion auf Laute feststellbar. Heftiges Niesen in nächster Nähe und plötzliches Einsetzen von Hundegebell lösten zwar ein Zusammenfahren aus; wie wir noch sehen werden, könnte es sich aber um eine Erschütterungsreaktion gehandelt haben. Die Augen des Gorillasäuglings waren von Anfang an im Wachen geöffnet. In Koordination mit noch wackelig ausgeführter Kopfdrehung streiften sie oft ruhelos durch den Raum; nirgends blieb ihr Blick haften. Die photographischen Aufnahmen vermitteln hierin eine falsche Vorstellung. Ruhig vor «Gomas» Gesicht gehaltene Dinge wurden nicht beachtet – auch die Milchflasche nicht; die Augen streiften unbeeinflußt weiter. Bewegte man die Hand rasch gegen «Gomas» Gesicht, so stellte sich keine Reaktion ein, auch kein Lidreflex. Erst bei Berühren der Brauenhaare, der Lider oder des Augenumfelds kam es zum Lidschluß. Das Hinwenden des Blicks zu einer Lautquelle oder auf einen von ihr berührten Gegenstand oder gar die Steuerung einer Gliedmaßenbewegung, zum Beispiel des Greifens, mit Hilfe der Augen waren über etwa sieben Wochen nie zu beobachten. Erst gegen Ende des zweiten Lebensmonats machten sich neue Möglichkeiten in ersten Anzeichen bemerkbar.

Diese Tatbestände sind alles andere als nestflüchterartig, 2

371

Auf den Knien oder gar am Boden angelangt, leitete es den neuen Aufstieg ein. Mit der Zeit entwickelte «Goma» auch Kletterspiele am Laufgitter, insbesondere wenn man sie aus diesem herausnahm. Hochklettern, Ersteigen des Dachgitters, Betasten und Beklopfen der Wände, die Hand nach den Händen des Betreuers ausstrecken, diese fassen, sich in den Hang fallen lassen und mit Rolle rückwärts auf den Boden gleiten, das ergab einen Parcours, den «Goma» oftmals wiederholte. Nicht selten strampelte und «lachte sie vor Begeisterung», wenn sie einem an den Fingern hing. Bezeichnend bei all diesen Spielen ist es, daß sie nur im vertrauten Bereich gedeihen und feste, ritenhafte Grundgestalt besitzen, aber doch Variationen, kleine Erweiterungen und «Erfindungen» umfassen. So hat «Goma» das Überrollen rückwärts im Hang am 27. Februar 1960 selbst erfunden.

Wir haben bisher nur die Entwicklung des Kletterns verfolgt. Schon im ersten Laufgitter zeigte sich in vermehrtem Maße auch die Tendenz zu horizontaler Fortbewegung. Neben der Seitwärtsverschiebung längs des Gitters und dem Sichwälzen war auch – meist nur über sehr kurze Strecken – das Kriechen zu beobachten. Es ist gewiß schwer abzuschätzen, wieweit die besondern Haltungsbedingungen die zeitliche Staffelung zwischen Sichaufrichten und Kriechen verursachten. Der Eindruck, daß «Goma» zuerst nach aufrechter Stellung strebte und dann erst – annähernd gleichzeitig – die Lokomotionsarten des Kletterns und des Kriechens entwikkelte und daß diese Reihenfolge durchaus «natürlich» ist, drängte sich dem Beobachter auf.

6 Schon von Ende Dezember an wurde «Goma» gelegentlich ins Wohnzimmer mitgenommen und dort auf den Teppich gesetzt. Ließ man sich zu ihr auf den Boden nieder, so zeigte sie sich entspannt und begann umherzukriechen. Sie war hierin anfangs noch sehr ungeschickt, aber augenscheinlich voller Eifer. Mit gesenktem Gesicht und Blick und regelmäßig wie ein Automat hebelte sie sich mit den Armen in winzigen Zügen vorwärts. Die Ellbogen und Unterarme stützte sie dabei auf; diese bildeten die Haftflächen für die

372

Siosteran® Geigy

Enterales Bakteriostatikum und Antimykotikum Dragées

Siosteran® wirkt fungistatisch und bakteriostatisch schont die natürliche Darmflora

Siosteran® vermeidet Resistenz und Sensibilisierung

Siosteran® ist frei von Jod und gut verträglich

373

Die Arbeit im chemischen Werk

Die geheftete Broschüre *Die Arbeit im chemischen Werk* wurde Ende 1954 allen Mitarbeitenden der J. R. Geigy A.G. in der Schweiz als Geschenk überreicht. Die Reportagefotos von Jakob Tuggener, der nur dieses eine Mal für Geigy arbeiten sollte, bleiben nahe an den Menschen und vor allem an ihren Händen, sie halten «Arbeit» aber auch ohne Menschen im Bild fest und folgen dabei den Schritten der Produktion vom Reagenzglas bis zum verpackten Produkt. Ein kurzer Text skizziert die Bedeutung der individuellen Arbeit für das Unternehmen.
Die auf roten Halbkarton gedruckte Umschlaggrafik von Igildo Biesele verzichtet bewusst auf Fotografie: wenige Linien in für jene Jahre charakteristisch konstanter Strichstärke stilisieren Mensch und Gerät.

⊠ 374
Igildo Biesele
Die Arbeit im chemischen Werk
CH/CH, 1954, Broschüre, Umschlag
Buchdruck, 23.4 × 16.5 cm

⊠ 375–376
Igildo Biesele
Jakob Tuggener (Foto)
[*Die Arbeit im chemischen Werk*]
CH/CH, 1954, Broschüre, Doppelseiten
Buchdruck, 23.4 × 33 cm

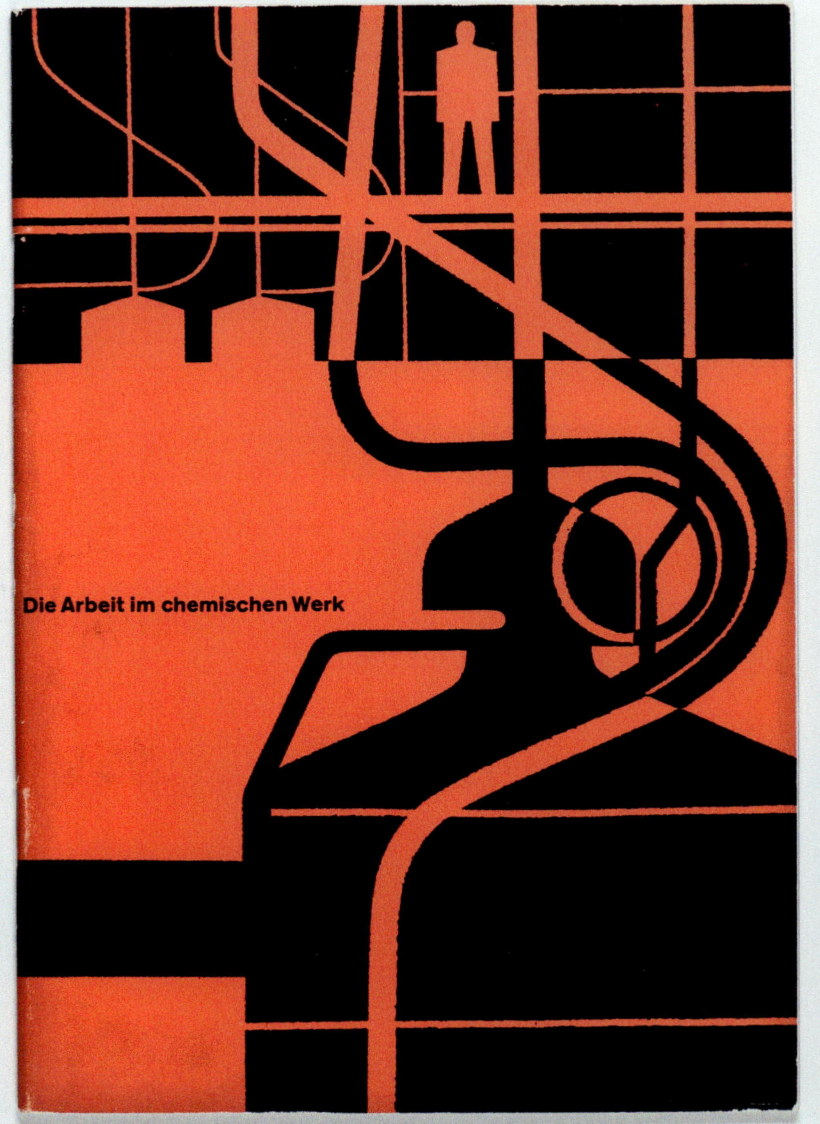

374

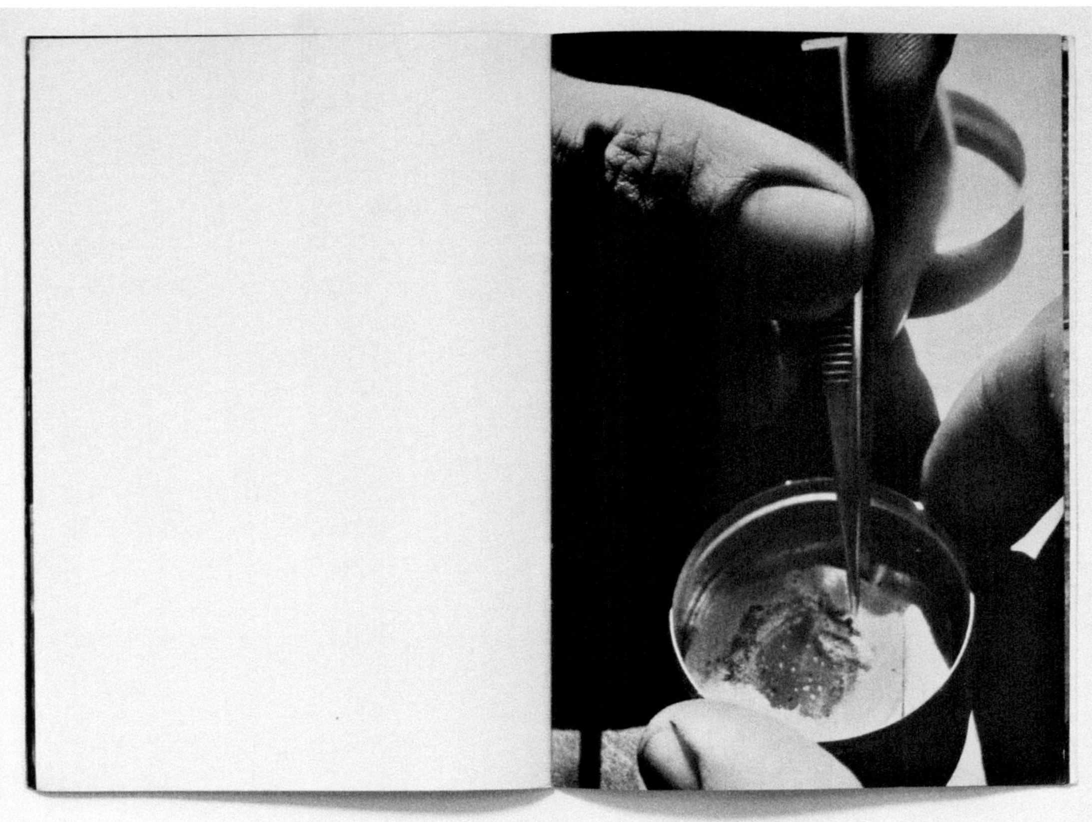

375

376

Geigy Catalyst

Eine Null-Nummer der Hauszeitschrift war vermutlich Ende 1959 erschienen, ab Sommer 1960 und bis zum Dezember 1969 folgten in unregelmässigen Abständen weitere 32 Ausgaben. Das Organ war als Informationsmedium für die über den amerikanischen Kontinent verteilten Geigy-Mitarbeitenden konzipiert. Auch der Name *Catalyst* – er bezeichnet eine Substanz, die einen chemischen Prozess beschleunigt – war offenbar in einem Wettbewerb unter Mitarbeitenden ermittelt worden. Für die Grafiker des Art Department war der *Catalyst* – oder: *Geigy Catalyst* – das gestalterische Spielbein und eine grafische Visitenkarte. Jeweils einer von ihnen war für das visuelle Konzept eines Heftes verantwortlich. So zeigen die einzelnen Ausgaben individuelle Handschriften ⊠114–115, während durchgängig eine vielschichtige Korrespondenz zwischen Umschlag und Innenseiten besteht. 1965 erhielt die Gestaltung des *Catalyst* den ersten Preis der American Association of Industrial Editors.

⊠377
Rolf Willimann
Geigy Catalyst/18
US/US, 1965, Zeitschrift, Umschlag vorne und hinten
Offset, 28.1 × 43.4 cm

⊠378
Fred Troller
Geigy Catalyst/14
US/US, 1964, Zeitschrift, Umschlag vorne und hinten
Offset, 28 × 43.2 cm

⊠379
Fred Troller
What is Profit? [in: *Geigy Catalyst*/14]
US/US, 1964, Zeitschrift, Doppelseite
Offset, 28 × 43.2 cm

⊠380
Fred Troller
Lebensmittel [in: *Geigy Catalyst*/14]
US/US, 1964, Zeitschrift, Doppelseite
Offset, 28 × 43.2 cm

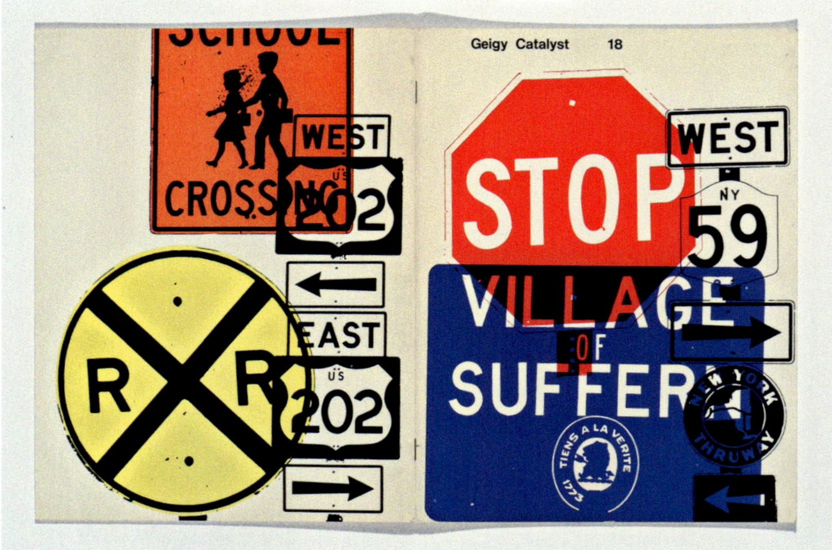

377

Geigy Catalyst 14

378

What is Profit?

A schoolboy, disturbed by the current fashion of speaking disparagingly of the profit system which has formed the basis of the American way of life, wrote to his grandfather asking him to "explain just how there can be a profit which is not taken from the work of someone else." The grandfather, Fred I. Kent, LL.D., was president of the Council of New York University and a former director of the Federal Reserve Board. Dr. Kent replied to his grandson's query as follows:

My Dear Grandson:

I will answer your question as simply as I can. Profit is the result of enterprise which builds for others as well as for the enterpriser. Let us consider the operation of this fact in a primitive community, say of 100 persons, who obtain only the mere necessities of living by working hard all day long.

Our primitive community, dwelling at the foot of a mountain, must have water. There is no water except at a spring near the top of the mountain: therefore, every day all the 100 persons climb to the top of the mountain. It takes them one hour to go up and back. They do this day in and out, until at last one of them notices that the water from the spring runs down inside the mountain in the same direction that he goes when he comes down. He conceives the idea of digging a trough in the mountainside all the way down to the place where he has his habitation. He goes to work to build a trough. The other 99 people are not even curious about what he is doing.

Then one day this 100th man turns a small part of the water from the spring into his trough and it runs down the mountain into a basin he has fashioned at the bottom. Whereupon he says to the 99 others, who each spend an hour a day fetching their water, that if they will each give him the daily production of 10 minutes of their time, he will give them water from his basin. He will then receive 990 minutes of the time of the other men each day; this arrangement will make it unnecessary for him to work 16 hours a day in order to provide for his necessities. He is making a tremendous profit—but his enterprise has given each of the 99 other people 50 additional minutes each day.

The enterpriser, now having 16 hours a day at his disposal and being naturally curious, spends part of his time watching the water run down the mountain. He sees that it pushes along stones and pieces of wood. So he develops a water wheel; then he notices that it has power and, finally, after many hours of contemplation and work, he makes the water wheel run a mill to grind his corn.

This 100th man then realizes that he has sufficient power to grind corn for the other 99. He says to them, "I will allow you to grind your corn in my mill if you will give me 1/10 the time you save." They agree, and so the enterpriser now makes an additional profit.

He uses the time paid him by the 99 others to build a better house for himself, to increase his conveniences of living through new benches, openings in his house for light, and better protection from the cold. So it goes on, as this 100th man finds new ways to save the 99 the total expenditure of their time—1/10 of which he asks of them in payment for his enterprise.

This 100th man's time finally becomes all his own to use as he sees fit. He does not have to work unless he chooses to. His food and shelter and clothing are provided by others. His mind, however, is ever working, and the other 99 are having more and more time to themselves because of his thinking and planning.

For instance, he notices that one of the 99 makes better shoes than the others. He arranges for this man to spend all his time making shoes, because he can be fed and clothed and sheltered from profits. The other 98 do not now have to make their own shoes. They are charged 1/10 the time they save. The 99th man is also able to work shorter hours because some of the time that is paid by each of the 98 is allowed to him by the 100th man.

As the days pass, another individual is seen by the 100th man to be making better clothes than any of the others, and it is arranged that his time shall be given entirely to his specialty. And so on.

Through the foresight of the 100th man, a division of labor is created that results in more and more of those in the community doing the things for which they are best fitted. Everyone has a greater amount of time at his disposal. Each becomes interested, except the dullest, in what others are doing and wonders how he can better his own position. The final result is that each person begins to find his proper place in an intelligent community.

But suppose that, when the 100th man had completed his trough down the mountain and said to the other 99, "If you will give me what it takes you 10 minutes to produce, I will let you get your water from my basin," they had turned on him and said, "We are 99 and you are only one. We will take what water we want. You cannot prevent us and we will give you nothing." What would have happened then? The incentive of the most curious mind to build upon his enterprising thoughts would have been taken away. He would have seen that he could gain nothing by solving problems if he still had to use every waking hour to provide his living. There could have been no advancement in the community. Life would have continued to be drudgery to everyone, with opportunity to do no more than work all day long just for a bare living.

But we will say the 99 did not prevent the 100th man from going on with his thinking, and the community prospered. As the children grew up, it was realized that they should be taught the ways of life. There was now sufficient production so that it was possible to take others away from the work of providing for themselves, pay them, and set them to teaching the young.

Similarly, the beauties of nature became apparent. Men tried to fix scenery and animals in drawings—and art was born. From the sounds heard in nature's studio and in the voices of the people, music was developed. And it became possible for those who were proficient in drawing and music to spend all their time at their art, giving of their creations to others in return for a portion of the community's production.

As these developments continued, each member of the community, while giving something from his own accomplishments, became more and more dependent upon the efforts of others. And, unless envy and jealousy and unfair laws intervened to restrict honest enterprisers who benefited all, progress promised to be constant.

These principles are as active in a great nation such as the United States as in our imaginary community. Laws that kill incentive and cripple the honest enterpriser hold back progress. True profit is not something to be feared, because it works to the benefit of all.

We must endeavor to build, instead of tearing down what others have built. We must be fair to other men, or the world cannot be fair to us.

Sincerely,
Grandfather

Condensed from a publication of the New York State Economic Council, Inc. Copyright 1943 by the Reader's Digest Association, Inc. Reprinted with permission.

2

3

379

No complaints, whatsoever, were received as to lack of flavor; in fact, several letters were sent in by consumers complimenting him upon the delicacy of his flavor blends. We are so accustomed to associating flavor with color that we take the presence of flavor for granted, providing the proper color and other characteristics are present.

The primary purpose of flavor and color is to attract people to palatable and wholesome foods and to warn and repel them from deleterious edibles. Only secondarily are these visual qualities intended to enhance the pleasures of eating. However, our food distribution system, government controls and home refrigeration have become so efficient that deteriorated and harmful foods are practically unknown. Millions of people have grown up without ever encountering rotten eggs, decayed meat or fish, rancid butter, or other foodstuffs that perished in transit to the kitchen. We probably would have no difficulty recognizing food that is "on the turn", but for most of us the occasion simply no longer arises. Only dangerous microorganisms such as Salmonella and botulinus, which are so subtle that we are unable to recognize them by flavor and color changes, remain to challenge us.

Thus, today, the primary function of food flavors and colors is to enhance our enjoyment. Few people realize how sensitive they can become to degrees of flavor and color. Just as the trained human eye is more sensitive than any instrument in color testing, the trained human palate can detect nuances of flavor far better than any instrument hitherto devised.

Individuals who are willing to take the trouble to educate their taste buds find there is no limit to the degree to which they can develop their discrimination. Amateur water tasters can easily differentiate between New York City and Philadelphia municipal water. Professional coffee tasters can identify the country of growth, whether Brazil, Mexico, Colombia or the Congo, without ever seeing the green coffee bean.

12

13

380

Geigy heute

1958 konnte die J. R. Geigy A. G. ihr 200-jähriges Jubiläum begehen. Zu diesem Anlass erschienen eine Darstellung der Firmengeschichte bis 1939 von Alfred Bürgin und eine Schilderung der anschliessenden Periode bis zur damaligen Gegenwart ⊠21; letztere verfasste Markus Kutter als Sekretär des Jubiläumskomitees. Karl Gerstner, zu diesem Zeitpunkt längst nicht mehr bei Geigy angestellt, wurde mit der Gestaltung sämtlicher Drucksachen und der beiden als Geschenke gedachten Bücher beauftragt. Das knapp nicht quadratische Buchformat ist von einem flachen Pergamentrücken gefasst. Die zahlreichen Informationen zum inneren Aufbau der Firma sind in Diagrammen dargestellt, ⊠23 Hauptfarben ordnen die schwarzweissen Fotos den Geschäftsbereichen zu und werden bei der Produktübersicht am Schluss des Buches wieder aufgenommen. Ein vierfarbiger Teil zeigt Aufnahmen vor allem von René Groebli. ⊠22 Der Flattersatz, der den Weissraum der 320 Seiten belebt, war damals noch ungewöhnlich. *Geigy heute* wurde zu einem rasch auch international beachteten Meilenstein der Buchgestaltung und des Informationsdesigns.

381

382

⊠ 381
Karl Gerstner
Geigy heute
CH/CH, 1958, Jubiläumspublikation, Umschlag
Buchdruck, 25.4 × 22.9 cm

⊠ 382
Karl Gerstner
Personalabteilung [in: *Geigy heute*]
CH/CH, 1958, Jubiläumspublikation, Doppelseite
Buchdruck, 25.4 × 47 cm

⊠ 383
Karl Gerstner
Farbstoffe [in: *Geigy heute*]
CH/CH, 1958, Jubiläumspublikation, Doppelseite
Buchdruck, 25.4 × 47 cm

⊠ 384
Karl Gerstner
Pharmazeutika [in: *Geigy heute*]
CH/CH, 1958, Jubiläumspublikation, Doppelseite
Buchdruck, 25.4 × 47 cm

⊠ 385
Karl Gerstner
Schädlingsbekämpfungsmittel [in: *Geigy heute*]
CH/CH, 1958, Jubiläumspublikation, Doppelseite
Buchdruck, 25.4 × 47 cm

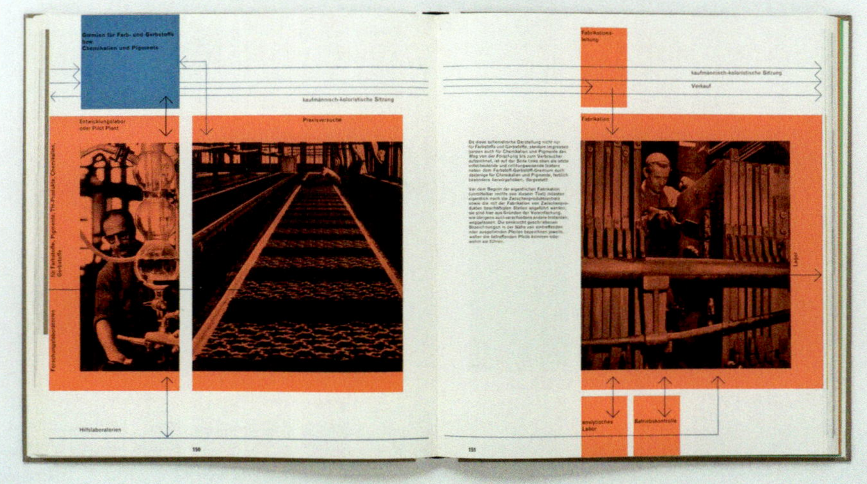

383

Pharmazeutika

384

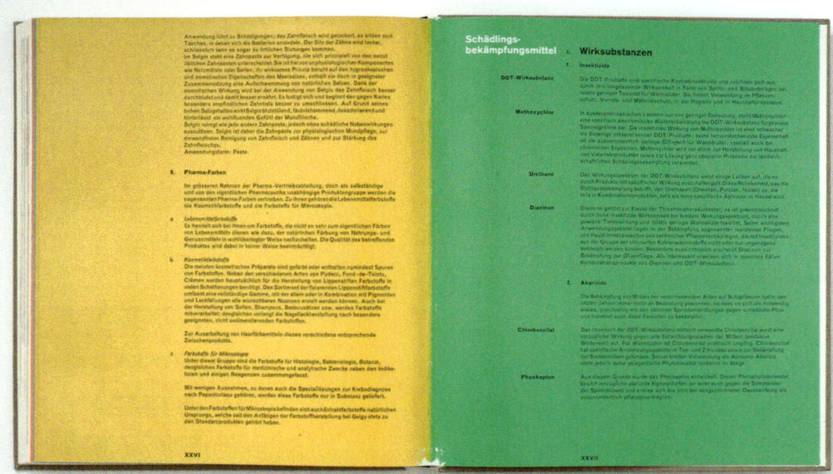
Schädlings-
bekämpfungsmittel
Wirksubstanzen

385

Literatur

Bei unpublizierten Quellen ist der Standort in Klammern ( ) vermerkt.

Verwendete Abkürzungen

BüdG Bericht über das Geschäftsjahr
EfvK Entwicklungsstelle für visuelle Kommunikation
FN Firmenarchiv Novartis AG
Geigy J. R. Geigy A. G.
GS Museum für Gestaltung Zürich Grafiksammlung
Jb Jahresbericht der Propaganda-Abteilung (1957) bzw. der Werbeabteilung (1965) der J. R. Geigy A. G.
JbpharmaA Jahresbericht der pharmazeutischen Abteilung der J. R. Geigy A. G.
KJb Kaufmännischer Jahresbericht der J. R. Geigy A. G.
PGI Privatarchiv Gérard Ifert
PPS Privatarchiv Philip Smythe
RIT Rochester Institute of Technology, Cary Graphic Arts Collection
Ts. Typoskript
Wz Geigy (Hg.), *Unsere Arbeit und wir* (1943–52)/*Werkzeitung Geigy. Unsere Arbeit und wir* (1953–63)/*Werkzeitung Geigy* (1964–69)/*Geigy-Nachrichten* (1970)

Quellen

A

A.C., «Was tut die Propaganda?», in: *Wz* Nr. 11/12 (1954), S. 266–272.
«Aerztebesucher. Kontakte und Informationen», in: *Wz* Nr. 3 (1968), S. 17–19.
Alloway, Lawrence, «Geigy. Ein konsequent durchgeführter Firmenstil/An example of an integrated house style», in: *Graphis* Nr. 65 (1956), S. 194–205, 271.
«Als Dekorateur bei Geigy», in: *Wz* Nr. 5 (1958), S. 119–121.
Ammann, Max E., «Grafiker. Ein neuer Schweizer Exportartikel», in: *Die Staats-Zeitung und Herold*, ca. 1968a.
Ammann, Max E., «Schweizer Grafiker schaffen den ‹Swiss Style›», in: *Neue Zürcher Zeitung*, ca. 1968b.
«Angenehm auffallen», in: *Roche* Nr. 4 (1963), S. 2–9.
«Ausstellung über die Geigy-Werbung in Princeton», in: *Wz* Nr. 4 (1967), S. 24.
«Auszeichnungen für Geigy-Packungen», in: *Wz* Nr. 4 (1965), S. 24.

B

Bangerter, Walter/Tschanen, Armin, *Offizielle Schweizer Grafik/Official graphic art in Switzerland/Arts graphiques officiels en Suisse*, Zürich 1964.
Becker, G. L., «Von der Barclay Street nach Ardsley», in: *Wz* Nr. 2 (1957), S. 44–47.
Becker, G. L., «Ein Geigy-Forschungszentrum in Amerika», in: *Wz* Nr. 12 (1959), S. 257.
«Beratung der J. R. Geigy A. G. betr. Werbung Mottenschutzmittel», Mai/Juni 1938. Briefwechsel zwischen Geigy und CIBA, Ts. (FN)
Beyeler, L., «Marktforschung», in: *Wz* Nr. 5 (1966), S. 3–7.
Biesele, Renate, im Gespräch mit Karin Gimmi, 14. Aug. 2008.
Bill, Max, «Zur Gestaltung von Ausstellungen/Exhibition Design/La présentation des expositions», in: *Neue Grafik* Nr. 4 (1959), S. 2–14.
Boehringer, Robert, «Pharma-Präparate», Ts., Nr. 4, 1946a. (FN)
Boehringer, Robert, «Pharma-Präparate», Ts., Nr. 7, 1946b. (FN)
Boehringer, Robert, «Propaganda», in: *JbpharmaA*, Ts., 1948. (FN)
Boehringer, Robert, «Pharma-Erfahrungen», Ts., 25./27. Dez. 1961. (FN)
Brett, Guy, *Exploding Galaxies. The Art of David Medalla*, London 1995.
BüdG, 1946–1969. (FN)
Bühler, Hans, *Basel im Wandel*, Basel 1967.
Bürgin, Alfred, *Geschichte des Geigy-Unternehmens von 1758 bis 1939. Ein Beitrag zur Basler Unternehmer- und Wirtschaftsgeschichte*, Basel 1958.
Burtin, Will, «Die Bedeutung der Packung in unserer Zeit/The Means and Ends of Package Design/L'importance des formes d'emballage», in: *Graphis* Nr. 85 (1959), S. 392–403.

C

Ciba (Hg.), *Eidophor Fernsehgrossprojektion*, Basel 1959.
Ciba (Hg.), *Eidophor im Dienste von Unterricht und Wissenschaft*, Basel 1960.
Ciba-Geigy collects. Aspects of abstraction, Houston 1981.
Cinerama Holiday, The 2nd Cinerama Presentation, Begleitheft zum Film, o. J.
Colin, Jean, «AGI. Art et publicité dans le monde», in: *Graphis* Nr. 58 (1955), S. 102–155, 182.
Condor-Flugblatt, Das Loch im Sparstrumpf, o. J. (ca. 1951).
«Conference topics», in: *Geigy Circle* Nr. 9 (1966), S. 12.
«Co-ordinated design styles/Styles coordonnés/Koordinierte[!] Entwurfsstil», in: *Modern Publicity* Nr. 35 (1965/66), S. 17–51.
Correspondent, «Independent Group's Show of Very Modern Art», in: *The Times*, 3. August 1964.
Coût de production par spectateur 1964–68 (Documenta Geigy), o. J. (FN)
Crouwel, Wim/Weidemann, Kurt, *Verpackung – international/International Packaging/Emballages internationaux*, Teufen 1968.

D

«Das Loch im Sparstrumpf», in: *Wz* Nr. 7/8 (1953), S. 188–189.
«Der Geigy-Ausstellungswagen», in: *Neue Grafik* Nr. 8 (1960), S. 50–55.
«Der Hydrogoniometer – ein neues medizinisches Messinstrument», in: *Wz* Nr. 4 (1966), S. 22–23.
D. St., «Ein neuer Geigy-Beruf: Ärztebesucher», in: *Wz* Nr. 2 (1944), S. 54–58.

E

«Ein ‹Eurostar› für die Gesarex-Plastikzerstäubedose», in: *Wz* Nr. 3 (1961), S. 71–72.
EfvK, *Protokoll der 2. Arbeitswoche 28. Januar bis 1. Februar 1963*, Ts. 1963 (RIT Nachlass Troller).
EfvK, *Protokoll der 3. Arbeitswoche* 25. Februar–4. März 1964, Ts. o. J. (RIT Nachlass Troller).
EfvK, *4. Arbeitswoche 17.–21. Mai 1965*, Ts. 1965. (GS)
«Eine Auszeichnung für unsere Propaganda-Abteilung», in: *Wz* Nr. 6 (1964), S. 19.
«Ein Geigy-Forschungszentrum in Amerika», in: *Wz* Nr. 12 (1959), S. 254–257.
«Ein Geigy-Kalender entsteht», in: *Wz* Nr. 6, Nov./Dez. 1967, S. 10–13.
Ergänzungsbericht an den Verwaltungsrat betr. Pharmazeutische Abteilung vom 7.7.38, Ts. (FN)
Erni, Paul, *Die Basler Heirat. Geschichte der Fusion Ciba-Geigy*, Zürich 1979.
«Eurostar für Geigy-Packung», in: *Wz* Nr. 1 (1968), S. 29.

F

Fa, «Film und Fernsehen im medizinischen Unterricht», in: *Wz* Nr. 4 (1968a), S. 20–22.
Fa, «Pharma-Zentrum Macclesfield», in: *Wz* Nr. 6 (1968b), S. 12.
Faber, W., «Marketing», in: *Wz* Nr. 6 (1966), S. 13–14.
Fankhauser, H., «25 Jahre Werkzeitung Geigy», in: *Wz* Nr. 6 (1968), S. 8–11.
Federspiel, Georg/Rütti-Morand, P., *Berufsbild des Reklamefachmannes*, hrsg. vom Schweizerischen Reklameverband, Zürich 1957.
Federspiel, Jürg, *Erläuterung zu einer Ausstellung von Fred Troller*, Grace Borgenicht Gallery, New York 1967.
«Filme im Dienste der Ärztefortbildung», in: *Neue Zürcher Zeitung*, 19. Juni 1963.
Filmkatalog (Documenta Geigy), 1968. (FN)
Fischli, Hans (Hg.), *Grafiker. Ein Berufsbild. Wegleitung des Kunstgewerbemuseums der Stadt Zürich 206*, 1955.
«Fred Troller», in: *Idea* Nr. 118 (1973), S. 42–49.
Funktion Werbung. Definitiver Plan, Ts., 1970/74. (GS)

G

Garland, Kenneth, «Structure and Substance», in: Allan Delafons (ed.), *The Penrose Annual* Nr. 54 (1960), S. 1–10.
«Geigy», in: *CA. Magazine of the Communication Arts* Nr. 3 (1965), S. 54–61.
Geigy (Hg.), *Unsere Arbeit und wir* (1943–52)/*Werkzeitung Geigy. Unsere Arbeit und wir* (1953–63)/*Werkzeitung Geigy* (1964–69)/*Geigy-Nachrichten* (1970)

Geigy (Hg.), *DDT Geigy Nachrichten*, Basel 1946–47/*Actualités DDT Geigy*, Basel 1946–47.
Geigy (Hg.), *Documenta Geigy. Wissenschaftliche Tabellen*, Basel 1949, 1953⁴, 1955⁵, 1960⁶, 1968⁷/ *Tables scientifiques*, Basel 1953, 1955, 1956⁵/ *Documenta Geigy. Scientific Tables*, New York 1959⁵, 1962⁶/*Documenta Geigy. Tablas Cientificas*, N.N. 1965⁶.
Geigy (Hg.), *Geigy-Berater für Schädlingsbekämpfung und Pflanzenschutz*, Basel 1952–61/*Conseils Geigy*, 1952–61.
Geigy/Ciba-Geigy (Hg.), *Documenta Geigy. Acta rheumatologica*, Basel 1953–71.
Geigy (Hg.), *Die Arbeit im chemischen Werk*, Basel 1954.
Geigy (Hg.), *Geigy. Eine Firma und ihre Produkte*, Basel 1955.
Geigy (Hg.), *Documenta Geigy. Mensch & Umwelt*, Basel 1956–62.
Geigy (Hg.), *Documenta Geigy. Series chirurgica*, Basel 1956–63.
Geigy (Hg.), *Geigy heute. Die jüngste Geschichte, der gegenwärtige Aufbau und die heutige Tätigkeit der J. R. Geigy A. G., Basel, und der ihr nahestehenden Gesellschaften*, Basel 1958a.
Geigy (Hg.), *Kunst und Naturform*, Ausstellungsbroschüre, Basel 1958b.
Geigy/Thomae, Karl (Hg.), *Nachtbrevier*, Basel/ Biberach an der Riss 1960.
Geigy (Hg.), *Documenta Geigy. Acta clinica*, Basel 1961–71.
Geigy (ed.), *My Doctor. A Child's-Eye View*, An Exhibition of the Winners of the 1965 Geigy Awards for Children's Art, Geigy Pharmaceuticals, Division of Geigy Chemical Corporation Ardsley, New York 1965.
Geigy/Ciba-Geigy (Hg.), *Documenta Geigy. Folia rheumatologica*, Basel 1965–74.
Geigy (Hg.), *Documenta Geigy. Acta Psychosomatica*, Bd. 1–8, Basel 1958–66.
«Geigy and the Whitworth Mobile», in: *Geigy Circle* (1965), S. 9–10.
Geigy Art Collection, Katalog, Ardsley 1967.
«Geigy auf Reisen», in: *Wz* Nr. 5 (1953), S. 108–110.
«Geigy auf Zelluloid», in: *Wz* Nr. 7/8 (1963), S. 180–184.
«Geigy in Great Britain», in: *Geigy Catalyst* Nr. 10 (1963), S. 2–7.
«Geigy (U.K.) Limited», in: *Wz* Nr. 3 (1967), S. 3–11.
Geigy Universal, Broschüre und Prospekt, 1962. (FN)
Geigy Universal, Broschüre und Prospekt, 1963. (FN)
Geigy Universal, Broschüre und Prospekt, 1966. (FN)
Geigy-Werbeabteilung, Basel 1966/*Geigy-Publicity*, Basel 1966.
Gerstner, Karl, «Aspekte des Standorts», in: *Werk* Nr. 11 (1955a), S. 335–338.
Gerstner, Karl, «Ausblicke in die Zukunft», in: *Werk* Nr. 11 (1955b), S. 364–372.
Gerstner, Karl/Kutter, Markus, *Die neue Graphik/ The new graphic art/Le nouvel art graphique*, Teufen 1959.
Gerstner, Karl, *Programme entwerfen*, Teufen 1963/ *Designing Programmes*, Teufen 1964 (Neuausgabe: Baden 2007).
Geschäftsreglement für den Leiter des Propaganda-Departementes als Bindeglied zwischen Verkaufsabteilung u. Color. Departement, Dezember 1931. (FN)
Gessner, Rob. S., «Schweizer Graphiker-Nachwuchs/Swiss Designers of the Younger Generation/Jeunes artistes graphiques suisses», in: *Graphis* Nr. 69 (1957), S. 12–39.
G. F., «Die Werbekunst der Markentechnik», in: *Schweizer Reklame* Nr. 7 (1948), S. 12–14.
Giusti, George, *Report on Art Department Operation Geigy Chemical Corporation*, Ts. 21. Dez. 1961 (RIT Nachlass Giusti).
Gloriafilm AG (Hg.), *Filme aus unserer Produktion. Abt. Dokumentarfilme,* Zürich [ca. 1955], S. 20.
Gomringer, Eugen, «Toshihiro Katayama und seine farbigen Konstellationen/T. K. and his Coloured Constellations/T. K. et ses constellations polychromes», in: *Graphis* Nr. 124 (1966), S. 170–173.
«Graphics at Geigy», in: *Industrial Design* Nr. 5 (1965), S. 32–39.
Graphis Annual. International advertising art/ internationales Jahrbuch der Werbekunst/art publicitaire international, Zürich 1952–1970.
Gross, F., «Der Film in der biologischen Forschung. Aus der biologischen Abteilung der Ciba Aktiengesellschaft, Basel», in: *Ciba Zeitschrift* Nr. 108 (1947), S. 3977–3983.
G[uéguen], Y[annic], «Der Film in der postuniversitären Fortbildung des Arztes», in: *National-Zeitung* Nr. 277, 20. Juni 1963.

H
Hamilton, Edward A., «Populär-wissenschaftliche Illustrationen», in: Walter Herdeg (Hg.), *Der Künstler im Dienst der Wissenschaft*, Zürich 1973, S. 58–77.
«Hausräuke und 25 Jahre Propaganda», in: *Wz* Nr. 1 (1967), S. 40–41.
Hauser, Ernst, «Auch die Chemie wirbt», in: *Schweizer Reklame* Nr. 11 (1963), S. 621–622.
Heller, Steven, «Fred Troller, 71, Champion of Bold Graphic Style», in: *New York Times*, 24. Oktober 2002.
Heman, Peter, *Basel: Bilder der Stadt – Spiegel der Zeiten. Eine Bildfolge*, Basel 1963.
Henrion, F. H. K., «Whither graphic design?», in: Allan Delafons/Herbert Spencer (eds.), *The Penrose Annual* Nr. 56 (1962), S. 1–7.
Herdeg, Walter (Hg.), *Packungen. ein internationales Handbuch der Packungs-Gestaltung/ Packaging. An international survey of package design*, Zürich 1959.
Herdeg, Walter (Hg.), *Packungen. ein internationales Handbuch der Packungs-Gestaltung/ Packaging. An international survey of package design*, Zürich 1970.
H. F. N., «Ein schweizerischer Farb-Tonfilm einer Herzoperation», in: *Neue Zürcher Zeitung,* 1.4.1955.
Hinderling, P., *Über Juckreiz und Kratzinstrumente,* Basel 1960.
Hoch, L., «World Star für Geigy-Packung», in: *Wz* Nr. 2 (1970), S. 16–17.
Hoffmann, R., «Möglichkeiten des medizinischen Films in der Schweiz. Unsere Erfahrungen mit den ‹Documenta Geigy›», in: *Documenta Geigy. Film Gazette*, 19.9.1966, o. S.
Hoffner, Marilyn, «Typomundus 20», in: *Graphis* Nr. 121 (1965), S. 370–379.
Hofmann, Armin, «Ein Beitrag zur formalen Erziehung des Gebrauchsgraphikers/ A Contribution to the Education of the Commercial Artist/Une contribution à l'enseignement formel des artistes publicitaires», in: *Graphis* Nr. 80 (1958), S. 504–517.
Hofmann, Armin, *Methodik der Form- und Bildgestaltung. Aufbau, Synthese, Anwendung/ Graphic Design Manual. Principles and Practice*, Teufen 1965.
Hofmann, Armin, im Gespräch mit Andres Janser, 20. Sept. 2007.
Hölscher, Eberhard, «Werbung für pharmazeutische Erzeugnisse», in: *Gebrauchsgraphik* Nr. 6 (1953), S. 8–15.
Honegger, G[ottfried], «Halstabletten bitte, aber in der gelben Packung!», in: *Wz* Nr. 10/11 (1956), S. 297–299.
Honegger, Gottfried, im Gespräch mit Karin Gimmi, 22. Okt. 2007.
Honegger, Gottfried, im Gespräch mit Barbara Junod, 22. Sept. 2004 und 20. Aug. 2008.
Hü, «10 Jahre Werk McIntosh der Geigy Chemical Corporation USA», in: *Wz* Nr. 12 (1962), S. 301–311.
Huber, Max, «Toshihiro Katayama», in: *Graphis* Nr. 114 (1964), S. 318–325.
H. Wd., «Briefe aus den USA», in: *Wz* Nr. 1 (1947), S. 7–13.

I
Ifert, Gérard, «Grafiker der neuen Generation/ Graphic Designers of the new generation/ Graphistes de la génération nouvelle», in: *Neue Grafik* Nr. 2 (1959), S. 21–37.
Ifert, Gérard, «Der Geigy-Ausstellungswagen/The Geigy exhibition-truck/Le camion d'exposition Geigy», in: *Neue Grafik* Nr. 8 (1960), S. 50–55.
Ifert, Gérard, Brief vom 3. Okt. 2005 an Barbara Junod.
Imageprobleme der Firma Geigy auf dem Sektor Landwirtschaft. Schlussbericht einer psychologischen Umfrage in der Schweiz, Ts., Juni 1967, im Auftrag der J.R. Geigy A.G., Basel. (FN)
«Insekten auf Abwegen. Der neue Mitin-Film», in: *Wz* Nr. 9 (1955), S. 211–213.
«International Advertising Art», in: *Idea* Nr. 90 (1968), o. S.
Condor-Film AG Zürich (Hg.), *Condor-Film AG Zürich 1947–1972*, Zürich 1972.

J
Jb, Ts., 1957–1961, 1964–65. (FN)
JbpharmaA, Ts., 1950–66. (FN)
jrg., «Geigy finanziert Lehrstuhl für Marketing», in: *Basler Nachrichten*, 15.1.1969.

K
k., «Chemische Industrie und Chirurgie. Impressionen aus zwei Schweizer Dokumentarfilmen», in: *Beilage zur Zürichsee-Zeitung* Nr. 270, 17. November 1955.
Katalog der Geigy-Filme 1944–1956 (Documenta Geigy). (FN)
Kaufmann, Nicholas, «Kinetechnische [sic] Grundlagen des medizinischen Films», in: *Ciba Zeitschrift* Nr. 108 (November 1947), S. 3954–3962.
Kipling, Stewart, «This restless age/Notre époque agitée/Zeitalter ohne Ruhe», in: *Modern Publicity* Nr. 35 (1965/66), S. 7/9/11.
Kissner, F., «Nochmals: Wanderausstellung Geigy», in: *Wz* Nr. 10 (1953), S. 255–257.
KJb, Ts., 1953. (FN)
KJb, Ts., 1955. (FN)
KJb, Ts., 1962. (FN)
Knuchel, H. B., «Manchester. Ein Pfeiler des Geigy-Weltunternehmens II», in: *Wz* Nr. 6 (1956), S. 139–148.
Knuchel, H. B. [=HBK], «Geigy Manchester im Rückblick», in: *Wz* Nr. 12 (1959), S. 251–254.
Knuchel, H. B. [=HBK], «Geigy-Manchester 1960», in: *Wz* Nr. 12 (1960), S. 302–308.
Koechlin, Samuel, «1967. Ein Jahr im Zeichen der Neuorganisation unserer Firma», in: *Wz* Nr. 6 (1967), S. 6–9.
Koechlin, Samuel, «Was bedeutet die Neuorganisation für uns?», in: *Wz* Nr. 1 (1968), S. 3–6.
«Krätze und Eurax», in: *Wz* Nr. 6 (1946), S. 226–227.

L
L. H., «Pharma-Verpackungen», in: *Wz* Nr. 2/3 (1951), S. 34–38.
Liebermann, Rolf, *Geigy Festival Concerto: für Basler Trommel und grosses Orchester: eine Phantasie über Basler Themen/for snare drum and orchestra: a phantasy on Basle folk-tunes*, Wien 1958.
LMNV [= Lohse, Müller-Brockmann, Neuburg, Vivarelli], «Drucksachen zu einem Firmenjubiläum. 200 Jahre Geigy», in: *Neue Grafik* Nr. 5 (1960), S. 13–28.
LMNV [= Lohse, Müller-Brockmann, Neuburg, Vivarelli], «Aussenbeschriftungen», in: *Neue Grafik* Nr. 13 (1962), S. 48–51.
Löw, Markus J., «Moderne Kunst in Ardsley», in: *Wz* Nr. 6 (1968), S. 13–19.

M

«Macclesfield. Geigys neues Pharma-Zentrum in Grossbritannien», in: *Wz* Nr. 5 (1965), S. 20–22.

Marketing Department (ed.), *The Acceptance of Challenge. Marketing Department Annual Conference 12th–16th October 1965, Post Conference Bulletin*, 1965. (FN)

Marketing Department (ed.), *The Power of the Image. Marketing Department Annual Conference 25th–29th October 1966, Post Conference Bulletin*, 1966 (PPS).

Martin, Noel, «Preface», in: *Swiss Graphic Designers*, 1957, o. S.

McDonald, William B., «Geigy Chemical Corporation, USA. An Example of Integrated Advertising/Ein Beispiel integrierter Werbung/Un brillant exemple de publicité integrée», in: *Graphis* Nr. 121 (1965), S. 396–403.

Meader, Ian Bruce, im Gespräch mit R. Roger Remington, Sept. 2008.

«Medicovision. Ein Gespräch mit Prof. Dr. M. Klingler», in: *Roche-Zeitung* Nr. 1 (1970), S. 2–13.

«Medizinische Geigy-Filme», in: *Wz* Nr. 5 (1966), S. 17–20.

Meister, Paul, im Gespräch mit Barbara Junod, 1. Dez. 2006.

M. I., «Medizinische Fortbildung via Film. ‹Documenta Geigy›, eine didaktisch-informatorische Filmreihe zur Fortbildung unserer Aerzte», in: *National-Zeitung* Nr. 266, 13. Juni 1963.

«Mitgliederverzeichnis des Schweizerischen Reklame-Verbands», in: *Schweizer Reklame* Nr. 5/6 (1948), S. 9.

Mitteilung betr. Organisation innerhalb der J. R. Geigy A. G., Dezember 1931. (FN)

M. L., «Information statt Prestige. Zum Standort des Industriefilms», in: *Neue Zürcher Zeitung* Nr. 2334, 7. Juni 1963.

M. S., «Wie Geigy in New York inseriert», in: *Wz* Nr. 10 (1949), S. 253.

Müller-Brockmann, Josef, «Dialogs on graphic design», in: *Industrial Design* Nr. 2 (1956), S. 82–89.

Müller-Brockmann, Josef, «Swiss Graphic Designers», in: *Print* Nr. 2 (1957), S. 17–40.

Müller-Brockmann, Josef, *Gestaltungsprobleme des Grafikers. Gestalterische und erzieherische Probleme in der Werbegrafik, die Ausbildung des Grafikers*, Teufen 1961/*The Graphic Artist and His Design Problems. Creative problems of the graphic designer, design and training in commercial art/Les problèmes d'un artiste graphique*, Teufen 1961.

Müller-Brockmann, Josef, *Geschichte der visuellen Kommunikation/A history of visual communication/Histoire de la communication visuelle*, Teufen 1971.

N

Neuburg, Hans, *Schweizer Industrie Grafik/Graphic Design in Swiss Industry/Graphisme industriel en Suisse*, Zürich 1965.

Neuburg, Hans, *Chemie, Werbung und Grafik/Publicity and Graphic Design in the Chemical Industry/Publicité et graphisme dans l'industrie chimique*, Zürich 1967 [mit Beiträgen von René Rudin, Victor N. Cohen, Josef Müller-Brockmann].

«Neues in Kürze. Technisch und graphisch prämiierte [sic] Geigy-Packungen», in: *Wz* Nr. 4 (1967), S. 30–31.

«Neues in Kürze. Geigy-Lehrstuhl für Marketing», in: *Wz* Nr. 1 (1969), S. 4.

Newton, R[oger] S., «Designed for Doctors», in: Allan Delafons (ed.), *The Penrose Annual* Nr. 54 (1960), S. 11–13.

«Norma Updyke in packaging design programs», in: *Idea* Nr. 118 (1973), S. 34–41.

O

Oeri, Georgine, *Man and his images. A Way of Seeing*, New York 1968.

Oeschger, Johannes (Hg.), *Dormi, che vuoi di piu*, Basel 1957.

Oeschger, Johannes (Hg.), *Briefe von und nach Basel aus fünf Jahrhunderten*, Basel 1960/*Thirty letters to and from Basle 1504–1940/Lettres de Bâle 1504–1940*, Basel 1960.

Oeschger, Johannes (Hg.), *Melancholie*, Basel 1965.

Ohchi, Hiroshi, «Visual Design of Geigy Chemical, New York», in: *Idea* Nr. 76 (1966), S. 2–22.

P

«Pharmaceutical Advertising Design. J. R. Geigy A. G., Basel», in: *Idea* Nr. 24 (1957), S. 2–19.

«Post für Ärzte/Physician's mail», in: *Graphik* Nr. 6 (1957), S. 4–5.

Promotion Department (ed.), *Integration. Promotion Department Annual Conference 24–28th September 1963, Conference Bulletin*, 1963 (PPS).

Promotion Department (ed.), *Nascent Programme*, 1964 (PPS).

Propaganda Abteilungskosten 1959, Ts. (FN)

«Pubblicità viaggiante», in: *Domus* Nr. 297 (1954), S. 59–61.

Publicité et arts graphiques/Werbung und graphische Kunst, Genève 1943–64.

P/Wm., *Schaffung einer Abteilung zur Erledigung aller drucktechnischen Belange*, Ts. 6.6.1939. (FN)

R

Rähmi, Max, im Gespräch mit Barbara Junod, 27. Nov. 2006.

Rapport [Filmvorführung Geigy «Wanderzirkus»], Nr. 41, Rapperswil, 5.6.1953, Nr. 53, Fribourg, 23.6.1953. (PGI).

RB, «40 Jahre im Dienst der Firma. René Rudin», in: *Wz* Nr. 8 (1970), S. 6.

Reber, Werner, «Visuelle Darstellungen in der Werbung pharmazeutischer Firmen», in: Walter Herdeg (Hg.), *Der Künstler im Dienst der Wissenschaft*, Zürich 1973, S. 88–95.

Rotzler, Willy, «Beschriftungen für die Öffentlichkeit/Public Signs and Lettering/Signes sur la voie publique», in: *Graphis* Nr. 104 (1962), S. 582–609.

Rotzler, Willy, «Spanische Werbegraphik und Illustration heute/Spanish Advertising and Editorial Art Today/Art publicitaire et rédactionnel en Espagne», in: *Graphis* Nr. 127 (1966), S. 376–405.

Rotzler, Willy/Neuburg, Hans, «VSG 1938–1968. Dreissig Jahre Werbegraphik in der Schweiz/Thirty Years of Graphic Design in Switzerland/Trente années d'art publicitaire en Suisse», in: *Graphis* Nr. 141 (1969), S. 10–51.

RST, «Ärzte gehen ins Kino», in: *Basler Nachrichten* Nr. 244, 13. Juni 1963.

Ruder, Emil, «Vorbildliche Werbung einer Grossfirma», in: *Typografische Monatsblätter* (Jan. 1955), S. 15–22, und (März 1955), S. 151–158.

Ruder, Emil, «Ordnende Typografie/The Typography of Order/De l'ordre typographique», in: *Graphis* Nr. 85 (1959), S. 404–413.

Ruder, Emil, *Typographie. Ein Gestaltungslehrbuch/Typography. A Manual of Design/Typographie. Un Manuel de Création*, Teufen 1967.

Rudin, Nelly, «Die Gestaltung von Warenpackungen/Package Design/La création d'emballages pour marchandises», in: *Neue Grafik* Nr. 6 (1960), S. 35–48.

Rudin, René, *Gedanken zur Mustermesse 1944*, Kurzreferat, gehalten an der Mittwoch-Sitzung vom 11.8.1943. (FN)

Rudin, René, *Betr. Mustermesse*, Kurzreferat Ts., gehalten an der Mittwoch-Sitzung vom 17.5.1944a.

Rudin, René, *Wie soll sich unsere Propaganda verhalten?*, Referat Ts. 28.11.1944b. (FN)

Rudin, René, «Propaganda», in: Spindler/Buxtorf 1952, S. 140–150.

Rudin, René, «Werbung als Ausdruck unternehmerischer Gesinnung», in: *Die Pharmazeutische Industrie* Nr. 19 (1957a), S. 447–452.

Rudin, René, «Werbung als Ausdruck unternehmerischer Gesinnung», in: *Schweizer Reklame* Nr. 8 (1957b), S. 238–239.

Rudin, René, *Rundgang durch die Geigy Propaganda-Abteilung*, Ts. 1. Juni 1959. (FN)

Rudin, René, «Ein Ehrendoktor für die Wissenschaftlichen Tabellen», in: *Wz* Nr. 5/6 (1961a), S. 137–140.

Rudin, René, *Unsere Propaganda-Abteilung*, Ts. 7.7.1961b. (FN)

Rudin, René, «Dynamische Chemie», in: Neuburg, 1967, S. 15–16.

«Rundschreiben der J. R. Geigy A. G. betreffend Neugestaltung ihrer Pharma-Packungen» in: *Packungs-Comité Protokolle*, 27.5.59, § 10, S. 7. (FN)

R. V., «Aus der Geigy-Familie. 25 Jahre im Dienst der Firma. René Rudin», in: *Wz* Nr. 7/8 (1955), S. 189–190.

S

Schaub, Jürg, im Gespräch mit Karin Gimmi, 9. Okt. 2007.

Scheidegger, Ernst, «Fotografie und Werbegrafik/Photography and Advertising Design/Photographie et graphisme publicitaires», in: *Neue Grafik* Nr. 4 (1959), S. 19–46.

Schmidt, Georg/Schenk, Robert (Hg.), *Kunst und Naturform/Form in Art and Nature/Art et Nature*, Basel 1960.

Schmoller, Hans, «Die moderne Typographie in der Werbung/Modern Typography in Advertising/La typographie moderne dans la publicité», in: *Graphis* Nr. 48 (1953), S. 290–301.

«Schriftverkehr zur Ausstellung *Grafiker – ein Berufsbild*», 1955–1957 (Medien- und Informationszentrum MIZ, Zürcher Hochschule der Künste).

Schweizerische Landesausstellung 1939 Zürich (Hg.), *Administrativer Bericht*, Zürich 1942.

Schweizerische Zentrale für Handelsförderung (Hg.), *Katalog Schweizerischer Filme für Industrie, Verkehr und Kultur*, Lausanne 1931, S. 24–25.

Smith, Miles A., «Today's ‹Sculpture› Hottest in Art Field», in: *Herald Statesman, Yonkers*, 3. Juli 1965, o. S.

Smythe, Philip, im Gespräch mit Andres Janser, 12. Dez. 2006.

Spindler, Max/Buxtorf, Andreas, *10 Jahre Geigy Schädlingsbekämpfung*, Basel 1952 (erschienen 1953).

Spindler, Max/Buxtorf, Andreas, *15 Years of Geigy Pest Control*, Basel 1954.

Staber, Margit, «Wandkalender», in: *Neue Grafik* Nr. 13 (1962), S. 52–54.

Staehelin, *Brief an C. Koechlin*, Ts. 3. Juni 1939 (FN)

Stoll, Robert Th., *Farbe in der Malerei/Colour in Painting/La Couleur dans la Peinture*, Basel 1965.

Stones, Brian, im Gespräch mit Andres Janser, 12. Dez. 2006.

Suter, Carl A., «Introduction», in: *Geigy Chemical Corporation*, New York 1903–1960, Reports presented on the occasion of the visit of the Board of Directors of J. R. Geigy S. A., October 1960, S. 13.

Suter, Carl A., «Geigy is interested in art because modern art harmonizes well with modern architecture», in: *Catalyst* Nr. 15 (1964), S. 9.

Swiss Graphic Designers, Cincinnati 1957.

Swiss Poster Art 1906–1990 from the Ciba-Geigy Collection, Cambridge 1991.

T

«‹Tag der offenen Tür› in der Werbeabteilung», in: *Wz* Nr. 6 (1967), S. 23.

«The clean cool look. Geigy in Britain», in: *Print Design and Production*, May/June 1966.

Trasoff, Victor, «Pharmazeutische Werbegraphik/Pharmaceutical Advertising Design/Publicité pour produits pharmaceutiques», in: *Graphis* Nr. 47 (1953), S. 206–221.
Troller, Fred, «Art and Business», in: *Catalyst* Nr. 11 (1963), S. 6–11.
Troller, Fred, «Contemporary Design Approach for a Chemical Enterprise», in: *Idea* Nr. 76 (1966), S. 7–8.
Troller, Fred, «About Design», in: *Idea* Nr. 118 (1973), S. 44.
Tschanen, Armin/Bangerter, Walter, *Grafik einer Schweizer Stadt/Graphic art of a Swiss town/Arts graphiques d'une ville suisse*, Zürich 1963.

V
Verband Schweizerischer Grafiker VSG (Hg.), *Schweizer Grafiker. Handbuch*, Zürich 1960.
Vetter, Théodore, *Rencontres avec Jacques Daviel (1693–1762)*, Paris 1963.
«Visuelle Konstruktionen», in: *Wz* Nr. 4 (1965), S. 25.

W
Wills, Franz Hermann, «Geigy. Ein Beispiel konsequenter Chemie-Werbung», in: *Graphik. Werbung und Formgebung* Nr. 6 (1954a), S. 308–321.
Wills, Franz Hermann, *Das Firmengesicht. Ausstellung internationaler Werbegraphik*, Berlin 1954b.
Wills, Franz Hermann, «Der deutsche Graphiker-Nachwuchs/Young German Designers/Jeunes graphistes en Allemagne», in: *Graphis* Nr. 113 (1964), S. 180–217.
Wirz, A[dolf], «Die Kennzeichen und Stärken der Agency», in: *Schweizer Reklame* Nr. 9/10 (1959), S. 281–284.
Wolff, Rudi, «Werbung im Dienste der Psychotherapeutik/Psychotherapeutic Drugs and their Graphics/L'Art publicitaire au service de la psychopharmacologie», in: *Graphis* Nr. 142 (1969), S. 106–118.

Z
Zisowsky, Udo, «Geigy. Ein Beitrag zur heutigen Werbung», in: *N.N.*, nach 1957, o. S.
Z/Sch., *Brief an die Direktion der Gesellschaft für Chemische Industrie in Basel*, Ts. 19. Mai 1938. (FN)

Darstellungen

A
Amsler, André, ‹*Wer dem Werbefilm verfällt, ist verloren für die Welt*›. *Das Werk von Julius Pinschewer 1883–1961*, Zürich 1997, S. 226–227.

B
Baltes, Martin (Hg.), *absolute. Marken – Labels – Brands*, Freiburg 2005.
Bakker, W., *Man to manual? The diverse roots of corporate identity*, Paper read at the EBHA annual conference, Frankfurt am Main, 1.–3. Sept. 2005.
Bauer, Hans, *Basel, gestern – heute – morgen. Hundert Jahre Basler Wirtschaftsgeschichte*, Basel 1981.
Bäumler, Susanne (Hg.), *Die Kunst zu werben. Das Jahrhundert der Reklame*, München 1996.
Berghoff, Hartmut (Hg.), *Moderne Unternehmensgeschichte*, Paderborn, Zürich 2004.
Berghoff, Hartmut/Vogel, Jakob (Hg.), *Wirtschaftsgeschichte als Kulturgeschichte. Dimensionen eines Perspektivenwechsels*, Frankfurt am Main 2004.
Berghoff, Hartmut (Hg.), *Marketinggeschichte. Die Genese einer modernen Sozialtechnik*, Frankfurt/New York 2007.
Beyrow, Matthias/Kiedaisch, Petra/Daldrop, Norbert W., *Corporate Identity and Corporate Design. Neues Kompendium*, Ludwigsburg 2007.
Bieri, Alexander L., *Roche-Werbung im Spiegel der Psychologie des Markenkaufs*, Basel 2005.
Bieri, Alexander L., «Jan Tschichold and Roche. Obsessive perfection», in: *Idea*, 321 Nr. 3 (2007), S. 143–151.
Bignens, Christoph, *American Way of Life. Architektur, Comics, Design, Werbung*, Sulgen 2003.
Bignens, Christoph, *Geschmackselite Schweizerischer Werkbund. Mitgliederlexikon 1913–1968*, Zürich 2008.
Bignens, Christoph, ‹*Swiss Style*›. *Die grosse Zeit der Gebrauchsgrafik in der Schweiz 1914–1964*, Zürich 2000.
Birkigt, Klaus/Stadler, Marinus M. (Hg), *Corporate Identity. Grundlagen, Funktionen, Fallbeispiele,* München 1980.
Booth-Clibborn, Edward/Baroni, Daniele, *The language of graphics*, London 1980.
Bretscher-Spindler, Katharina, *Vom heissen zum kalten Krieg. Vorgeschichte und Geschichte der Schweiz im Kalten Krieg 1943–1968*, Zürich 1997.
Brett, Guy, *Exploding galaxies. The art of David Medalla*, London 1995.
Buddensieg, Tilmann, *Industriekultur. Peter Behrens und die AEG 1907–1914*, Berlin 1979.
Busset, Thomas/Rosenbusch, Andrea/Simon, Christian (Hg.), *Chemie in der Schweiz. Geschichte der Forschung und der Industrie*, Basel 1997.

C
Cosandey, Roland, «De l'Exposition nationale Berne 1914 au CSPS 1921. Charade pour un cinéma vernaculaire», in: Maria Tortajada/François Albera (Hg.), *Cinéma suisse. Nouvelles approches. Histoire – Esthétique – Critique – Thèmes – Matériaux,* Lausanne 2000, S. 105–109.

D
Daldrop, Norbert W. (Hg.), *Kompendium Corporate Identity und Corporate Design*, Ludwigsburg 1997.
Di Falco, Daniel/Bär, Peter/Pfister, Christian (Hg.), *Bilder vom besseren Leben. Wie Werbung Geschichte erzählt*, Bern Stuttgart Wien 2002.
Domizlaff, Hans, *Die Gewinnung des öffentlichen Vertrauens. Ein Lehrbuch der Markentechnik*, Hamburg 1991 (1939).
Dunlap, Thomas R., *DDT scientists, citizens, and public policy*, Princeton 1981.

E
Emanuel, Marsha, «Le graphisme appliqué à l'image de firme», in: *Art & pub. Art & publicité 1890–1990*, Paris 1990, S. 330–341.
Eskilson, Stephen J., *Graphic Design. A New History*, Typewritten unpublished manuscript draft, 2007a. (RIT).
Eskilson, Stephen J., *Graphic Design. A New History*, New Haven/London 2007b.

G
Gasser, Martin (Hg.), *Jakob Tuggener Fotografien*, Zürich 2000.
Gnehm, Michael (Hg.), *Gottfried Honegger. Arbeiten im öffentlichen Raum*, Zürich 2007.
Göldi, Susan, *Grundlagen der Unternehmenskommunikation. Werbung, Public Relations und Marketing im Dienste der Corporate Identity*, Bern 2005.
Gottfried Honegger. Farbe bekennen. Ein Überblick über sein Wirken und Schaffen, München 2002.
Gries, Rainer, «Die Geburt des Werbeexperten aus dem Geist der Psychologie», in: Berghoff/Vogel, 2004, S. 355–357.

H
Hediger, Vinzenz/Vonderau, Patrick, «Record, Rhetoric, Rationalization. Film und industrielle Organisation», in: Dies. (Hg.), *Filmische Mittel, industrielle Zwecke. Das Werk des Industriefilms*, Berlin 2006, S. 22–32.
Heller, Steven/Chwast, Seymour, *Graphic Style*, New York 1988.
Heller, Steven/Balance, Georgette, *Graphic Design History*, New York 2001.
Heller, Steven/Pettit, Elinor, *Design Dialogues*, New York 1998.
Henrion, F. H. K., *AGI annuals*, Zürich 1989.
Hoch, Angelika, «Hans Richter, Filme nach 1933. Filmografie», in: *Kinemathek* Nr. 95 (2003), S. 133–144.
Hollis, Richard, *Graphic Design. A concise history*, London 1994.
Hollis, Richard, *Schweizer Grafik. Die Entwicklung eines internationalen Stils 1920–1965*, Basel 2006. *Swiss graphic design. The origins and growth of an international style 1920–1965*, London 2006.
Hopkins, Katharine, «Swiss American Portrait. Fred Troller», in: *Manipulations, Light and Shadow. Fred Troller and Marlyse Brunner*, Swiss Institute, 1987.

J
Jacobs, Tino, «Zwischen Intuition und Experiment. Hans Domizlaff und der Aufstieg Reemtsmas, 1921 bis 1932», in: *Berghoff*, 2007, S. 148–178.
Jaques, Pierre-Emmanuel, «L'Ovomaltine et un cinéaste d'avant-garde. Hans Richter et le film de commande en Suisse», in: *Décadrages* Nr. 4–5 (2005), S. 154–166.
Johannes, Heinrich, *The History of the Eidophor Large Screen Television Projector,* Regensdorf 1989.

K
Kicherer, Sibylle, *Olivetti. A study of the corporate management of design*, New York 1990.
Kinross, Robin, «From commercial art to plain commercial», in: *Blueprint* Nr. 4 (1988), S. 29–36.
Kröplien, Manfred (Hg.), *Karl Gerstner. Rückblick auf 5 × 10 Jahre Graphik-Design*, Ostfildern-Ruit 2001.

Kutter, Markus, *Werbung in der Schweiz. Geschichte einer unbekannten Branche*, Zofingen 1983 (überarbeitete Ausgabe von: *Abschied von der Werbung. Nachrichten aus einer unbekannten Branche*, 1976).

M

Meggs, Philip B., *A History of Graphic Design*, New York 1998 (1983).

Müller, Lars (Hg.), *Josef Müller-Brockmann. Gestalter*, Baden 1994.

Museum für Gestaltung Zürich (Hg.), *Armin Hofmann*, Reihe Poster Collection, Bd. 7, Baden 2003.

Museum für Gestaltung Zürich (Hg.), *Zürich – Milano*, Reihe Poster Collection, Bd. 14, Baden 2007.

O

Owens, Mark, «Soft Modernist. Discovering the Book Covers of Fred Troller», in: *Dot Dot Dot Magazine* Nr. 6 (2002), S. 70–77.

P

Pellin, Elio/Ryter, Elisabeth, *Weiss auf Rot. Das Schweizer Kreuz zwischen nationaler Identität und Corporate Identity*, Zürich 2004.

Petersen, Ad, *Sandberg, designer and director of the Stedelijk*, Rotterdam 2004.

Peyer, Hans Conrad, *Roche. Geschichte eines Unternehmens. 1896–1996*, Basel 1996.

Photographie in der Schweiz von 1840 bis heute, Teufen 1974.

Plumpe, Werner, «Die Entwicklung des Industriefilms am Beispiel der Farbenfabriken Bayer & Co.», in: Peter Hamman/Sabine Behle/Cordula Tebbe (Hg.), *Corporate Communications. Signale für die Kompetenz. Historische und aktuelle Beiträge des Mediums Film,* Bochum 1996, S. 29–34.

Poynor, Rick, *Communicate. Independent British Graphic Design since the Sixties*, London 2004.

Prelinger, Rick, *The Field Guide to Sponsored Films,* San Francisco 2006.

R

Remington, R. Roger/Bodenstedt, Lisa, *American modernism. Graphic design 1920 to 1960*, London 2003.

Rosenbusch, Andrea, «Das Ende des ‹frisch-fröhlichen Erfindens›. Die Entwicklung einer neuen Organisationsstruktur in der J. R. Geigy A. G. 1923–1939», in: Busset/Rosenbusch/Simon, 1997, S. 164–178.

Rüegg-Stürm, Johannes, *Dynamisierung von Führung und Organisation*, Bern Stuttgart Wien 2002.

S

Schilder Bär, Lotte, «1 Dragée – 3x täglich. Pharmazeutika», in: Museum für Gestaltung Zürich, Lotte Schilder Bär/Christoph Bignens (Hg.), *Hüllen füllen. Verpackungsdesign zwischen Bedarf und Verführung*, Sulgen 1994, S. 66–89.

Schmittel, Wolfgang, *Design – Concept – Realisation. Braun – Citroën – Miller – Olivetti – Sony – Swissair*, Zürich 1975.

Schreiner, Nadine, *Vom Erscheinungsbild zum ‹Corporate Design›. Beiträge zum Entwicklungsprozess von Otl Aicher*, Wuppertal 2005.

Simon, Christian, «Chemie in der Schweiz. Dimensionen eines Themas», in: Busset/Rosenbusch/Simon, 1997a, S. 24–57.

Simon, Christian, «DDT-Forschung und Entwicklung zwischen Chemie und Biologie», in: Busset/Rosenbusch/Simon, 1997b, S. 180–212.

Simon, Christian, *DDT. Kulturgeschichte einer chemischen Verbindung*, Basel 1999.

Stankowski, Anton, «Das visuelle Erscheinungsbild der Corporate Identity», in: Birkigt/Stadler, 1980, S. 169–193.

Straumann, Lukas, *Nützliche Schädlinge. Angewandte Entomologie, chemische Industrie und Landwirtschaftspolitik in der Schweiz 1874–1952,* Zürich 2005.

Straumann, Tobias, *Die Schöpfung im Reagenzglas. Eine Geschichte der Basler Chemie (1850–1920)*, Basel 1995.

T

Tanner, Jakob, «Medikamente aus dem Labor. Forschungspraxis, Unternehmensorganisation und Marktstrukturen in der chemisch-pharmazeutischen Industrie», in: Busset/Rosenbusch/Simon, 1997, S. 116–146.

Thackara, John (Hg.), *Design After Modernism*, New York 1988.

V

von Moos, Stanislaus, *Industrieästhetik. Die visuelle Kultur der Schweiz*, Disentis 1992.

W

Wichmann, Hans, *Armin Hofmann. His work, quest and philosophy/Armin Hofmann. Werk, Erkundung, Lehre*, Basel 1989.

Z

Zeller, Christian, *Globalisierungsstrategien. Der Weg von Novartis*, Berlin u. a. 2001.

Zimmermann, Yvonne, «Training and Entertaining Consumers. Travelling Corporate Film Shows in Switzerland», in: Martin Loiperdinger (Hg.), *Travelling Cinema in Europe. Sources and Perspectives,* Frankfurt am Main 2008, S. 169–179.

Zimmermann, Yvonne, «Industriefilme», in: Dies. (Hg.), *Schaufenster der Nation. Zur Geschichte des dokumentarischen Films in der Schweiz 1896–1964,* Zürich 2009.

Internet

http://anothergirl83.tripod.com/id150.html (24.9.2008)

http://en.wikipedia.org/wiki/Phenmetrazine#column-one (24.9.2008)

http://americanhistory.si.edu/vote (24.9.2008)

Personen im Dienst von Geigy

Die Nummern verweisen auf die Abbildungen

René Abt
Grafik, 1960er Jahre Canada

Roland Aeschlimann (*1939)
Lithografie/Grafik, 1953–65 Basel, 1968–70 Basel
— ⊠9, ⊠43, ⊠65, ⊠174–179, ⊠188, ⊠197–199, ⊠279–280, ⊠290–292, ⊠316–317, ⊠325–326, ⊠328

Ferdi Afflerbach (1922–2005)
Grafik, ca. 1945–ca. 1960 Basel
— ⊠19–20, ⊠246

Georges Alexath (*1934)
Filmregie, 1947–1958 Aufträge für Basel

Peter Bartl (*1940)
Grafik, 1966–68 Basel

Marcel Berlinger (*1929)
Typografie, 1968–70 Basel

Igildo Biesele (*1930)
Grafik, 1954–58 Basel, 1958–59 Ardsley, später Aufträge für Basel
— ⊠10, ⊠38–39, ⊠54, ⊠61, ⊠206, ⊠314–315, ⊠370–376

Renate Biesele-Van Oyen (*1930)
Grafik, 1954 Basel

René Boeniger (*1916)
Filmregie, 1955 Auftrag für Basel

Ferdinand Boesch
Grafik, Aufträge für Basel

Harri Boller (*1938)
Typografie/Grafik, 1962–65 Basel
— ⊠96–97, ⊠191, ⊠319–320

Lanfranco Bombelli Tiravanti (1921–2008)
Architektur, 1952–53 Auftrag für Basel
— ⊠73, ⊠100–103

Atelier Briel
Grafik, 1944 Auftrag für Basel
— ⊠77, ⊠79

Kurt Brunner
Grafik, 1960er Jahre Südafrika

Burckhardt & Burckhardt
Architektur, 1940er bis 1960er Jahre Aufträge für Basel
— ⊠21, ⊠25

René Burri (*1933)
Fotografie, 1967 Auftrag für Basel

Sämi Buser (1912–1987)
Grafik, 1942–50er Jahre Basel
— ⊠16, ⊠79

Jürg Chresta
Grafik, 1967 Basel, 1967–70 Sidney

Columbus Film
Filmregie und -produktion
— ⊠85–86, ⊠91–95, ⊠99

Paul Cutright
Leitungsfunktion, 1960er Jahre Ardsley

Christian Dannacher (*1938)
Dekoration, 1965–70 Basel

Hans Dengler (*1930)
Spartenbetreuer Pharma ab 1963, 1953–1970 Basel

Konrad Diem (1912–1995(?))
Information/Leitungsfunktion, 1945–70 Basel

Elisabeth Dietschi (1926–?†)
Grafik, vor 1957 Basel
— ⊠310

Jean Effel (1908–1982)
Illustration, 1958–60 Aufträge für Basel

Hermann Eidenbenz (1902–1993)
Grafik, 1940er Jahre Aufträge für Basel

Michael Engelmann (1928–1966)
Grafik, 1953–55 Aufträge für Basel
— ⊠267

Friedrich Engesser (*1927)
Fotografie, 1959–62 Aufträge für Basel

Maureen Fitzsimmons
Grafik, 1957–58 Basel

Paul Flora (*1922)
Illustration, 1961 Auftrag für Basel

Gottlieb Flückiger (1914–2004)
Dekoration, 1947–70 Basel

Suzanne Fornerod (†)
Grafik, um 1960 Basel
— ⊠206, ⊠208, ⊠210

Adolf Forter (1894–1977)
Filmregie, 1954 Aufträge für Basel
— ⊠82, ⊠87–90

Stephan Geissbühler (Steff Geissbuhler) (*1942)
Grafik, 1964–67 Basel
— ⊠274–275, ⊠294, ⊠327, ⊠352–353

Maria Geroe-Tobler (1895–1963)
Grafik, Basel

Karl Gerstner (*1930)
Grafik, 1949–53 Basel, 1956–58 Auftr. für Basel
— ⊠4, ⊠21–23, ⊠35, ⊠48, ⊠50, ⊠73, ⊠98, ⊠100–103, ⊠141, ⊠200–203, ⊠212–214, ⊠312–313, ⊠381–385

Erwin Giger
Typografie, Basel

Michael Gilligan
Fotografie, Ardsley
— ⊠118–119, ⊠180

George Giusti (1908–1990)
Grafik/Beratung, 1960–67 Basel und Ardsley
— ⊠84, ⊠136, ⊠139, ⊠163, ⊠281–283, ⊠299–300, ⊠324

Mario Grasso (*1941)
Lithografie/Illustration, 1963–69 Basel

John Greiner (*1935)
Grafik, 1962–66 Ardsley
— ⊠112, ⊠124–125

René Groebli (*1927)
Fotografie, 1955–70 Aufträge für Basel und Manchester
— ⊠22, ⊠159

Max Grollimund (*1928)
Buchbindung, 1958 Auftrag für Basel

Yannic Guéguen
Medizinische Filme 1962–70 Basel

Ernst Günthart (1917–1990)
Grafik, 1940er Jahre Aufträge für Basel

Willi Günthart-Maag (*1915)
Grafik, 1942–Anfang 1950er Jahre Aufträge für Basel
— ⊠246–248

Hans Haehn
Fotografie, Aufträge für Ardsley

John Haines (*1939)
Grafik, 1964–66 Ardsley

David Hall
Werbung/Text, 1969–70 Manchester

Jörg Hamburger (*1935)
Grafik, 1956–58 Basel
— ⊠40–41, ⊠51, ⊠242

John Harrison
Grafik, Aufträge für Manchester

Peter Harrison (*1935)
Fotografie, 1962–70 Aufträge für Manchester

Edi Hauri (1911–1988)
Grafik, 1940er Jahre Aufträge für Basel

Peter Heman (1919–2001)
Fotografie, Anfang 1950er–Anfang 1960er Jahre Aufträge für Basel
— ⊠1, ⊠357–358, ⊠360

Peter Hewitt
Grafik, 1958–63 Manchester

George Him (1900–1982)
Grafik, ca. 1950–54 Auftrag für Manchester
— ⊠143

Hans Hinz (*1913)
Fotografie, Aufträge für Basel

Andreas His (*1928)
Grafik, 1954–58 Basel
— ⊠52–53, ⊠55–58, ⊠243, ⊠254, ⊠329–336

Armin Hofmann (*1920)
Grafik/Beratung, 1952–65 Aufträge für Basel
— ⊠257, ⊠311

Gottfried Honegger (*1917)
Grafik/Leitungsfunktion/Beratung, 1954–58 Basel, 1958–60 Ardsley
— ⊠3, ⊠42, ⊠258–261, ⊠286

Gérard Ifert (*1929)
Grafik, 1952–53 Basel
— ⊠73, ⊠100–103, ⊠229–234, ⊠322–323, ⊠365–369

Toshihiro Katayama (*1928)
Grafik, 1963–66 Basel
— ⊠2, ⊠204–205, ⊠207–209, ⊠211

Michael Keely
Fotografie, 1963–69 Aufträge für Manchester

Stewart Kipling
Leitungsfunktion, 1958–67 Manchester

Stephen Knott (*1938)
Typografie/Grafik, 1962–70 Manchester

Burton Kramer (*1932)
Grafik, 1959–60 Ardsley
— ⊠ 123

Kurt Küng
Typografie, Basel

Jack J. Kunz (*1919)
Grafik/Illustration, 1963–64 Ardsley

Markus Kutter (1925–2005)
Leitungsfunktion/Administration/PR, 1952–59 Basel

Warja Lavater Honegger (Warja Honegger-Lavater) (1913–2007)
Illustration, 1960 Auftrag für Ardsley, 1961–62 Aufträge für Basel
— ⊠ 286

Alain Le Foll (1934–1981)
Illustration, 1962–63 Aufträge für Basel
— ⊠ 67–68, ⊠ 287–289

Herbert Leupin (1916–1999)
Grafik, 1952 Auftrag für Basel
— ⊠ 78

Max Leutenegger
Filmregie, 1961–70 Basel

Jan Le Witt (1907–1991)
Grafik, ca. 1950–54 Auftrag für Manchester
— ⊠ 143

Rudolf Lichtsteiner (*1938)
Fotografie, Aufträge für Basel
— ⊠ 43

Walter Lienert (*1931)
Grafik, Basel/Barcelona

Robert Lips
Grafik, Aufträge für Basel

Freddy Löliger (*1944)
Dekoration, 1965–70 Basel, 1968 Manchester

Wilhelm Lother (*1935)
Fotografie, ab 1964 Basel

Markus Löw (*1934)
Grafik/Leitungsfunktion, 1956–57 Basel, 1961–70 Ardsley
— ⊠ 121, ⊠ 180, ⊠ 337–349

Bernhard Lüthi (*1938)
Grafik, 1963–68 Basel

Laszlo Matéfi (1925–1999(?))
Werbung/Text für Pharma/wiss. Zeichner 1951–70(?) Basel

Max Mathys (*1933)
Fotografie, Mitte der 1950er Jahre Aufträge für Basel — ⊠ 25

August Maurer (*1932)
Grafik, 1957–59 Basel, 1960–62 Ardsley, 1963–70 Basel
— ⊠ 15, ⊠ 181–187, ⊠ 210, ⊠ 354

Keith McMahon
Grafik, 1969–70 Manchester

Paul Meister (*1926)
Leitungsfunktion, 1955–70 Basel

Karl Menzi (†)
Leitungsfunktion, 1969–70 Basel

Paul Merkle (*1932)
Fotografie, Aufträge für Basel

Hermann Meyer (*1935)
Grafik, 1957–63 Basel

Errol Mitchell
Grafik, 1969–70 Manchester

Therese Moll
1934–1960er Jahre
Grafik, ca. 1953–1957 Basel, 1959 Ardsley
— ⊠ 11

Felix Muckenhirn (1930–1972)
Grafik, 1966–70 Ardsley
— ⊠ 132, ⊠ 298, ⊠ 301–303

Werner Muckenhirn (*1933)
Fotografie, 1966–70 Ardsley
— ⊠ 132, ⊠ 298

Fridolin Müller (1926–2006)
Grafik, Anfang 1950er Jahre Basel, Anfang 1960er Jahre Aufträge für Basel
— ⊠ 30

Josef Müller-Brockmann (1914–1996)
Grafik, 1950er Jahre Aufträge für Basel
— ⊠ 8, ⊠ 18, ⊠ 295–297

Hans-Ruedi Nafzger (*1934)
Grafik, Aufträge für Basel

Hans Neuburg (1904–1983)
Grafik, 1960–62 Auftrag für Basel
— ⊠ 361–364

Harold Pattek (*1929)
Grafik, 1960–64 Ardsley
— ⊠ 122

Julius Pinschewer (1883–1961)
Filmregie, 1945–46 Auftrag für Basel

Michael Pinschewer
Illustration, 1958–60 Aufträge für Basel

Keith Potts (Keith Paul) (*1939)
Grafik, 1960–65 Manchester
— ⊠ 140, ⊠ 147

Martin B. Pedersen (*1937)
Grafik, 1967–68 Ardsley

Celestino Piatti (1922–2007)
Grafik, 1968 Auftrag für Basel

Max Edwin Rähmi (*1918)
Leitungsfunktion, 1948–70 Basel

Rolf Rappaz (1914–1996)
Grafik, Aufträge für Basel

Hans Richter (1888–1976)
Filmregie, 1939 Auftrag für Basel

Numa Rick (1902–1973)
Grafik, 1954–Mitte 1960er Jahre Aufträge für Basel
— ⊠ 215–218

Otto Ritter (1917–1977)
Filmregie, 1951, 1955 Aufträge für Basel

Peter Roebuck (*1940)
Grafik, 1964–69 Manchester
— ⊠ 148–149

Enzo Roesli (*1931)
Grafik, 1953–55 Basel
— ⊠ 252, ⊠ 262–263, ⊠ 266, ⊠ 305, ⊠ 322–323

Jürg Rössler (*1931)
Typografie, 1958–70 Basel, 1963 Manchester

Dieter Roth (1930–1998)
Grafik, 1959–60 Ardsley

Nelly Rudin (*1928)
Grafik, 1951–54 Basel, 1954–62 Aufträge für Basel
— ⊠ 8, ⊠ 65–66, ⊠ 188, ⊠ 190, ⊠ 192, ⊠ 255–256, ⊠ 264, ⊠ 295–297, ⊠ 361–364

René Rudin (1911–1992)
Leitungsfunktion, 1941–70 Basel

Ernst von Ruf (†)
Typografie, Basel

Jürg Schaub (*1934)
Grafik/Leitungsfunktion, 1958–60 Ardsley, vor 1963 Basel

Hans Schilt (*1938–??)
Typografie, 1966–?? Basel

Max Schmid (1921–2000)
Grafik/Leitungsfunktion, 1948–69 Basel, 1956–57 Ardsley
— ⊠ 1, ⊠ 6–7, ⊠ 17, ⊠ 24, ⊠ 66, ⊠ 70–72, ⊠ 190, ⊠ 193–196, ⊠ 206, ⊠ 208–210, ⊠ 235–241, ⊠ 244–245, ⊠ 250, ⊠ 253, ⊠ 284–285, ⊠ 306–307, ⊠ 350–351, ⊠ 356–360

Bodo Schmocker (†)
Dekoration, Basel

Johann Jakob Schneider (1904–1989)
Grafik, 1948–Anfang 1950er Jahre Aufträge für Basel

Ferdinand Schott (1887–1964)
Grafik, 1939 Auftrag für Basel — ⊠ 49

Fritz (Friedrich) Schrag (*1932)
Lithografie/Grafik, 1956–57 Basel, später Aufträge für Basel
— ⊠ 225–228, ⊠ 271–273

Emil Schulthess (1913–1996)
Fotografie, 1964–66 Aufträge für Basel

Derek Shaw (*1944)
Illustration, 1966–69 Manchester

Skidmore, Owings & Merrill
Architektur, 1950er Jahre Auftrag für Ardsley
— ⊠ 109

Philip Smythe (*1933)
Grafik/Leitungsfunktion, 1958 Basel, 1960–68 Manchester, 1963–64 Ardsley
— ⊠ 145–146, ⊠ 150, ⊠ 154

Albe Steiner (1913–1974)
Grafik, ca. 1961 Aufträge für Basel
— ⊠ 321

Cédric Steiner
Spartenbetreuer Farbstoffe/Chemikalien ab 1963 Basel

Niklaus Stoecklin (1896–1982)
Grafik, 1940er Jahre Aufträge für Basel
— ⊠ 12

Ezra Stoller (1915–2000)
Fotografie, 1956 Auftrag für Ardsley
— ⊠ 109

Brian Stones (*1940)
Grafik/Leitungsfunktion, 1964–70 Manchester
— ⊠ 144, ⊠ 152–153, ⊠ 155–157, ⊠ 159

José Toggwiler (*1943)
Typografie, 1968–70 Basel

Willi Trapp (1905–1984)
Grafik, 1940er Jahre Aufträge für Basel
— ⊠ 13

Fred Troller (1930–2002)
Grafik/Leitungsfunktion, 1960–66 Ardsley
— ⊠ 104–106, ⊠ 110, ⊠ 114–115, ⊠ 118–120, ⊠ 124–127, ⊠ 130–131, ⊠ 135, ⊠ 137–138, ⊠ 168, ⊠ 219–224, ⊠ 318, ⊠ 378–380

Jakob Tuggener (1904–1988)
Fotografie, 1953 Auftrag für Basel
— ⊠ 375–376

Tomi Ungerer (*1931)
Illustration, Ende 1960er Jahre Aufträge für Ardsley

Heinz Unternährer
Typografie, Basel

Norma Updyke (*1932)
Grafik, 1967/68–69 Ardsley

Victor Vasarely (1906–1997)
Grafik, ca. 1947 Auftrag für Basel
— ⊠ 14

Lino Vincenti (†)
Werbung/Text für Pflanzenschutz, Basel

Derek Waterfield (*1937)
Grafik, 1964–67 Aufträge für Manchester

Theo Welti (1935–1990(?))
Grafik/Leitungsfunktion, 1961–70 Ardsley
— ⊠ 134

Hans Weyermann (1941–1975)
Fotografie, 1964–70 Aufträge für Basel
— ⊠ 352–353

René Wieland (*1936)
Grafik, 1957–61 Basel

Rolf Willimann (1935–2006)
Grafik, 1957–63 Basel, 1964–66 Ardsley
— ⊠ 265, ⊠ 276–278, ⊠ 377

Fred Witzig (*1926)
Grafik, 1963–68 Ardsley
— ⊠ 126, ⊠ 128–129

Michael Wolgensinger (1913–1990)
Fotografie, 1955–57 Aufträge für Basel

Peter Wyss
Illustration, Aufträge für Basel

Hans-Ulrich Zaugg (†)
Spartenbetreuer Pflanzenschutz, 1950er Jahre–1970, Basel

Peter Zepf (*1926)
Werbung/Text für Markenartikel, 1963–70 Basel

Yves Zimmermann (*1937)
Grafik, 1958–59 Ardsley, 1960–66 Barcelona

Dank

Ohne das grosse Interesse und die Unterstützung vieler Personen und Institutionen hätte die vorliegende Publikation nicht verwirklicht werden können.

Der Schweizerische Nationalfonds förderte das Forschungsprojekt «Corporate Diversity – Schweizer Grafik und Werbung für Geigy 1940–1970», das am Institute for Cultural Studies in the Arts, ZHdK, in Zusammenarbeit mit dem Museum für Gestaltung Zürich durchgeführt wurde.

Wir danken für Leihgaben und Informationen

Firmenarchiv der Novartis AG, Basel,
Walter Dettwiler, Elisabeth Gantner,
Hans-Peter Brodbeck

Cinémathèque Suisse, Lausanne,
Caroline Neeser, Michel Dind

Rochester Institute of Technology RIT,
Cary Graphic Arts Collection, RIT Libraries,
Rochester NY, David Pankow, Kari Horowicz

Wir danken den ehemaligen Mitarbeitern und Mitarbeiterinnen von Geigy sowie deren Verwandten für die Gesprächsbereitschaft sowie für die grosszügigen Donationen* an die Sammlungen des Museum für Gestaltung Zürich und für Leihgaben.

Roland Aeschlimann*, Genève, CH
Peter Bacher, Riehen, CH
Peter Bartl, Balfour BC, CA
Marcel Berlinger, Basel, CH
Igildo Biesele, Biel-Benken, CH
Renate Biesele-Van Oyen, Biel-Benken, CH
Harri Boller, Chicago, US
Lanfranco Bombelli Tiravanti †
Jürg Chresta, Sidney, AU
Christian Dannacher, Oberwil, CH
Hans Dengler, Reinach, CH
Steff Geissbuhler, New York, US
Karl Gerstner*, Hippoltskirch, FR
Mario Grasso*, Binningen, CH
John Greiner, Chicago, US
John Haines, Garrison NY, US
Jörg Hamburger*, Dietikon, CH
Emil Häsler, Allschwil, CH
Edith Häubi, Basel, CH
Andreas His*, Witterswil, CH
Armin Hofmann, Luzern, CH
Dorothea Hofmann, Luzern, CH
Gottfried Honegger*, Zürich, CH
Gérard Ifert*, Saint-Mandé, FR
Toshihiro Katayama, Arlington MA, US
Stephen Knott, Marehill West-Sussex, UK
Burton Kramer, Ottawa, CA
Jack J. Kunz*, Pfaffhausen, CH
Markus Kutter †
Walter Lienert, Basel, CH
Markus Löw*, Zollikon, CH
August Maurer*, Basel, CH
Paul Meister*, Basel, CH
Hermann Meyer, Schleitheim, CH
Errol Mitchell, Bawtry South Yorkshire, UK
Andy Muckenhirn, Riehen, CH
Harold Pattek, Florida, US
Keith Paul*, Tytherington Cheshire, UK
B. Martin Pedersen, New York, US
Max Edwin Rähmi, Dornach, CH
Peter Roebuck, Manchester, UK
Enzo Roesli, Basel, CH
Hansjakob Rudin, Biel-Benken, CH
Nelly Rudin, Uitikon Waldegg, CH
Jürg Schaub, Basel, CH
Annemarie Schmid-Meyer, Reinach, CH
Lorenz Schmid, Winterthur, CH
Fritz Schrag, Basel, CH
Philip Smythe, Hove East Sussex, UK
Anna Steiner, Milano, IT
Brian Stones*, Saltdean, East Sussex, UK
José Toggwiler, Upminster Essex, UK
Beatrice Troller*, New York, US
Norma Updyke, Hastings-on-Hudson NY, US
René Wieland, Basel, CH
Fred Witzig*, Tenafly NJ, US
Shizuko Yoshikawa, Unterengstringen, CH
Peter Zepf, Allschwil, CH
Yves Zimmermann, Barcelona, ES

Wir danken für Rat und Tat

Emilio Ambasz
Sigrid Bovensiepen
Richard Hollis
müller-emil
Siegfried Odermatt
Felix Studinka

Bildnachweis

Die Daten der Bildlegenden entsprechen folgenden Rubriken:

- Gestaltung
- Titel
- Erscheinungsland/Verwendungsland, Erscheinungsjahr, Objektbezeichnung
- Drucktechnik, Format

Wenn nicht anders vermerkt, stammen die abgebildeten Objekte aus der Grafiksammlung, der Designsammlung und der Plakatsammlung des Museum für Gestaltung Zürich und wurden für diese Publikation neu fotografiert.

Basler Plakatsammlung ⊠ 32
Igildo Biesele, Biel-Benken ⊠ 54, ⊠ 370–373
Harri Boller, Chicago ⊠ 96, ⊠ 191, ⊠ 319–320
Cinémathèque Suisse, Lausanne ⊠ 82, ⊠ 85–95, ⊠ 99
Collection of The Museum of Modern Art, New York, Emilio Ambasz ⊠ 44–47
ETH-Bibliothek Zürich ⊠ 103, ⊠ 107–108, ⊠ 141, ⊠ 200–201
Firmenarchiv der Novartis AG, Basel ⊠ 5, ⊠ 7, ⊠ 16, ⊠ 25–28, ⊠ 49, ⊠ 59, ⊠ 61, ⊠ 70–72, ⊠ 76, ⊠ 79, ⊠ 81, ⊠ 100–102, ⊠ 109, ⊠ 158, ⊠ 175, ⊠ 179, ⊠ 183–184, ⊠ 204–210, ⊠ 265, ⊠ 268, ⊠ 294, ⊠ 300
Steff Geissbuhler, New York ⊠ 327
John Greiner, Chicago ⊠ 111–112
Armin Hofmann, Luzern ⊠ 4, ⊠ 8, ⊠ 11, ⊠ 35, ⊠ 38–39, ⊠ 244, ⊠ 257, ⊠ 264, ⊠ 267, ⊠ 311, ⊠ 357, ⊠ 374
Jakob Tuggener-Stiftung, Uster ⊠ 375–376
Toshihiro Katayama, Arlington MA ⊠ 2
Medien- und Informationszentrum MIZ, Zürcher Hochschule der Künste ⊠ 29
Medizinhistorisches Institut und Museum, Universität Zürich ⊠ 66, ⊠ 190
Andy Muckenhirn, Riehen ⊠ 132, ⊠ 298, ⊠ 301–303
Rochester Institute of Technology RIT, Cary Graphic Arts Collection, RIT Libraries, Rochester NY ⊠ 123, ⊠ 377
Rochester Institute of Technology RIT, Cary Graphic Arts Collection, RIT Libraries, Rochester NY, Fred Troller Collection ⊠ 110, ⊠ 114–115, ⊠ 118, ⊠ 120, ⊠ 124–126, ⊠ 130–131, ⊠ 168, ⊠ 318, ⊠ 378–380
Rochester Institute of Technology RIT, Cary Graphic Arts Collection, RIT Libraries, Rochester NY, George Giusti Collection ⊠ 84, ⊠ 163, ⊠ 299
Peter Roebuck, Manchester ⊠ 148–149
Enzo Roesli, Basel ⊠ 34, ⊠ 262–263, ⊠ 266, ⊠ 322–323
Nelly Rudin, Uitikon Waldegg ⊠ 73, ⊠ 255–256, ⊠ 295–297, ⊠ 361–364
Fritz Schrag, Basel ⊠ 271–273
Schweizerische Nationalbibliothek/NB, Bern ⊠ 48, ⊠ 52, ⊠ 63
Schweizerisches Institut für Kunstwissenschaft ⊠ 143
Philip Smythe, Hove East Sussex ⊠ 145–146, ⊠ 150, ⊠ 154
Stedelijk Museum Amsterdam ⊠ 36

Umschlag hinten ⊠ 349
Vor- und Nachsatzpapier ⊠ 135

Autoren

Karin Gimmi
*1959. Studium der Kunst- und Architekturgeschichte sowie der italienischen Literatur. Dozentin für Kunst- und Architekturgeschichte des 20. Jahrhunderts an der Hochschule Luzern sowie wissenschaftliche Mitarbeiterin am Institut gta der ETH Zürich. Davor Assistentin am Lehrstuhl für moderne und zeitgenössische Kunst der Universität Zürich und Forschungsaufenthalt an der Columbia University, New York.
Publikationen zu Kunst, Design und Architektur: *Meili, Mailand und das Hochhaus. Das Centro Svizzero di Milano 1949–1952* (2002), *Max Bill. Architect/Arquitecto* (2004).

Andres Janser
*1961. Studium der Kunst- und Architekturgeschichte sowie der Filmwissenschaft. Kurator am Museum für Gestaltung Zürich und Dozent an der Zürcher Hochschule der Künste. Davor Assistent am Lehrstuhl für Kunst- und Architekturgeschichte der ETH Zürich, Redaktor der Zeitschrift *archithese* und zuletzt wissenschaftlicher Mitarbeiter am Institut gta der ETH Zürich.
Ausstellungen und Publikationen zu Architektur, Film und Visueller Kommunikation: *Hans Richter: Die Neue Wohnung – Architektur. Film. Raum.* (2001, mit Arthur Rüegg), *Typotektur: Typographie als architektonisches Bild/Typotecture: Typography as Architectural Imagery* (2002), *Frische Schriften/Fresh Type* (2004), *Trickraum/Spacetricks* (2005, mit Suzanne Buchan), *Chris Marker: Abschied vom Kino/A Farewell to Movies* (2008).

Barbara Junod
*1967. Studium der Kunst- und Architekturgeschichte sowie der Museologie. Kuratorin der Grafiksammlung des Museum für Gestaltung Zürich. Davor wissenschaftliche Assistentin am Historischen Museum Bern, Medienbeauftragte der Kunsthalle Bern, wissenschaftliche Mitarbeiterin am Haus Konstruktiv, Zürich, und zuletzt wissenschaftliche Mitarbeiterin eines Privatsammlers.
Publikation: *Zürich–Milano* (2007, mit Bettina Richter).

R. Roger Remington
*1936. Vignelli Distinguished Professor of Design, Rochester Institute of Technology RIT, Rochester NY. Am RIT hat er das Graphic Design Archive begründet, in dem die Nachlässe von 30 modernistischen Designpionieren aufbewahrt werden, unter ihnen Lester Beall, Will Burtin, Cipe Pineles. 2008 wurde er in die Hall of Fame des New York Art Directors Club aufgenommen.
Publikationen: *Nine Pioneers in American Graphic Design* (1989), *Lester Beall: Trailblazer of American Graphic Design* (1996), *American Modernism – Graphic Design 1920–1960* (2003), *Design and Science –The Life and Work of Will Burtin* (with Robert Fripp) (2007).

Yvonne Zimmermann
*1969. Studium der Germanistik, Filmwissenschaft und Anglistik. Oberassistentin am Seminar für Filmwissenschaft der Universität Zürich.
Publikationen: *Bergführer Lorenz: Karriere eines missglückten Films* (2005), *Zeitreisen in die Vergangenheit der Schweiz: Auftragsfilme 1939–1959* (DVD-Serie, 2007), *Schaufenster der Nation: Zur Geschichte des dokumentarischen Films in der Schweiz 1896–1964* (2009) sowie zum Auftrags- und Industriefilm.

Impressum

Corporate Diversity
Schweizer Grafik und Werbung für Geigy 1940–1970

Eine Ausstellung und eine Publikation
des Museum für Gestaltung Zürich
Christian Brändle, Direktor

Ausstellung
Good Design, Good Business
Schweizer Grafik und Werbung für Geigy 1940–1970
Kuratorium: Andres Janser (Projektleitung), Barbara Junod

Publikation
Herausgeberschaft: Andres Janser, Barbara Junod
Texte Bildteil: Vanessa Gendre, Karin Gimmi, Andres Janser, Barbara Junod
Wissenschaftliche Mitarbeit: Karin Gimmi
Wissenschaftliche Assistenz: Vanessa Gendre
Projektmanagement: Andres Janser, Christina Reble
Redaktion: Andres Janser, Barbara Junod, Christina Reble
Redaktionelle Assistenz: Marilena Cipriano, Nathalie Killias
Design: Norm/Dimitri Bruni, Manuel Krebs, Ludovic Varone
Schrift: Replica-Regular, www.lineto.com
Fotografie, ohne weitere Angaben: Umberto Romito
Lektorat: Angela Kuhk
Lithografie: Ast & Jakob, Vetsch AG, Köniz
Druck und Bindung: Kösel, Altusried Krugzell
Produktion: Marion Plassmann

Museum für Gestaltung Zürich
Ausstellungsstrasse 60
CH-8005 Zürich/Switzerland
www.museum-gestaltung.ch
Sammlungen online: www.emuseum.ch

Lars Müller Publishers
CH-5400 Baden/Switzerland
www.lars-muller-publishers.com

Printed in Germany

ISBN 978-3-03778-161-6
ISBN 978-3-03778-160-9 (Englisch)

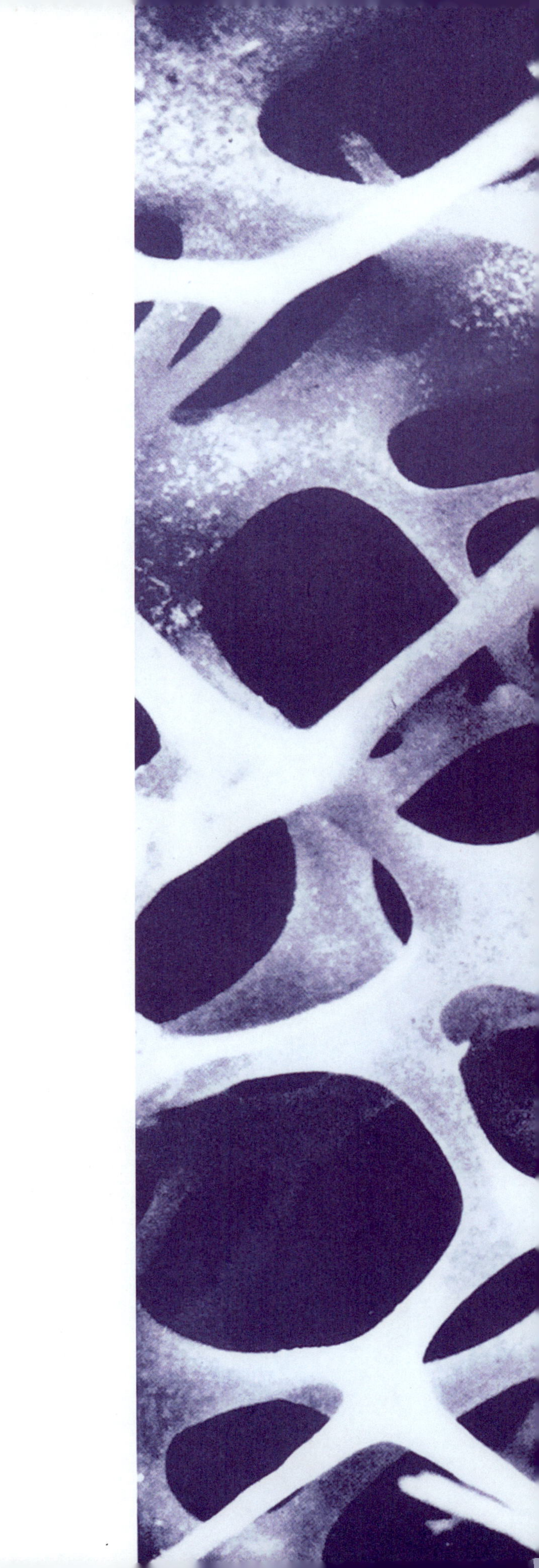

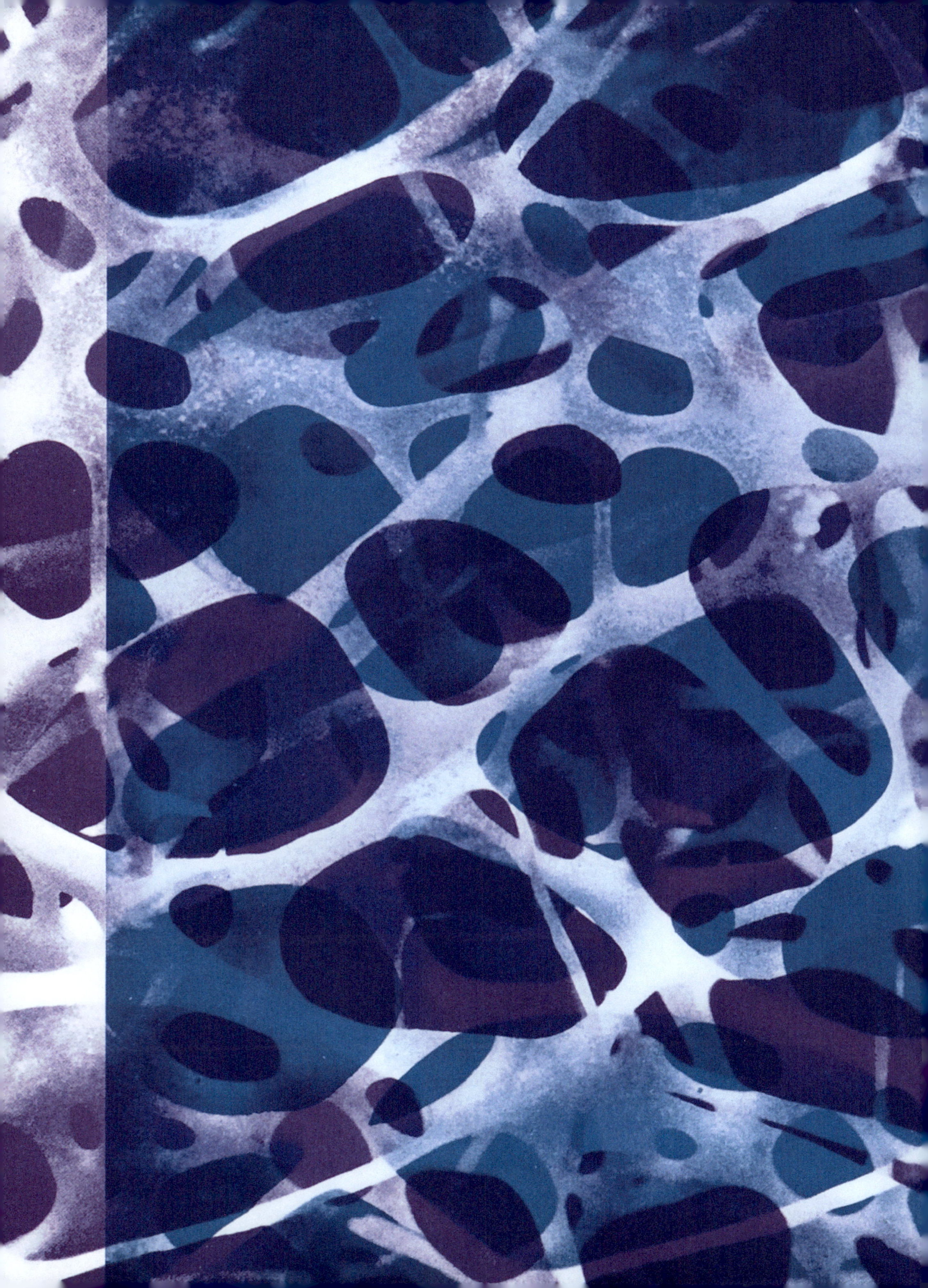